注册建筑师考试丛书

二级注册建筑师考试教材

·1·

场地与建筑设计
建筑构造与详图（作图）

（第十五版）

《注册建筑师考试教材》编委会　编

曹纬浚　主编

中国建筑工业出版社

图书在版编目(CIP)数据

二级注册建筑师考试教材 . 1,场地与建筑设计 建筑构造与详图:作图/《注册建筑师考试教材》编委会编;曹纬浚主编. — 15版. — 北京:中国建筑工业出版社,2020.12(2021.4重印)

(注册建筑师考试丛书)

ISBN 978-7-112-25613-6

Ⅰ. ①二… Ⅱ. ①注… ②曹… Ⅲ. ①场地—建筑设计—资格考试—自学参考资料②建筑制图—资格考试—自学参考资料 Ⅳ. ①TU

中国版本图书馆 CIP 数据核字(2020)第 231811 号

责任编辑:张 建 何 楠
责任校对:张惠雯

注册建筑师考试丛书
二级注册建筑师考试教材
· 1 ·
场地与建筑设计 建筑构造与详图(作图)
(第十五版)
《注册建筑师考试教材》编委会 编
曹纬浚 主编

*

中国建筑工业出版社出版、发行(北京海淀三里河路9号)
各地新华书店、建筑书店经销
北京红光制版公司制版
北京建筑工业印刷厂印刷

*

开本:787毫米×1092毫米 1/16 印张:23 字数:554千字
2020年12月第十五版 2021年4月第三十二次印刷
定价:**78.00**元
ISBN 978-7-112-25613-6
(36613)

《注册建筑师考试教材》
编 委 会

3

序

赵春山

(住房和城乡建设部执业资格注册中心原主任
兼全国勘察设计注册工程师管理委员会副主任
中国建筑学会常务理事)

我国正在实行注册建筑师执业资格制度，从接受系统建筑教育到成为执业建筑师之前，首先要得到社会的认可，这种社会的认可在当前表现为取得注册建筑师执业注册证书，而建筑师在未来怎样行使执业权力，怎样在社会上进行再塑造和被再评价从而建立良好的社会资源，则是另一个角度对建筑师的要求。因此在如何培养一名合格的注册建筑师的问题上有许多需要思考的地方。

一、正确理解注册建筑师的准入标准

我们实行注册建筑师制度始终坚持教育标准、职业实践标准、考试标准并举，三者之间相辅相成、缺一不可。所谓教育标准就是大学专业建筑教育。建筑教育是培养专业建筑师必备的前提。一个建筑师首先必须经过大学的建筑学专业教育，这是基础。职业实践标准是指经过学校专门教育后又经过一段有特定要求的职业实践训练积累。只有这两个前提条件具备后才可报名参加考试。考试实际就是对大学建筑教育的结果和职业实践经验积累结果的综合测试。注册建筑师的产生都要经过建筑教育、实践、综合考试三个过程，而不能用其中任何一个去代替另外两个过程，专业教育是建筑师的基础，实践则是在步入社会以后通过经验积累提高自身能力的必经之路。从本质上说，注册建筑师考试只是一个评价手段，真正要成为一名合格的注册建筑师还必须在教育培养和实践训练上下功夫。

二、关注建筑专业教育对职业建筑师的影响

应当看到，我国的建筑教育与现在的人才培养、市场需求尚有脱节的地方，比如在人才知识结构与能力方面的实践性和技术性还有欠缺。目前在建筑教育领域实行了专业教育评估制度，一个很重要的目的是想以评估作为指挥棒，指挥或者引导现在的教育向市场靠拢，围绕着市场需求培养人才。专业教育评估在国际上已成为了一种通行的做法，是一种通过社会或市场评价教育并引导教育围绕市场需求培养合格人才的良好机制。

当然，大学教育本身与社会的具体应用需要之间有所区别，大学教育更侧重于专业理论基础的培养，所以我们就从衡量注册建筑师第二个标准——实践标准上来解决这个问题。注册建筑师考试前要强调专业教育和三年以上的职业实践。现在专门为报考注册建筑

师提供一个职业实践手册，包括设计实践、施工配合、项目管理、学术交流四个方面共十项具体实践内容，并要求申请考试人员在一名注册建筑师指导下完成。

理论和实践是相辅相成的关系，大学的建筑教育是基础理论与专业理论教育，但必须要给学生一定的时间使其把理论知识应用到实践中去，把所学和实践结合起来，提高自身的业务能力和专业水平。

大学专业教育是作为专门人才的必备条件，在国外也是如此。发达国家对一个建筑师的要求是：没有经过专门的建筑学教育是不能称之为建筑师的，而且不能进入该领域从事与其相关的职业。企业招聘人才也首先要看他们是否具备扎实的基本知识和专业本领，所以大学的本科建筑教育是必备条件。

三、注意发挥在职教育对注册建筑师培养的补充作用

在职教育在我国有两个含义：一种是后补充学历教育，即本不具备专业学历，但工作后经过在职教育通过社会自学考试，取得从事现职业岗位要求的相应学历；还有一种是继续教育，即原来学的本专业和其他专业学历，随着科技发展和自身业务领域的拓宽，原有的知识结构已不适应了，于是通过在职教育去补充相关知识。由于我国建筑教育在过去一段时期底子薄，培养数量与社会需求差距很大。改革开放以后为了满足快速发展的建筑市场需求，一批没有经过规范的建筑教育的人员进入了建筑师队伍。而要解决好这一历史问题，提高建筑师队伍整体职业素质，在职教育有着重要的补充作用。

继续教育是在职教育的一种行之有效的教育形式，它特指具有专业学历背景的在职人员从业后，因社会的发展使得原有知识需要更新，要通过参加新知识、新技术的学习以调整原有知识结构、拓宽知识范围。它在性质上与在职培训相同，但又不能完全画等号。继续教育是有计划性、目标性、提高性的，从整体人才队伍和个人知识总体结构上作调整和补充。当前，社会在职教育在制度上和措施上还不够完善，质量很难保证。有一些人把在职读学历作为"镀金"，把继续教育当作"过关"。虽然最后证明拿到了，但实际的本领和水平并没有相应提高。为此需要我们做两方面的工作，一是要让我们的建筑师充分认识到在职教育是我们执业发展的第一需求；二是我们的教育培训机构要完善制度、改进措施、提高质量，使参加培训的人员有所收获。

四、为建筑师创造一个良好的职业环境

要向社会提供高水平、高质量的设计产品，关键还是要靠注册建筑师的自身素质，但也不可忽视社会环境的影响。大众审美的提高可以让建筑师感受到社会的关注，增强自省意识，努力创造出一个经受得住大众评价的作品。但目前实际上建筑师的很多设计思想受开发商与业主方面很大的影响，有时建筑水平并不完全取决于建筑师，而是取决于开发商与业主的喜好。有的业主审美水平不高，很多想法往往只是自己的意愿，这就很难做出与社会文化、科技、时代融合的建筑产品。要改善这种状态，首先要努力创造尊重知识、尊重人才的社会环境。建筑师要维护自己的职业权力，大众要尊重建筑师的创作成果，业主不要把个人喜好强加于建筑师。同时建筑师自身也要提高自己的素质和修养，增强社会责任感，建立良好的社会信誉。要让创造出的作品得到大众的尊重，首先自己要尊重自己的劳动成果。

五、认清差距，提高自身能力，迎接挑战

目前中国的建筑师与国际水平还存在着一定差距，而面对信息化时代，如何缩小差距以适应时代变革和技术进步，及时调整并制定新的对策，成为建筑教育需要探讨解决的问题。

我们现在的建筑教育不同程度地存在重艺术、轻技术的倾向。在注册建筑师资格考试中明显感觉到建筑师们在相关的技术知识包括结构、设备、材料方面的把握上有所欠缺，这与教育有一定的关系。学校往往比较注重表现能力方面的培养，而技术方面的教育则相对不足。尽管这些年有的学校进行了一些课程调整，加强了技术方面的教育，但从整体来看，现在的建筑师在知识结构上还是存在缺欠。

建筑是时代发展的历史见证，它凝固了一个时期科技、文化发展的印记，建筑师如果不能与时代发展相适应，努力学习和掌握当代社会发展的科学技术与人文知识，提高建筑的科技、文化内涵，就很难创造出高水平的作品。

当前，我们的建筑教育可以利用互联网加强与国外信息的交流，了解和掌握国外在建筑方面的新思路、新理念、新技术。这里想强调的是，我们的建筑教育还是应该注重与社会发展相适应。当今，社会进步速度很快，建筑所蕴含的深厚文化底蕴也在不断地丰富、发展。现代建筑创作不能单一强调传统文化，要充分运用现代科技发展成果，使建筑在经济、安全、健康、适用和美观方面得到全面体现。在人才培养上也要与时俱进。加强建筑师科技能力的培养，让他们学会适应和运用新技术、新材料去进行建筑创作。

一个好的建筑要实现它的内在和外表的统一，必须要做到：建筑的表现、材料的选用、结构的布置以及设备的安装融为一体。但这些在很多建筑中还做不到，这说明我们一些建筑师在对新结构、新设备、新材料的掌握和运用上能力不够，还需要加大学习的力度。只有充分掌握新的结构技术、设备技术和新材料的性能，建筑师才能够更好地发挥创造水平，把技术与艺术很好地融合起来。

中国加入 WTO 以后面临国外建筑师的大量进入，这对中国建筑设计市场将会有很大的冲击，我们不能期望通过政府设立各种约束限制国外建筑师的进入而自保，关键是要使国内建筑师自身具备与国外建筑师竞争的能力，充分迎接挑战、参与竞争，通过实践提高我们的设计水平，为社会提供更好的建筑作品。

前　言

一、本套书编写的依据、目的及组织构架

原建设部和人事部自1995年起开始实施注册建筑师执业资格考试制度。

本套书以考试大纲为依据，结合考试参考书目和现行规范、标准进行编写，并结合历年真实考题的知识点做出修改补充。由于多年不断对内容的精益求精，本套书是目前市面上同类书中，出版较早、流传较广、内容严谨、口碑销量俱佳的一套注册建筑师考试用书。

本套书的编写目的是指导复习，因此在保证内容综合全面、考点覆盖面广的基础上，力求重点突出、详略得当；并着重对工程经验的总结、规范的解读和原理、概念的辨析。

为了帮助考生准备注册考试，本书的编写教师自1995年起就先后参加了全国一、二级注册建筑师考试辅导班的教学工作。他们都是在本专业领域具有较深造诣的教授、一级注册建筑师、一级注册结构工程师和具有丰富考试培训经验的名师、专家。

本套《注册建筑师考试丛书》自2001年出版至今，除2002、2015、2016三年停考之外，每年均对教材内容作出修订完善。现全套书包含：《一级注册建筑师考试教材》（共6个分册）、《一级注册建筑师考试历年真题与解析》（知识题科目，共5个分册）；《二级注册建筑师考试教材》（共3个分册）、《二级注册建筑师考试历年真题与解析》（知识题科目，共2个分册）。

二、本书（本版）修订说明

（1）第一篇场地设计（作图）第三章真题解析中增加了第十四节及第十五节，内容包括2019年试题、答案、评分标准，以及2020年试题、答案。

（2）第二篇建筑设计（作图）第六章改为真题及模拟题解析，其中第十四节增加了2019年的评分标准。增加了第十五节，为2020年的试题及答案。增加了第十六节模拟题练习，其中包括6道练习题及参考答案；同时，优化了部分真题答案。

（3）第三篇建筑构造与详图（作图）第八章真题解析增加了2009年、2019年及2020年建筑构造题，2007年、2009年、2019年及2020年综合作图题，2008～2011年、2019年及2020年安全设施题的相关试题及解答。

（4）对上一版图书中的部分真题答案作了局部优化，并更正了一些错误之处。

（5）为了能与读者形成良好的互动，针对本书建立了两个QQ群（群694016946用于交流场地与建筑设计，群755530938用于交流建筑构造与详图，群二维码在P8，读者可扫码入群），用于解答读者在阅读过程中遇到的问题，并收集读者发现的错漏之处，以对本书进行迭代优化。欢迎各位读者加群，在讨论中发现问题、解决问题并相互促进！

三、本套书配套使用说明

考生在复习全国二级注册建筑师资格考试"建筑结构与设备""法律 法规 经济与施

工"两科的同时，除应阅读相应的标准、规范外，还应多做试题，以便巩固知识、加深理解和记忆。《二级历年真题与解析》是《二级教材》第 2、3 分册的配套试题集。收录了若干年知识题的真实试题，并依据考点将考题归类，每个考点皆作了知识上的梳理和总结，以便于考生记忆；每道考题皆附详解和答案。

本版《二级教材》第一分册对整本书作了重新编写；紧扣全国二级注册建筑师资格考试"场地与建筑设计（作图）""建筑构造与详图（作图）"的考试大纲要求和多年真实试题的命题思路，针对作图题的读题分析、解题步骤和得分技巧作了详尽的阐述。书中收录了多年真实试题，并附详解和评分标准，对二级注册建筑师资格考试"场地与建筑设计（作图）""建筑构造与详图（作图）"两科的复习大有助益。

四、《二级教材》各分册作者

《第 1 分册　场地与建筑设计 建筑构造与详图（作图）》——第一、二篇魏鹏；第三篇魏鹏、高云蔚。

《第 2 分册　建筑结构与设备》——第一章钱民刚；第二章黄莉、王昕禾；第三章冯东、叶飞、黄莉；第四、五章黄莉；第六章许萍；第七章贾昭凯；第八章冯玲。

《第 3 分册　法律 法规 经济与施工》——第一章李魁元；第二章陈向东；第三章穆静波；第四章尹桔。

本套书一直以来得到了广大考生朋友的大力支持。今年要特别感谢王治新、魏鹏和张婧 3 位朋友给予我们的无私帮助。王治新对本套《一级教材》中的《第 2 分册　建筑结构》《第 4 分册　建筑材料与构造》《第 5 分册　建筑经济 施工与设计业务管理》3 个分册提出了详尽的修改建议，这无疑促进了这 3 个分册教材质量的提升，也成为 2021 版教材修订的主要依据之一。魏鹏和张婧两位老师为本版一、二级教材的修订提供了近年试题（作为章后习题）。在此，对他们一并表示衷心的感谢！我们也诚挚地希望各位注册建筑师考试的师生能对本套教材的编写提出更多的宝贵意见和建议。

在此预祝各位考生取得好成绩，考试顺利过关！

《注册建筑师考试教材》编委会

2020 年 9 月

群名称：《场地与建筑设计建筑构造…
群　号：694016946

群名称：2021建工版二级注册建筑师…
群　号：755530938

本书编写说明

《二级注册建筑师考试教材》第 1 分册涵盖了两个作图题考试科目——"场地与建筑设计"（对应本书第一篇及第二篇）和"建筑构造与详图"（对应本书第三篇）。本版按照作图题考试的特点，结合历年作图真题，对本书内容作了重新编写，力图使考生从如下几个方面掌握作图题的应试技巧、快速提高实战能力。

1. 操作性

作图题的共性在于考的都是一种设计操作，只是操作对象、目标、流程有所不同。

场地设计的操作对象是单体建筑、道路、绿化、停车场及各类活动场地等场地要素；建筑设计的操作对象是房间和功能分区；建筑构造与详图的操作对象比较多样，包括构造中的建筑材料，结构的梁、板、柱构件及其内部配筋，水、暖通空调、电的各种设备，安全设施的栏杆、坡道及防火门窗等。

无论是"场地与建筑设计"还是"建筑构造与详图"，其操作目标都是使操作对象形成某种组合关系，使其满足与外部的环境对接、内部使用功能及相关的规范要求，最终操作成果就是场地的总图、建筑的平面、构造的节点及设备的平面布置图。

从分析外部环境特点、操作对象关系的梳理，到最终确定操作对象的组合方式，这些操作流程正是本书叙述的重点，也是应试的关键所在。

2. 针对性

本书场地与建筑设计部分搜集了从 2003 年到现在的历年真题及部分评分标准；建筑构造与详图部分搜集到了部分真题，尚不完备。在对这些真题及评分标准进行统计分析的基础上，将重要考点提炼出来，并对其解题步骤进行了详细解析，使考生能够把握最为核心的解题要点，做到有针对性地复习，从而达到事半功倍的效果。

3. 图解化

文字是一维的、历时性的，用文字对建筑作图这种二维操作技能进行描述，显然是有缺陷的，表达效率也不高。这点从作图考试的试题条件就能看出来，如对复杂一些的作图试题的界定就需动用表、气泡图等图解化信息描述工具。因而本书在写作过程中尽可能采用图解方式进行叙述，将设计过程分解为图解的动态变换过程，将相关要点标注于过程图解上，使考生养成图解思维的习惯，加速知识的技能化转变。

本书在写作过程中，主要参考了保罗·拉索的《图解思考》及彭一刚的《建筑空间组合论》。在题目搜集过程中，参考了任乃鑫、住房和城乡建设部执业资格考试中心网的二级注册建筑师考试的相关书籍。

本书出版过程中得到张建编辑的支持与帮助；王昕禾老师从专业角度提出了许多宝贵建议并指正了书稿中的错误；在配图方面，臧楠楠、魏易芳做了大量的工作；在此一并表示衷心感谢。

目　　录

第一篇　场地设计(作图)

第二篇　建筑设计（作图）

第三篇　建筑构造与详图(作图)

第一篇　场地设计（作图）

第一篇　区域地质（作图）

第一章 注册考试视角下的场地设计

二级注册建筑师场地设计的考试大纲叙述如下："理解建筑基地的地理、环境及规划条件。掌握建筑场地的功能布局、环境空间、交通组织、竖向设计、绿化布置，以及有关指标、法规、规范等要求。具有对场地总体建筑环境的基本的规划设计与实践能力。能对试题做出符合要求及有关法规、规范规定的解答。"

从大纲中可以了解到，场地设计考试的考核目标有两个。首先是场地分析能力，具体来说就是了解场地的大小、形状、日照及地形条件；周边道路、既有建筑及景观资源状况；规划的退线、限高等要求；是对场地设计操作环境的整体把握。其次是根据场地分析的结果进行场地设计的能力，这是对场地操作对象组合方式的确定，包括建筑布局、交通组织、停车位安排、竖向标高调整及绿化布置等。实际上对场地设计能力的考核方式可以从历年真题的成果要求、试题条件、设计的逻辑推导过程及评分标准中看出更多线索。

第一节 从成果要求看考核目标：总图

从考试大纲中可以看到场地设计的考核内容是多样的，回顾从 2003 年以来的考试真题（表 1-1-1），每年的题型也是变化的。

场地设计历年真题一览表

表 1-1-1

年份	考核内容	考核点
2003	超市停车场设计	停车场布置
2004	某科技工业园场地设计	总平面布置
2005	某餐馆总平面设计	停车场布置与交通组织
2006	山地观景平台及道路设计	坡地场地布置
2007	幼儿园总平面设计	依据场地日照条件设计平面组合图
2008	拟建实验楼可建范围	确定可建范围
2009	某商业用地场地分析	确定可建范围
2010	人工土台设计	坡地竖向设计
2011	山地场地分析	确定可建范围
2012	某酒店总平面设计	交通组织
2013	综合楼、住宅楼场地布置	总平面布置
2014	某球场地形设计	坡地场地布置
2017	某工厂生活区场地布置	总平面布置
2018	某文化中心总平面布置	总平面布置
2019	某用地场地分析	确定可建范围
2020	停车场设计	停车场布置

如何从纷乱的题型中理出头绪？仔细观察历年真题的考核点可以看出，依据场地设计操作方式可以将题型分为单项操作题型及综合操作题型。单项操作题型包括确定可建范围、场地地形处理、交通系统组织、停车场布置；综合操作题型即总平面布置。无论题型是什么，最终的成果要求就是一张总图。2018年场地设计真题答案如下，它包括了场地设计所涵盖的大部分内容（图1-1-1）。

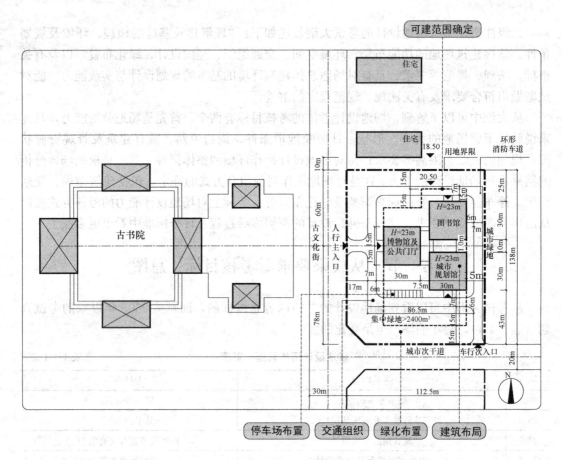

图 1-1-1　2018 年场地设计真题答案所涉及的场地设计内容

第二节　从试题条件看信息描述：文字说明、图示、场地总图

　　本质上，所有考试的解题过程都是从题目条件到答案的推理过程，场地作图也不例外。看清题目是解题的首要条件。以 2018 年的场地设计真题为例，从试卷中可以看到试题条件包括三部分：文字说明、图示及场地总图（图1-2-1）。

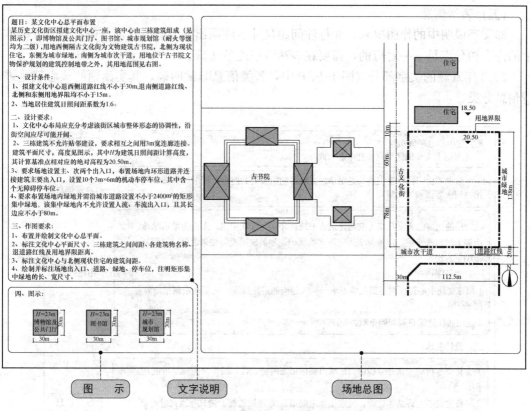

图 1-2-1 2018 年场地设计的题目条件：文字说明、图例、场地总图

一、文字说明

包含设计条件、设计要求及作图要求等信息，将文字类的信息按部就班、无遗漏地综合到总图中正是此类作图考试的考核目标，首先要做的就是从解题的角度将题目条件信息进行再分类。

（一）总体信息

说明题目类型，包括可建范围的确定、停车场的布置以及总平面设计等，通常用于总体控制。

（二）建筑信息与场地信息

建筑信息即场地内要布置的建筑，通常会有图示进行补充说明；场地信息即场地内要布置的广场、停车场、集中绿地等。此两类信息均为场地设计的操作对象。

（三）用地信息

介绍用地的周边环境、规划退线要求、当地的日照间距系数及周边建筑的耐火等级。场地分析要将用地信息结合到场地总图中，用以确定建筑的可建范围及周边的环境资源状况，对下一步的建筑与场地定位起到指示性作用。

（四）细化信息

是一些描述建筑布局限制条件的信息，如建筑间要加连廊、某建筑靠广场布置等具体的细致信息。用于建筑、场地的精确定位与细化。

（五）表达信息

即文字说明中的作图要求，如标注间距尺寸、注明出入口等，这部分信息与评分标准中的许多扣分点是一一对应的，需要在表达阶段逐条实现。

2018年真题的文字部分（图1-2-2）中，各类信息非常明确，其实读题的核心就是进行信息分类。

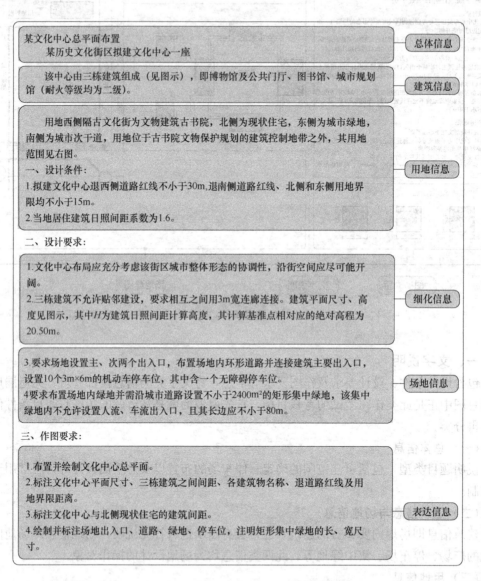

图 1-2-2　2018 年场地设计真题中文字说明的信息分类

二、图示

试题条件的图示部分通常为建筑信息的图解表达（图 1-2-3），注明了建筑功能、高度、形状尺寸，有时会有部分场地信息的图示，如篮球场、羽毛球场、停车场或车位图示等。

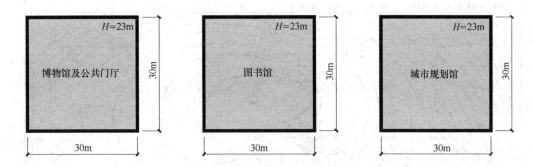

图 1-2-3 2018 年场地设计真题中的建筑图示

三、场地总图

场地总图是用地信息的图式表达（图 1-2-4），列明了现有的场地要素。在 2018 年的场地总图中可以看到的场地要素包括：① 用地范围，一般由道路红线及用地界限围合而成；② 现有建筑，不同类型的建筑会给出不同的暗示；③ 道路，一般位于用地范围的一侧或两侧，暗示着用地的内外区域；④ 绿地、景观，有时是城市公园、水面等，用于对接有景观要求的建筑类型；⑤ 指北针。

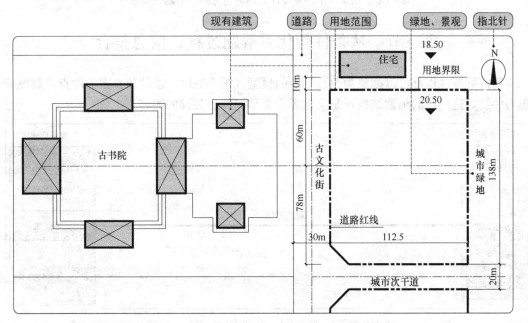

图 1-2-4 2018 年场地设计真题场地总图中的场地要素

查看其他年份的真题，还可以看到其他的场地要素（图1-2-5），如基础设施（通常是高压线、微波通道、地下人防通道等）、保留树木（限定建筑布局方式及可建范围）、地形地貌等。

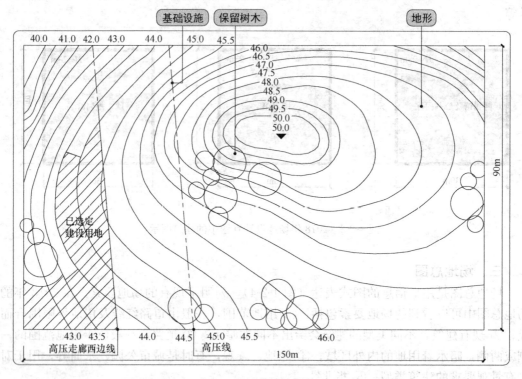

图 1-2-5　2011 年场地设计真题场地总图中的场地要素

第三节　从条件转化看解题过程：信息整合

任何解题过程都可以抽象为两点一线的模型（图1-3-1），条件和答案为两点，解题过程为一线，这一线的细致结构正是应试者所要掌握的最关键的内容。

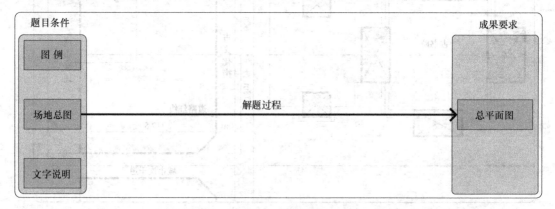

图 1-3-1　场地设计解题过程的图解表达

如前所述，场地设计的题目条件包括：图例、场地总图及文字说明，通过将图例与文字说明的信息结合到场地总图中并恰当地表达出来，形成最终的答案——一张总平面图（图 1-3-2）。

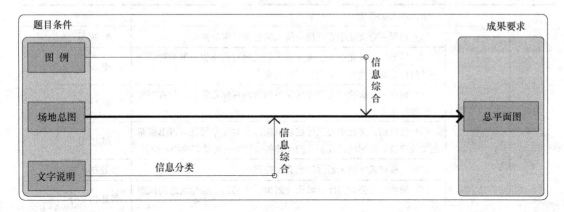

图 1-3-2　场地设计解题过程中的信息分类与综合

信息综合的过程并不复杂，依据前述对题目条件的信息分类方法来读题，并在对应的设计操作中综合信息，完整的解题步骤就拆解完毕（图 1-3-3），下一节将以 2018 年的考题为例，对这一操作流程进行完整演示。

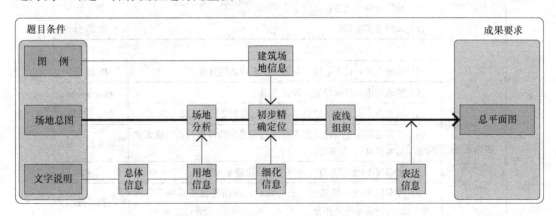

图 1-3-3　场地设计解题过程的流程图示

第四节　从评分标准看考核重点

以最新的 2018 年考题的评分标准为例（表 1-4-1），可以看到综合题型中占分值权重最大的还是建筑布局，场地设计考题的建筑布局具有唯一性，这可以说是考题最重要的考点。

可建范围的确定是最基本的，规划退线、日照防火间距也是不能错的，同时也要标注清楚。

场地出入口及场地内的交通、绿化也会占据一定的分值，布置方式相对来说比较简单，尽量做到不遗漏即可。剩下的就是表达的分值，依据题目条件中的表达信息进行建筑名称及相关尺寸的标注，题目中提到面积的场地也需要特别注明。

其实评分标准的扣分点与题目条件有很多重合之处，从某种意义上说它就是量化的设计要求。

序号	考核内容	扣分点	扣分值	分值
1	文化中心布局（40分）	未画或无法判断	本题为 0 分	40
		（1）情形一：文化中心三栋建筑未朝西向对称布置	扣 30 分	
		（2）情形二：文化中心三栋建筑未朝西向对称布置，但博物馆及公共门厅建筑轴线与古书院东西轴线重合	扣 20 分	
		（3）情形三：文化中心三栋建筑虽朝西向对称布置但未与古书院东西轴线重合	扣 15 分	
		（4）情形四：文化中心三栋建筑虽朝西向对称布置且与古书院东西轴线重合，但博物馆及公共门厅建筑未位于三栋建筑物中心位置	扣 10 分	
		（5）三栋建筑之间未通过连廊直接连接	每处扣 2 分	
		（6）博物馆及公共门厅、城市规划馆、图书馆三栋建筑之间间距小于 6m	每处扣 5 分	
	文化中心与周边关系（20分）	（1）建筑物与北侧住宅相对应部分南北向间距小于 40m	扣 20 分	20
		（2）建筑物退北侧用地界限小于 15m	扣 10 分	
		（3）建筑物退东侧用地界限小于 15m	扣 5 分	
		（4）建筑物退西侧道路红线小于 30m	扣 5 分	
		（5）建筑物退南侧道路红线小于 15m	扣 5 分	
	道路及绿化布置（25分）	（1）未画或无法判断	扣 25 分	25
		（2）场地主出入口未开向古文化街	扣 10 分	
		（3）场地主出入口中心线未与古书院东西轴线重合	扣 10 分	
		（4）场地次出入口未设置或设置不当	扣 2~5 分	
		（5）场地内未设置环形道路或环路未与建筑之间留出安全距离	扣 2~5 分	
		（6）环形道路未连接建筑出入口（三栋建筑均设出入口）或无法判断［与本栏（5）条不重复扣分］	每处扣 1 分	
		（7）未布置 10 个停车位（含一个无障碍停车位）	少一个扣 1 分	
		（8）停车位未位于场地内、未与场地内环路连接或其他不合理［与本栏（7）条不重复扣分］	扣 2 分	
		（9）未绘制矩形集中绿地	扣 15 分	
		（10）集中绿地长边沿古文化街设置，或长边未临城市道路［与本栏（9）条不重复扣分］	扣 10 分	
		（11）集中绿地面积小于 2400m²，或其长边小于 80m［与本栏（9）条不重复扣分］	扣 5 分	
	标注（10分）	（1）未标注三栋建筑物功能名称	每处扣 2 分	10
		（2）未标注三栋建筑物平面尺寸、间距、退距及集中绿地长边尺寸，或标注错误	每处扣 1 分	
		（3）未标注文化中心与北侧现状住宅对应部分与现状住宅南北向间距尺寸或标注错误	扣 5 分	
2	图面表达（5分）	图面粗糙，或主要线条徒手绘制	扣 2~5 分	5
第一题小计分		第一题得分：小计分×0.2＝		

2018 年场地设计评分标准　　　　表 1-4-1

第二章 解 题 步 骤

如前所述，场地设计的题型分为单项题型和综合性题型，综合性题型的总平面布置包含了许多单项题型的内容，因此，本书在叙述具体的解题步骤时以综合型的总平面布置为例。其他单项题型设计操作相对简单，将在第三章真题解析部分依据具体的题目进行详细论述。

第一节 线性解题步骤

依据上节所推导的解题过程的流程图，经过适当整合可以将其分为线性的五步（图 2-1-1）。

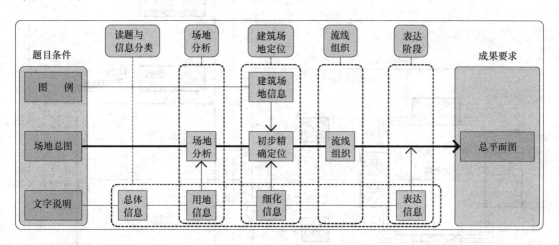

图 2-1-1 总平面布置的解题步骤

步骤一：读题与信息分类

读题并进行信息分类，将信息分解为总体、建筑、场地、用地、细化、表达共六类。

步骤二：场地分析

将用地信息与场地总图进行综合，确定场地的内外分区走向（内外轴）及朝向（南北轴），根据规划退线、日照间距系数及与周边建筑的防火间距来确定建筑的可建范围，确定场地出入口。

步骤三：建筑、场地定位

根据场地分析的结果将建筑在可建范围内进行初步布局，布置各类活动场地，复核环境关系，根据细化信息进行精确定位与深化。

步骤四：流线组织

确定基地内的车行流线，满足使用及消防要求，并在适当的位置布置停车场等。

步骤五：表达阶段

依据作图要求将总平面草图绘制成正式图。

至此，场地设计作图的解题流程确定下来；下面以 2018 年的真题某文化中心总平面布置为例，对上述步骤进行完整演示。

第二节　2018 年真题解析

一、题目：某文化中心总平面布置（2018 年）

某历史文化街区拟建文化中心一座，该中心由三栋建筑组成，即博物馆及公共门厅、图书馆、城市规划馆（耐火等级均为二级）。用地西侧隔古文化街为文物建筑古书院，北侧为现状住宅，东侧为城市绿地，南侧为城市次干道。用地位于古书院文物保护规划的建筑控制地带之外，其用地范围见图 2-2-1。

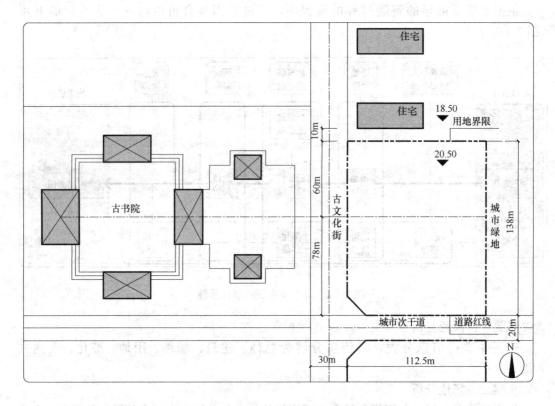

图 2-2-1　2018 年场地设计真题中的场地总图

（一）设计条件

（1）拟建文化中心退西侧道路红线不小于 30m，退南侧道路红线、北侧和东侧用地界限均不小于 15m。

（2）当地居住建筑日照间距系数为 1.6。

（二）设计要求

（1）文化中心布局应充分考虑该街区城市整体形态的协调性，沿街空间应尽可能开阔。

（2）三栋建筑不允许贴邻建设，要求相互之间用 3m 宽连廊连接。建筑平面尺寸、高度见图示（图 2-2-2），其中 H 为建筑日照间距计算高度，其计算基准点相对应的绝对高程为 20.50m。

（3）要求场地设置主、次两个出入口，布置场地内环形道路并连接建筑主要出入口，设置 10 个 3m×6m 的机动车停车位，其中含一个无障碍停车位。

（4）要求布置场地内绿地并需沿城市道路设置不小于 2400m² 的矩形集中绿地，该集中绿地内不允许设置人流、车流出入口，且其长边应不小于 80m。

（三）作图要求

（1）布置并绘制文化中心总平面。

（2）标注文化中心平面尺寸、三栋建筑之间间距、各建筑物名称、退道路红线及用地界限距离。

（3）标注文化中心与北侧现状住宅的建筑间距。

（4）绘制并标注场地出入口、道路、绿地、停车位，注明矩形集中绿地的长、宽尺寸。

（四）图示

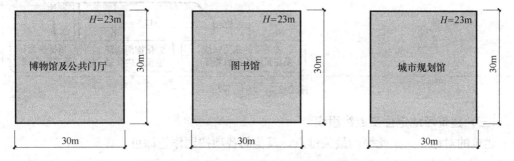

图 2-2-2　2018 年场地设计真题中的建筑图示

二、真题解析

（一）读题与信息分类

依据文字的顺序进行读题，首先看到的是总体信息：历史文化街区文化中心总平布置，可以想象它的布局必然受到历史建筑的强烈影响。

接下来是建筑信息，这部分可结合图示一起看，三栋同高、同大小的公建，从名称就可以看出来博物馆及公共门厅是主要的，因为它承担着公共门厅的作用；图书馆与城市规划馆相比较，更需要放在安静的区域。

用地信息写明了周边道路与环境，可结合场地总图一起看，下面是退线及日照信息。读到这里要进行场地分析，首先确定建筑可建范围，再依据环境确定内外轴及南北轴。由此可以看出这是一个边读边画、读与画一体的解题步骤。

下面是细化信息、场地信息及表达信息。显然场地信息要先看，并将其简略地标注在总图上以备忘。确定场地出入口后即可进行建筑布局及流线组织。

细化信息和表达信息可在相应的精确定位阶段与表达阶段详细阅读。

（二）场地分析

本题最重要的秩序制约是古书院的中轴线，它强烈地影响了建筑布局。内外轴与南北轴可以理解为建筑组织的维度。内外轴的确定原则是：靠路的一侧为外（图 2-2-3）。

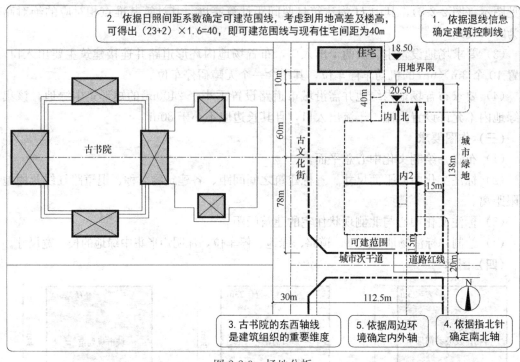

图 2-2-3　场地分析

（三）建筑场地定位及流线组织

建筑的对称布局是此题的最关键点，其他的各项按题作答即可，详见图 2-2-4。

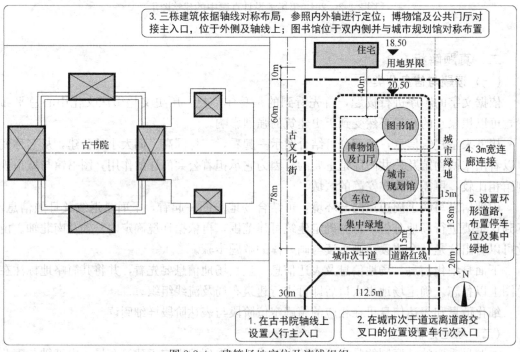

图 2-2-4　建筑场地定位及流线组织

（四）表达阶段

依据作图要求将总平面草图绘制成最后的正式图（图 2-2-5）。

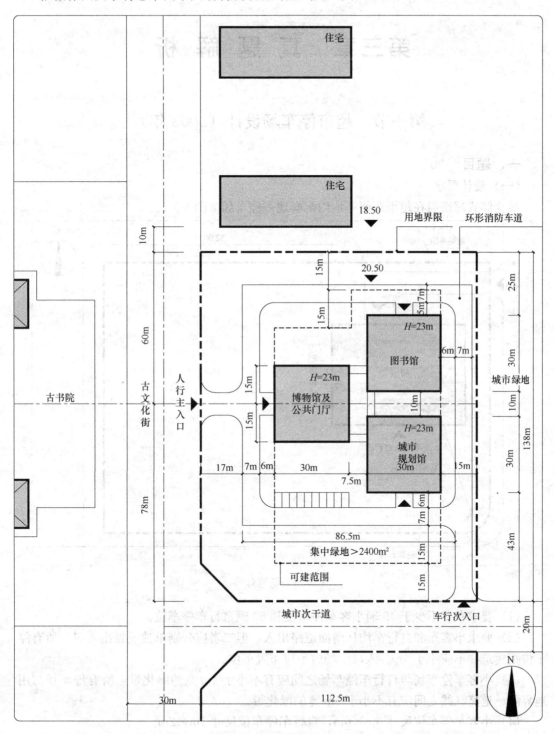

图 2-2-5 表达阶段

第三章 真题解析

第一节 超市停车场设计（2003 年）

一、题目

（一）设计要求

某仓储式超市需在超市东侧基地内配套建一停车场（图 3-1-1）。

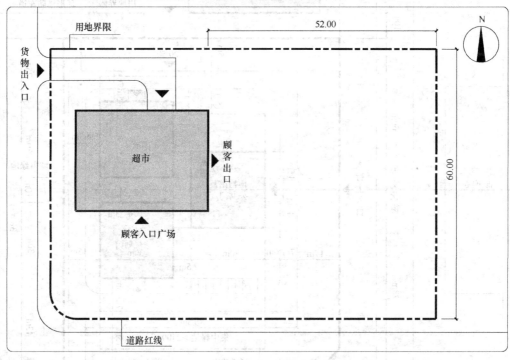

图 3-1-1 场地总图

（1）要求布置不少于 45 辆小客车停车位和 60 辆自行车停车位。

（2）要求小客车和自行车均从南面道路出入，但二者应分别单独设置出入口。所有停车位距建筑物不应小于 6m。入口广场内不应布置车位。

（3）小客车停车场与自行车停车场之间应有不小于 4m 宽的绿化带，所有停车场与用地界限、道路红线之间应有不小于 2m 宽的绿化带。

（4）小客车停车位尺寸 3m×6m，自行车停车位尺寸 1m×2m。

（二）作图要求

（1）绘图表示停车位、道路和绿化带，并注明尺寸。

（2）注明小客车和自行车数量。

（3）用虚线表示小客车的行车路线和行驶方向。

二、解析

（一）读题与信息分类（图 3-1-2）

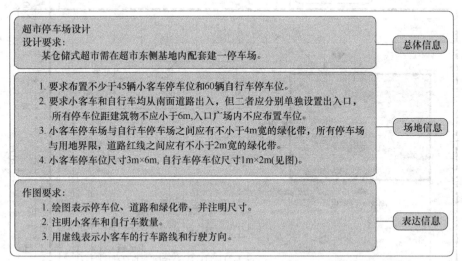

图 3-1-2　读题与信息分类

（二）场地定位及流线组织（图 3-1-3）

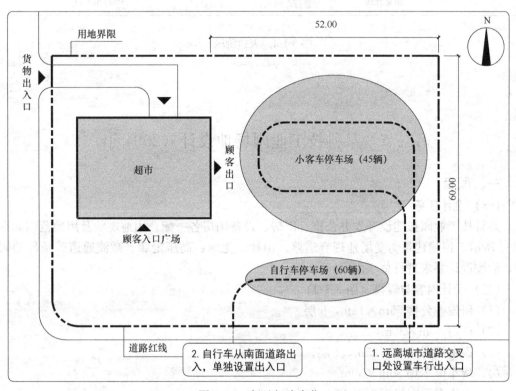

图 3-1-3　场地初步定位

(三)表达阶段（图 3-1-4）

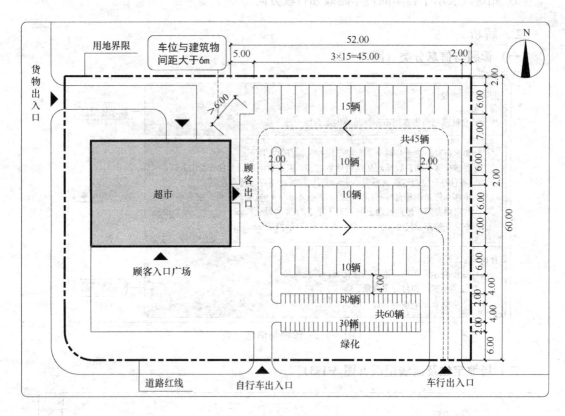

图 3-1-4 表达阶段

第二节 某科技工业园场地设计（2004年）

一、题目

（一）设计任务

某科技工业园拟建设开发办公楼、厂房、设备用房各一幢。用地现状及用地范围如图3-2-1所示。拟建建筑物受场地现有道路、山地、池塘、高压走廊、微波通道等条件的限制，请按设计要求进行总平面设计。

（二）设计内容与规模（图 3-2-2）

（1）研发办公楼 55m×18m，6层。

（2）厂房 60m×30m，2层。

（3）设备用房 25m×25m，1层。

（4）货车停车场 50m×50m。

（5）小汽车停车场不少于 10 个停车位。

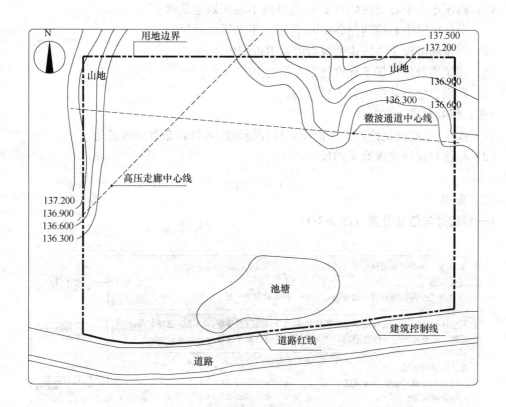

图 3-2-1　场地总图

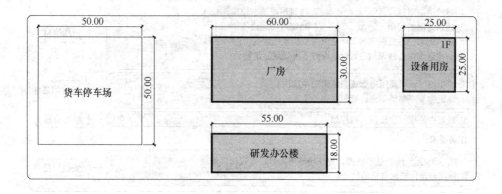

图 3-2-2　图示

(三) 设计要求

(1) 建筑退道路红线≥9m。

(2) 建筑退距池塘边线≥12m。

(3) 建筑之间的间距≥9m。

(4) 建筑退场地边线≥4m。

(5) 高压走廊中心线两侧各 25m 范围内不准规划建筑物。

(6) 微波通道中心线两侧各 20m 范围内不准规划建筑物。

(7) 停车场可设于高压走廊或微波通道范围内。

(8) 建筑物及停车场不允许规划在山地上。

(9) 研发办公楼前应设置入口广场。

(四) 任务要求

(1) 按 1:500 比例绘制总平面图，标注场地出入口，布置园区道路。

(2) 标注与设计要求有关的尺寸。

二、解析

(一) 读题与信息分类 (图 3-2-3)

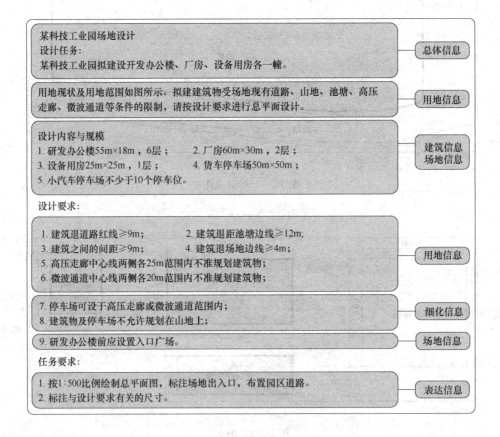

图 3-2-3　读题与信息分类

（二）场地分析、建筑场地定位及流线组织（图 3-2-4）

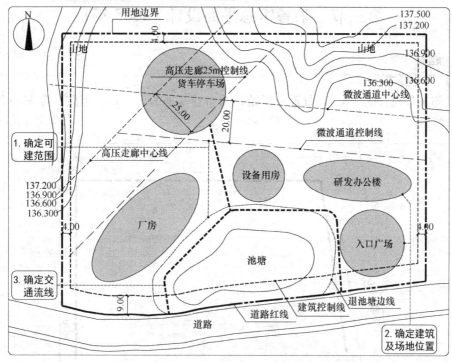

图 3-2-4 建筑场地定位及交通组织

（三）表达阶段（图 3-2-5）

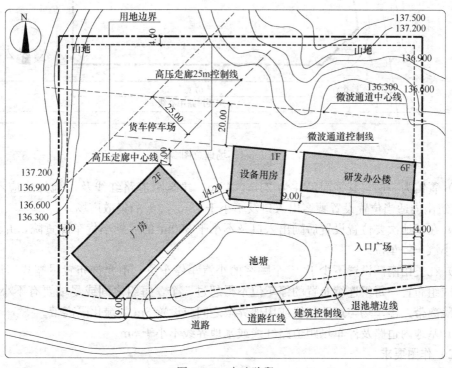

图 3-2-5 表达阶段

第三节　某餐馆总平面设计（2005 年）

一、题目

（一）设计要求

在城郊某基地（图 3-3-1）布置一餐馆，并布置基地的出入口、道路、停车场和后勤小货车卸货院。

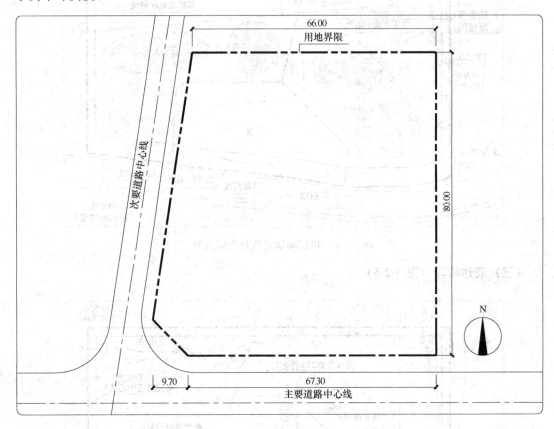

图 3-3-1　场地总图

（1）餐馆为一层，其平面尺寸为 24m×48m，建筑距道路红线及用地界线应不小于 3m。建筑南向适当位置设置顾客出入口及不小于 18m×8m 的集散广场。

（2）在基地次要位置设置后勤出入口及不小于 300m² 的后勤小货车卸货院，并设置 5 个员工小汽车停车位。

（3）在餐馆南侧设置不少于 45 个顾客的小汽车停车位，不允许布置尽端式车道，停车位置成组布置，每组连续布置的停车位不得超过 5 个，每组之间或尽端要有不小于 2m 的绿化隔离带。停车场与道路红线或用地界限之间应设置 3m 的绿化隔离带。

（4）基地内道路及停车场距道路红线或基地界线不小于 3m。

（二）作图要求

按照设计要求在总平面图中：

(1) 要标出主入口、次入口、员工出入口、后勤小货车卸货院并标注名称。

(2) 布置停车场，标明相关尺寸。

(3) 绘出顾客停车场的车行路线。

(4) 布置绿化隔离带。

(三) 提示

有关示意图见图 3-3-2。

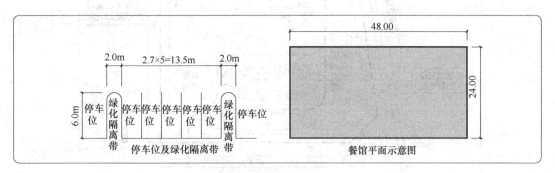

图 3-3-2 图示

二、解析

(一) 读题与信息分类 (图 3-3-3)

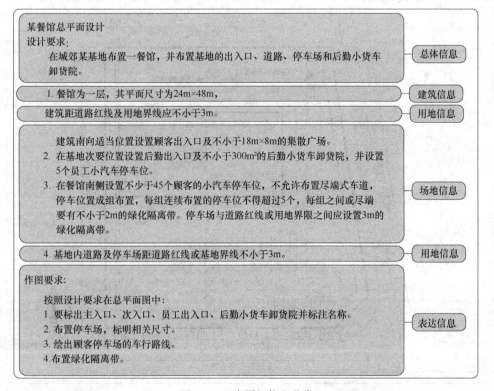

图 3-3-3 读题与信息分类

(二) 场地分析、建筑场地定位及流线组织 (图 3-3-4)

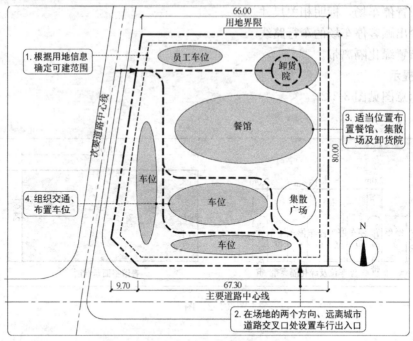

图 3-3-4 场地分析、建筑场地定位及流线组织

(三) 表达阶段 (图 3-3-5)

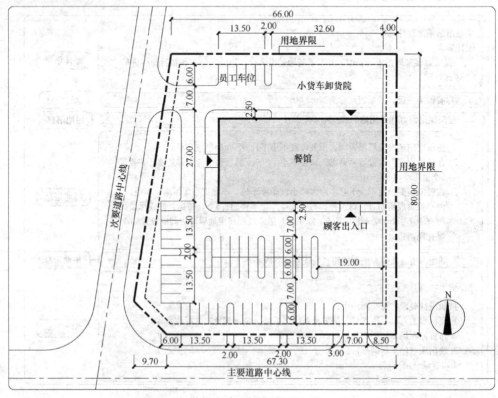

图 3-3-5 表达阶段

第四节 某山地观景平台及道路设计（2006年）

一、题目

（一）任务描述

某旅游区临水山地地形见图 3-4-1，场地内有树高 12m 的高大乔木群、20m 高的宝塔、游船码头、登山石阶及石刻景点。

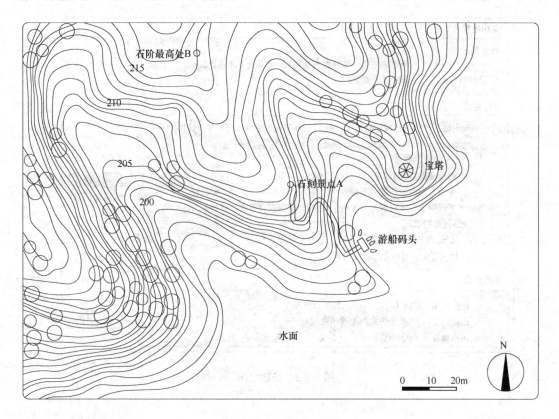

图 3-4-1 场地总图

（二）设计要求

在现有地形条件下选址，修建 8m×8m 的正方形观景平台一处，并设计出由石刻景点 A 至石阶最高处 B 的登山路线。

（1）观景平台选址要求：①海拔高程不低于 200m；②平台范围内地形高差不超过 1m，且应位于两条等高线之间；③平台中心点面向水面方向水平视角 90°范围内应无景物遮挡。

（2）道路设计要求：①选择 A 与 B 间最近道路；②相邻等高线间的道路坡度要求为 1：10。

(三) 作图要求

(1) 按比例用实线绘出 8m×8m 的观景平台位置。

(2) 用虚线绘出 90°水平视角的无遮挡范围。

(3) 用点画线绘出 A 至 B 点的道路中心线。

二、解析

(一) 读题与信息分类 (图 3-4-2)

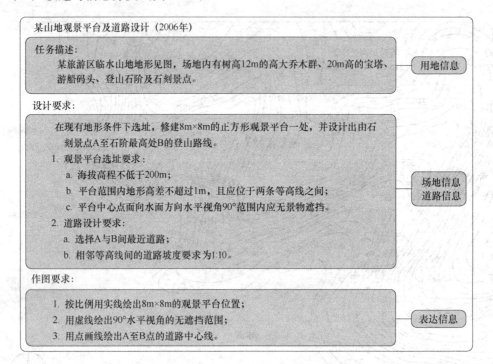

图 3-4-2　场地总图

（二）场地分析与解答（图 3-4-3）

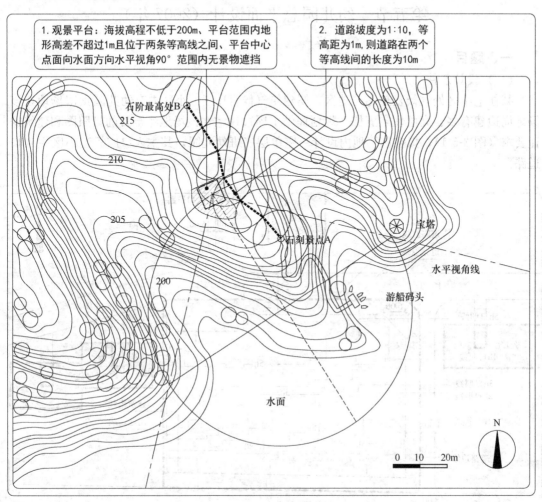

1. 观景平台：海拔高程不低于200m、平台范围内地形高差不超过1m且位于两条等高线之间、平台中心点面向水面方向水平视角90°范围内无景物遮挡

2. 道路坡度为1:10，等高距为1m，则道路在两个等高线间的长度为10m

图 3-4-3　场地分析与解答

三、评分标准（表 3-4-1）

2006 年场地设计评分标准

表 3-4-1

序号	考核内容	扣分点	扣分值	扣分
1	平台选址	（1）选址概念错误，不在答案允许范围内	扣70分	70
		（2）选址概念基本正确，局部超出答案允许范围	扣5~10分	
		（3）平台不足 8m×8m	扣5分	
		（4）水平视角未画或绘制不当	扣15分	
2	选路	（1）道路坡度概念错误	扣30分	30
		（2）道路坡度不是 1:10（共 6 段）	每段扣5分	
		（3）道路与 A、B 点连接错误	扣5分	

第五节 幼儿园总平面设计（2007 年）

一、题目

（一）设计条件

某住宅小区处气候夏热冬冷地区，属建筑气候ⅢB区。小区内有幼儿园预留场地，该场地周边建有多、高层住宅五栋。规划提供了周边住宅在该场地冬至日的日照图和建筑退让要求（图 3-5-1），拟在该场地内设计一座单层三班幼儿园，其主入口应靠近小区主入口道路。

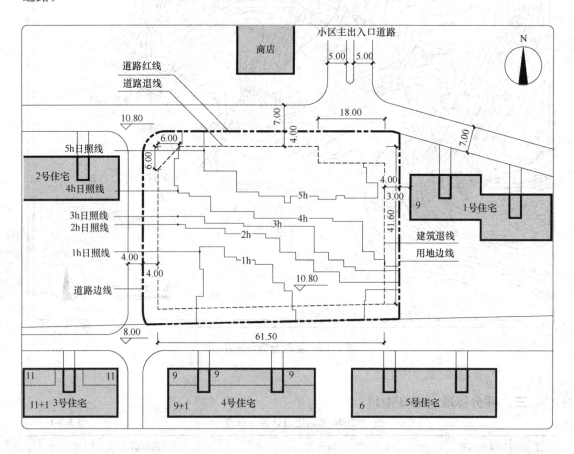

图 3-5-1 场地总图

（二）作图要求

（1）在日照图上用细实线画出该幼儿园冬至日最低日照要求线。

（2）按提供的功能关系示意图和单元平面图，在限定范围内布置幼儿园的平面并标注主入口和后勤供应入口位置。

（三）提示

（1）幼儿园主要功能关系示意图（图 3-5-2）。

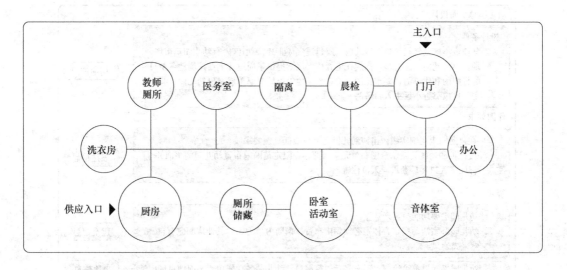

图 3-5-2 幼儿园功能关系图

（2）幼儿园卧室活动室、音体室必须朝南布置，南向为落地窗，其他房间应有自然采光通风。

（3）幼儿园平面用单线绘制，不必表示门窗洞口。幼儿园各功能单元平面图见图 3-5-3。

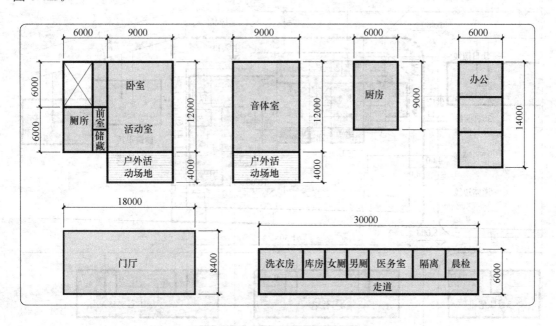

图 3-5-3 幼儿园各功能单元平面图

二、解析

(一) 读题与信息分类 (图 3-5-4)

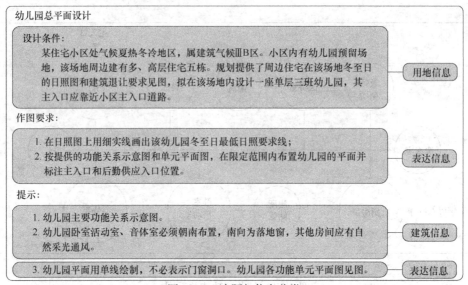

幼儿园总平面设计

设计条件：
　　某住宅小区处气候夏热冬冷地区，属建筑气候Ⅲ B区。小区内有幼儿园预留场地，该场地周边建有多、高层住宅五栋。规划提供了周边住宅在该场地冬至日的日照图和建筑退让要求见图，拟在该场地内设计一座单层三班幼儿园，其主入口应靠近小区主入口道路。

用地信息

作图要求：
　　1. 在日照图上用细实线画出该幼儿园冬至日最低日照要求线；
　　2. 按提供的功能关系示意图和单元平面图，在限定范围内布置幼儿园的平面并标注主入口和后勤供应入口位置。

表达信息

提示：
　　1. 幼儿园主要功能关系示意图。
　　2. 幼儿园卧室活动室、音体室必须朝南布置，南向为落地窗，其他房间应有自然采光通风。

建筑信息

　　3. 幼儿园平面用单线绘制，不必表示门窗洞口。幼儿园各功能单元平面图见图。

表达信息

图 3-5-4　读题与信息分类

(二) 场地分析与解答 (图 3-5-5)

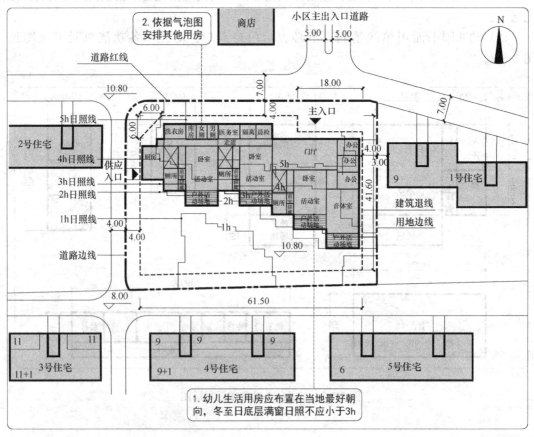

图 3-5-5　幼儿园平面组合图

依据《托儿所、幼儿园建筑设计规范》(JGJ 39—2016) 第 3.2.8 条：托儿所、幼儿园的幼儿生活用房应布置在当地最好朝向，冬至日底层满窗日照不应小于 3h。其中幼儿生活用房指供幼儿班级活动及公共活动的空间。据此确定了活动室及音体室依据 3h 日照线进行布置的原则，平面的其他部分依据气泡图的功能关系布置即可。

第六节　拟建实验楼可建范围（2008 年）

一、题目

(一) 设计条件

某科技园位于一坡地上，基地范围内原有办公楼和科研楼各一幢，见图 3-6-1。当地日照间距系数为 1：1.5（窗台、女儿墙高度忽略不计）。

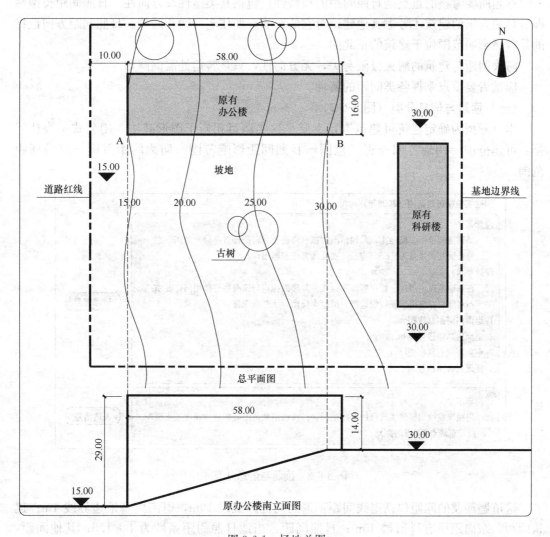

图 3-6-1　场地总图

（二）设计要求

在基地范围内拟建一幢平屋面实验楼，其楼面标高与原有办公楼相同，要求不对原有办公楼形成日影遮挡。拟建实验楼可建范围应符合下列要求：

(1) 退西向道路红线 10m。

(2) 退南向基地边界线 4m。

(3) 东向距原有科研楼 15m。

(4) 距现有古树树冠 3m。

（三）作图要求

用粗虚线绘出拟建实验楼的可建范围，标注该用地范围北侧边界线西端点至 A 点、东端点至 B 点的距离。

二、解析

本题所要考核的重点是日照间距的独特性，包括其类型性及方向性。日照间距类型性即有日照要求的建筑才考虑其他建筑对它的影响，如住宅、幼儿园等。日照间距方向性指的是日照影响范围位于建筑的正北侧。

防火间距与建筑的耐火极限有关，无方向性，只是转角处需倒圆角。

应试者要重点掌握各类间距的特性。

（一）读题与信息分类（图 3-6-2）

本题题型为确定建筑可建范围，本质是这类题目相当于图形减法。用公式来表达就是：可建范围＝用地范围－退线范围－日照间距影响范围－防火间距范围－其他间距范围。

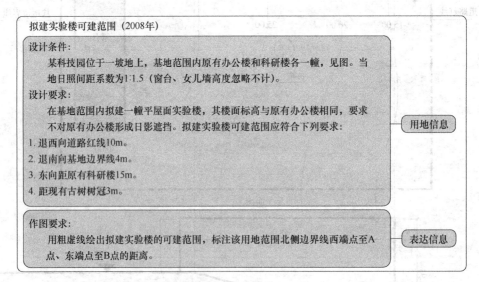

图 3-6-2　读题与信息分类

这道题涉及的间距包括退线间距：退西向道路红线 10m，退南向基地边界线 4m；建筑间距：东向距原有科研楼 15m；日照间距：当地日照间距系数为 1：1.5；其他间距：距现有古树树冠 3m。

（二）场地分析与解答（图 3-6-3）

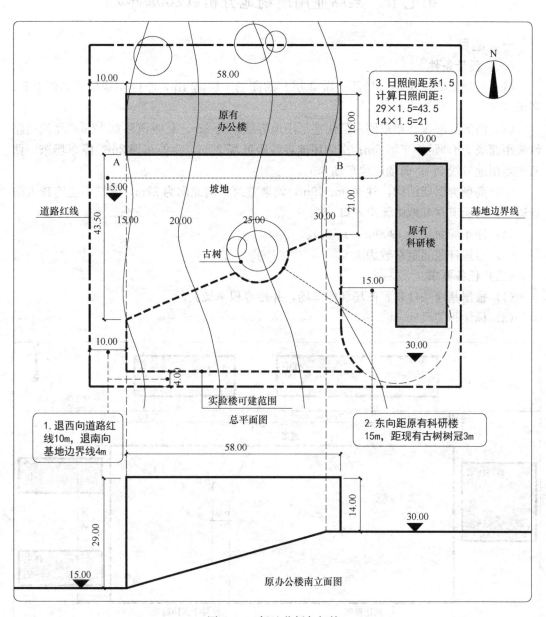

图 3-6-3 场地分析与解答

（图中文字）

3. 日照间距系1.5
计算日照间距：
29×1.5=43.5
14×1.5=21

原有办公楼

原有科研楼

坡地

古树

道路红线

基地边界线

实验楼可建范围

总平面图

1. 退西向道路红线10m，退南向基地边界线4m

2. 东向距原有科研楼15m，距现有古树树冠3m

原办公楼南立面图

第七节 某商业用地场地分析（2009 年）

一、题目

（一）设计条件

（1）某地块拟建 4 层（局部可做 3 层）的商场，层高 4m，小区用地尺寸如图 3-7-1 所示。

（2）西侧高层住宅和东侧多层住宅距用地界线均为 3m，北侧道路宽 12m；北侧道路红线距商场 5m，距停车场 5m；南侧用地界线距商场 22m，距停车场 2m；停车场东、西两侧距用地界线 3m；商场距停车场 6m。

（3）商场为框架结构，柱网 9m×9m，均取整跨，南北向为 27m，建筑不能跨越人防通道，人防通道在基地中无出入口。

（4）停车场面积为 1900m²（±5%）。

（5）当地日照间距系数为 1.6。

（二）任务要求

（1）根据基地条件布置商场和停车场，并使容积率最大。

（2）标注相关尺寸。

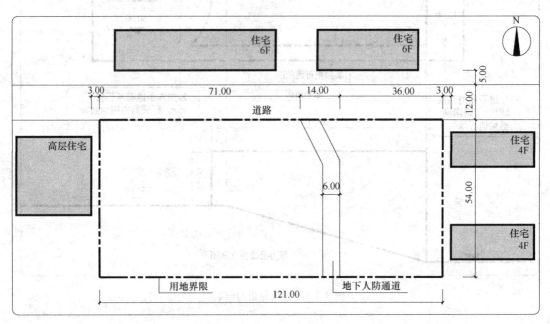

图 3-7-1 场地总图

二、解析

(一) 读题与信息分类 (图 3-7-2)

本题题型为确定建筑可建范围,题目涉及的间距有退线间距、日照间距、防火间距等,按题作答即可。

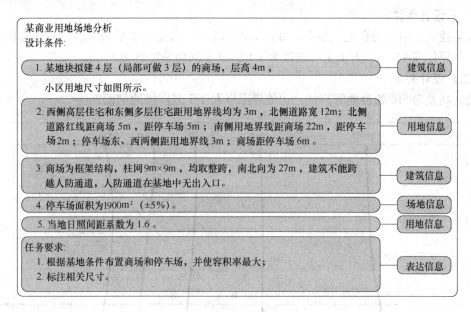

图 3-7-2 读题与信息分类

(二) 场地分析 (图 3-7-3)

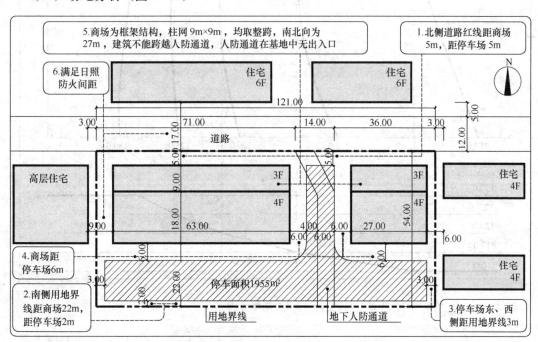

图 3-7-3 场地分析

第八节　人工土台设计（2010 年）

一、题目

（一）设计条件

在某处人工削平的台地土坡上，如图 3-8-1 所示，添加一个平面为直角三角形的人工土台，台顶标高 130m。人工土台坡度为 1∶2，1-1 剖面坡度也为 1∶2。

（二）设计要求

绘制高差为 5m 的台地等高线、边坡界限以及 1-1 竖向场地剖面。

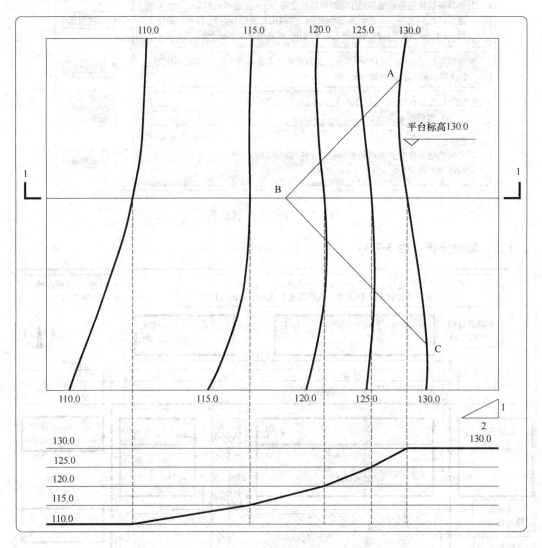

图 3-8-1　场地总图

二、解析
（一）读题与信息分类（图3-8-2）

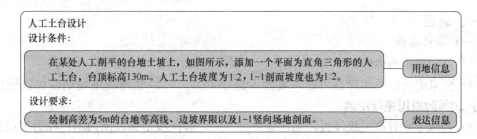

人工土台设计

设计条件：

在某处人工削平的台地土坡上，如图所示，添加一个平面为直角三角形的人工土台，台顶标高130m。人工土台坡度为1:2，1-1剖面坡度也为1:2。　　**用地信息**

设计要求：

绘制高差为5m的台地等高线、边坡界限以及1-1竖向场地剖面。　　**表达信息**

图 3-8-2　读题与信息分类

（二）场地分析与解答（图3-8-3）

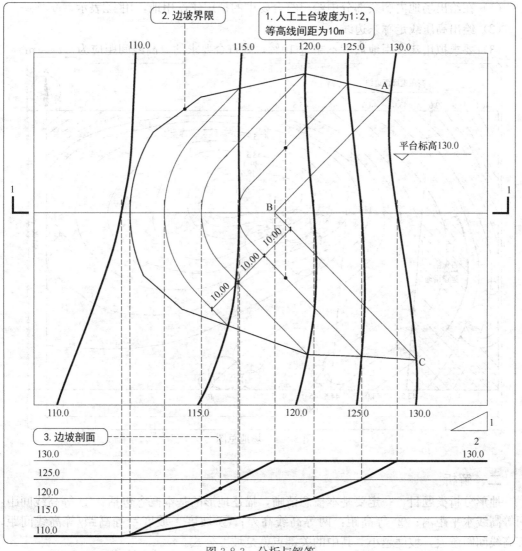

图 3-8-3　分析与解答

第九节　山地场地分析（2011 年）

一、题目

（一）设计条件

（1）已知某山地地形图如图 3-9-1 所示，最高点高程为 50.00m。

（2）要求围合出拟用建设用地，坡度不超过 10%，可以参考图中场地西侧已绘出坡度小于 10% 的拟用建设用地。

（3）场地上空有高压线经过，高压走廊宽 50m，高压线走廊范围内不可作为拟用建设用地，图中已绘制出高压线走廊西边线。

（4）保留场地内原有树木，拟用建设用地距树边线 3m。

（二）任务要求

（1）在给出场地内剩余部分中绘出符合要求的拟用建设用地，用▨表示。

（2）绘出高压线走廊东边线。

（3）要求拟用建设用地坡度不超过 10%，则符合要求的等高线间距应为_____m。

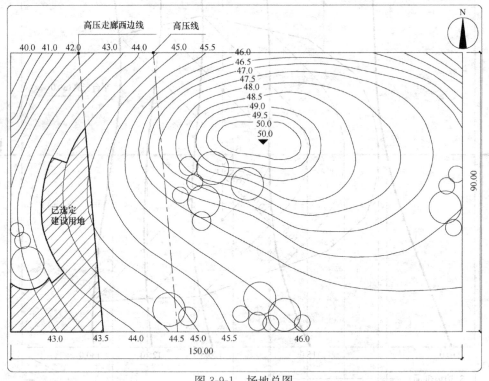

图 3-9-1　场地总图

二、解析

地形分析类题目，一定要基本概念清晰，描述地形的基本概念包括：① 等高线间距：两等高线水平距离；② 等高距：两等高线高差；③ 坡度：坡度＝等高距/等高线间距，等高线间距越大，坡度越小。其中的关键点就是坡度公式。

同时应尽可能训练三维直觉能力，看着等高线，山脊、山谷能浮现在眼前。

（一）读题与信息分类（图3-9-2）

文字部分只包含两类信息：用地信息及表达信息。用地信息中详细列明了建设用地范围的各种制约因素，包括坡度限制、高压走廊限制及保留树木边线的限制。

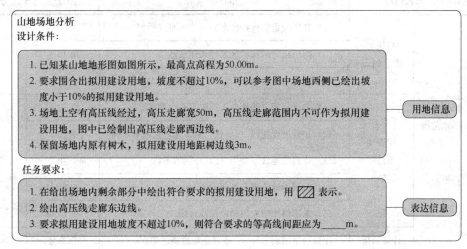

图 3-9-2　读题与信息分类

（二）场地分析与解答（图3-9-3）

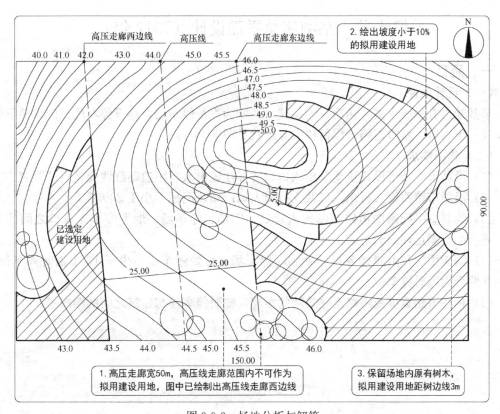

图 3-9-3　场地分析与解答

2011 年场地设计评分标准　　　　　　　　　　　　　　　　　　　　表 3-9-1

序号	考核内容		扣分点	扣分值	分值
1	建设用地范围选择（95 分）	高压走廊、树冠	（1）高压线走廊保护区东侧边线未画或画错	扣 20 分	20
			（2）高压线走廊保护区尺寸未注或注错	扣 15 分	
			（3）树冠水平投影 3m 线未画或画错，共 2 处	每处扣 5 分	
		建设用地范围选择	（1）坡度、等高线概念不清或不符合题意	扣 70 分	70
			（2）10%坡度连线（5m 长，共 8 处）与题解不符	每处扣 5 分	
			（3）等高线连线（共 10 处）与题解不符	每处扣 2 分	
			（4）山顶用地范围未画或画错	扣 20 分	
			（5）未用斜线填充用地范围或画错	扣 10 分	
		计算结果	计算结果错误（5m），或其他坡度概念错误	扣 5 分	5
2	图面表达（5 分）		图面粗糙	扣 2～5 分	5

注：各扣分点的扣分总和以该项分值为限，扣完为止。

第十节　某酒店总平面设计（2012 年）

一、题目

（一）设计条件

某基地内有酒店主楼、裙房、附属楼，西侧为汽车停车场，地下停车库范围、地下停车库及其出入口、城市道路、保留树木等现状见图 3-10-1。

（二）作图要求

（1）沿城市主干道设置机动车出入口，并标注该出入口距道路红线交叉点的距离。

（2）沿城市道路设人行出入口及人行出入口广场，面积不小于 300m²。

（3）绘制总平面图中道路与基地内建筑、广场、停车场、地下停车库入口之间的关系，酒店主楼满足环形消防通道要求。

（4）酒店裙房和附属楼各设一处临时停车场，每处停车场不少于 10 个临时停车位，各包含两个无障碍停车位。

（5）标注道路宽度及道路至建筑物的距离，临时停车位与建筑之间的距离等。

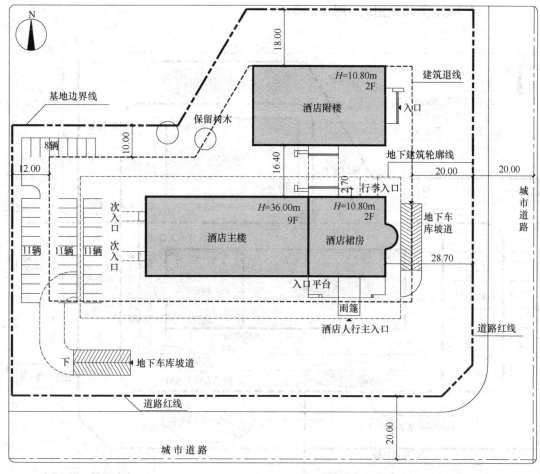

图 3-10-1　场地总图

二、解析

（一）读题与信息分类（图 3-10-2）

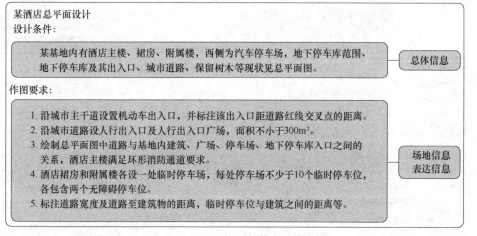

某酒店总平面设计
设计条件：

某基地内有酒店主楼、裙房、附属楼，西侧为汽车停车场，地下停车库范围、地下停车库及其出入口、城市道路、保留树木等现状见总平面图。 —— 总体信息

作图要求：

1. 沿城市主干道设置机动车出入口，并标注该出入口距道路红线交叉点的距离。
2. 沿城市道路设人行出入口及人行出入口广场，面积不小于300m²。
3. 绘制总平面图中道路与基地内建筑、广场、停车场、地下停车库入口之间的关系，酒店主楼满足环形消防通道要求。
4. 酒店裙房和附属楼各设一处临时停车场，每处停车场不少于10个临时停车位，各包含两个无障碍停车位。
5. 标注道路宽度及道路至建筑物的距离，临时停车位与建筑之间的距离等。
—— 场地信息 表达信息

图 3-10-2　读题与信息分类

（二）场地定位及流线组织（图 3-10-3）

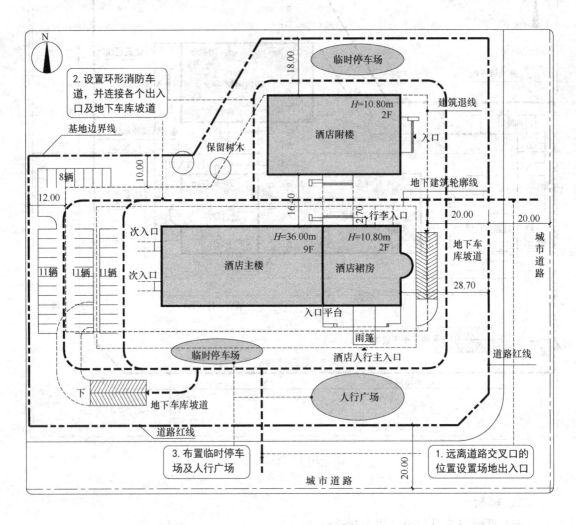

图 3-10-3　场地定位及流线组织

（三）表达阶段（图 3-10-4）

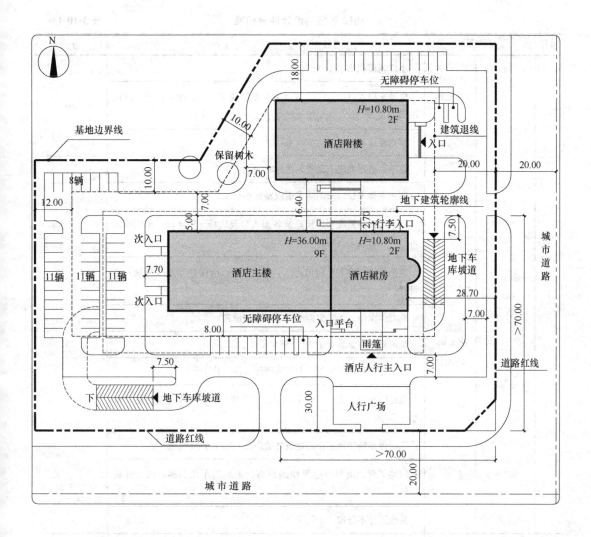

图 3-10-4　表达阶段

三、评分标准（表3-10-1）

序号	考核内容			分值
1	总平面设计（95分）	基地出入口	小广场面积小于 300m²	20
			机动车出入口中心线距城市主干道红线交叉点的距离，未标注或注错	
			其他设计不合理	
		道路、停车场、出入口	总平面道路系统未画或无法判断	75
			酒店主楼未设环形消防车道或路宽小于 4m	
			基地内道路系统未连接建筑各出入口及广场、停车场、车库等出入口，画错或无法判断	
			道路系统与地下车库坡道入口连接的 7.5m 缓冲车道（两处）未设置	
			临时停车位、无障碍停车位未按两处设置	
			临时停车位每处少于 10 个停车位	
			临时停车位每处应设 2 个无障碍停车位（共 4 个）	
			临时停车位、无障碍停车位设置不合理，临时停车位前道路宽度小于 5.5m	
			临时停车场的停车位距建筑外墙防火间距小于 6m	
			道路宽度、道路至建筑物的距离、无障碍车位名称，未标注或注错	
			其他设计不合理	
2	图面表达（5分）	图面表达不正确或粗糙		5

第十一节　综合楼、住宅楼场地布置（2013 年）

一、题目

（一）设计条件

场地内拟建综合楼与住宅楼各一栋，平面形状及尺寸见示意图 3-11-1，住宅需正南北向布置；在场地平面图虚线范围内拟建的 110 车位地下汽车库不需设计，用地南侧及西侧为城市次干道，北侧为现状住宅，东侧为城市公园（图 3-11-2），建筑退道路红线不小于16m，退用地红线不小于 5m，当地建筑日照间距系数为 1.6，城市绿化带内可开设机动车及人行出入口。

(二) 设计要求

根据提示内容要求，在场地平面图中：

（1）布置综合楼及住宅楼，允许布置在地下汽车库上方。

（2）布置场地车行道路、绿化及人行道路；标注办公楼、住宅楼出入口位置。

（3）布置场地机动车出入口、地下汽车库出入口。

（4）布置供办公使用的 8 个地面临时机动车停车位（含无障碍停车位 1 个）。

（5）标注建筑间距、道路宽度、住宅的宅前路与建筑的距离、场地机动车出入口与公交车站站台的最近距离尺寸。

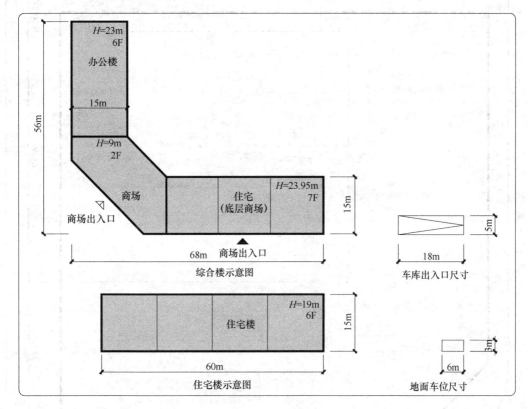

图 3-11-1　图示

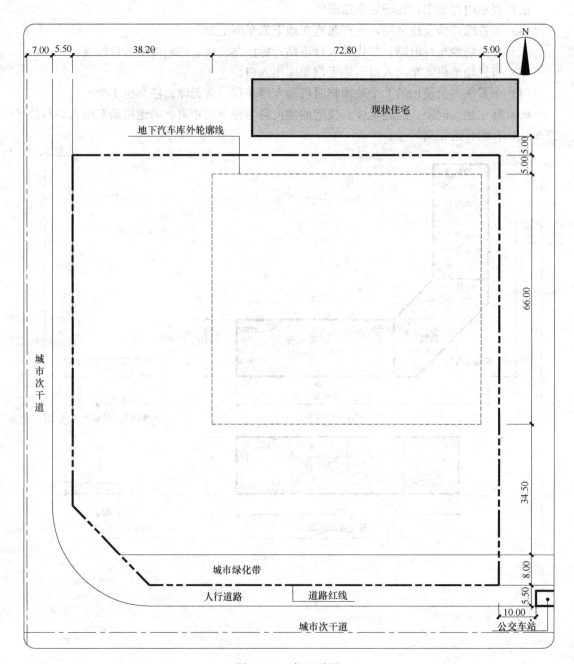

图 3-11-2　场地总图

二、解析

(一) 读题与信息分类（图 3-11-3）

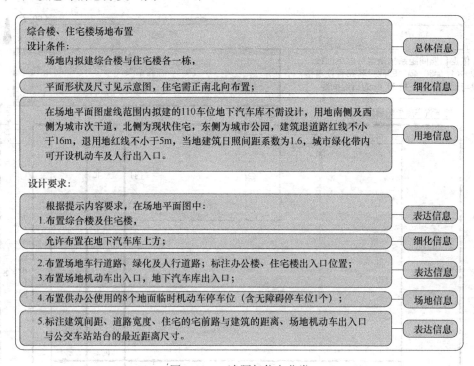

综合楼、住宅楼场地布置
设计条件：
　　场地内拟建综合楼与住宅楼各一栋，　　　　　　　　　　　　　　**总体信息**

　　平面形状及尺寸见示意图，住宅需正南北向布置；　　　　　　　　**细化信息**

　　在场地平面图虚线范围内拟建的110车位地下汽车库不需设计，用地南侧及西
侧为城市次干道，北侧为现状住宅，东侧为城市公园，建筑退道路红线不小
于16m，退用地红线不小于5m，当地建筑日照间距系数为1.6，城市绿化带内
可开设机动车及人行出入口。　　　　　　　　　　　　　　　　　　　**用地信息**

设计要求：
　　根据提示内容要求，在场地平面图中：
　　1.布置综合楼及住宅楼，　　　　　　　　　　　　　　　　　　　**表达信息**

　　允许布置在地下汽车库上方；　　　　　　　　　　　　　　　　　**细化信息**

　　2.布置场地车行道路、绿化及人行道路；标注办公楼、住宅楼出入口位置；
　　3.布置场地机动车出入口，地下汽车库出入口；　　　　　　　　　**表达信息**

　　4.布置供办公使用的8个地面临时机动车停车位（含无障碍停车位1个）；　**场地信息**

　　5.标注建筑间距、道路宽度、住宅的宅前路与建筑的距离、场地机动车出入口
与公交车站站台的最近距离尺寸。　　　　　　　　　　　　　　　　**表达信息**

图 3-11-3　读题与信息分类

（二）场地分析（图 3-11-4）

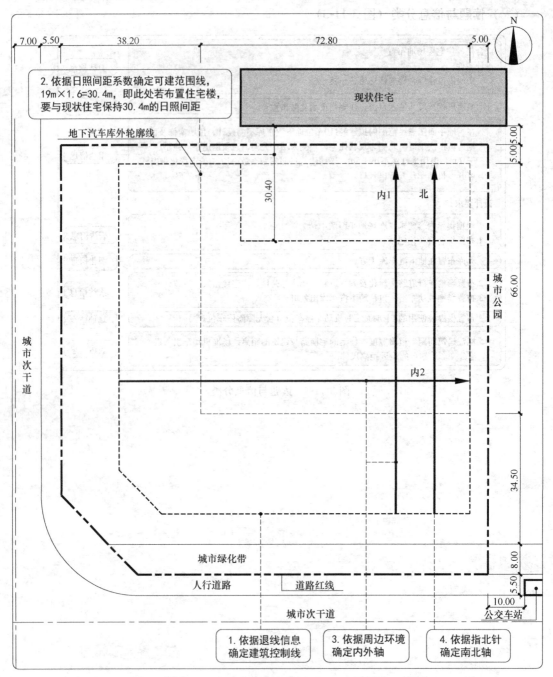

图 3-11-4　场地分析

(三) 建筑场地定位及流线组织 (图 3-11-5)

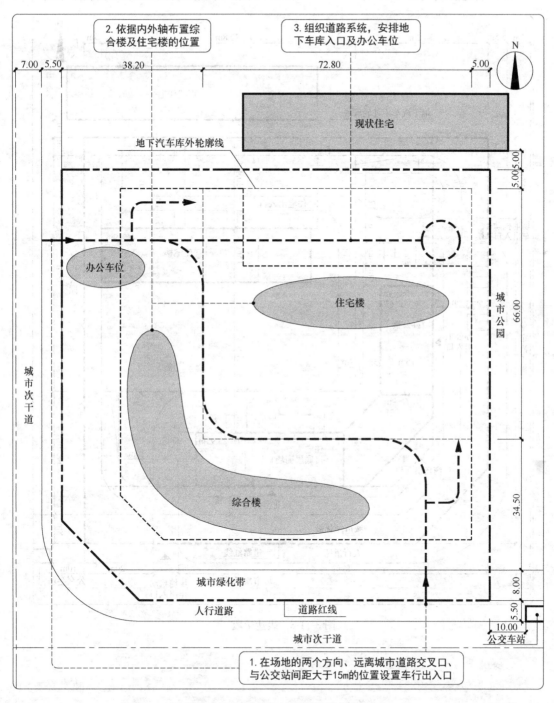

图 3-11-5　建筑场地定位及流线组织

（四）表达阶段（图 3-11-6）

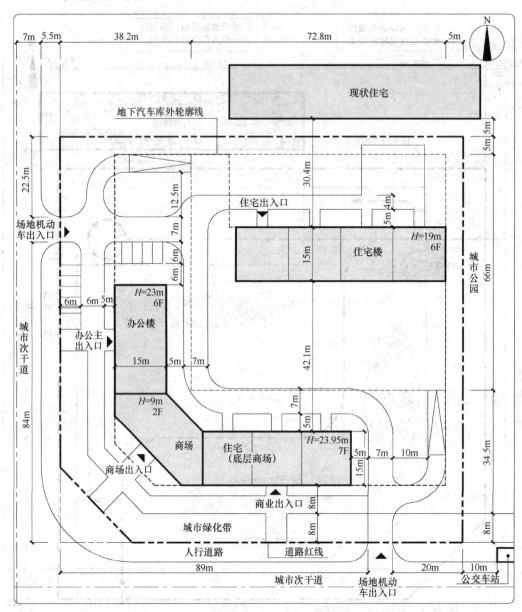

图 3-11-6　表达阶段

三、评分标准（表3-11-1）

2013年场地设计评分标准   表 3-11-1

序号	考核内容	扣 分 点		扣分值	分值
1	场地布置 （95分）	总图布局	综合楼或住宅楼布置不合理（住宅非正南北向布置，办公、商业不靠近城市道路）	每处扣20分	45
			建筑物外墙退道路及用地红线（西侧、南侧16m；东侧、北侧5m）距离不够	每处扣3分	
			住宅日照间距不足1.6倍（南北距离分别小于38.32m、30.4m）	每处扣15分	
			办公主出入口位于内院、住宅出入口沿街布置以及其他布置不合理或无法判断	每处扣3分	
			建筑日照间距、道路宽度、住宅宅前路与建筑的距离、场地机动车出入口与公交站站台的最近距离尺寸、办公楼出入口、住宅楼出入口，未标注或注错	每处扣2分	
			未布置绿地，或绿地布置不合理，或无法判断	扣2分	
			其他设计不合理	扣2~5分	
		交通	场地内道路均未画，或无法判断	扣50分	50
			道路绘制不完整，车库、办公、商业、住宅交通混杂、相互干扰，或者无法判断	扣5~10分	
			场地对外车行出入口少于2个	扣10分	
			场地对外车行出入口距离城市道路交叉口不足70m，或无法判断	每处扣2分	
			场地出入口与公交站最近短边的距离不足15m，或无法判断	扣3分	
			地下车库未设两处出入口，或两个出入口距离小于10m，或无法判断	扣2~5分	
			地下车库坡道出口与城市道路或基地内道路未连接，或距离不足7.5m	每处扣1分	
			住宅组团内主要道路宽度不足4m	扣2分	
			住宅宅前路宽度小于2.5m，住宅（有出入口）宅前路距住宅小于2.5m	扣2分	
			地面临时停车场未布置，停车位距离建筑不足6m，停车场位于内院，占用城市绿化带停放	扣3~6分	
			其他设计不合理	扣3~8分	
2	图面表达（5分）		图面粗糙或主要线条徒手绘制	扣3~5分	5

第十二节 某球场地形设计（2014年）

一、题目

（一）设计条件

（1）已知待修建的为球场和景观的一处台地和坡地。场地周边为人行道路，每边人行道路坡度不同，每边都采用各自均匀的坡度。场地条件如图3-12-1所示，道路最低高程点为6m，最高高程点为12m，详见总平面图（图3-12-2）。

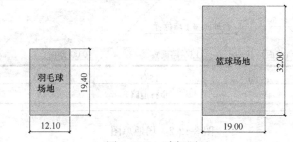

图 3-12-1 球场图示

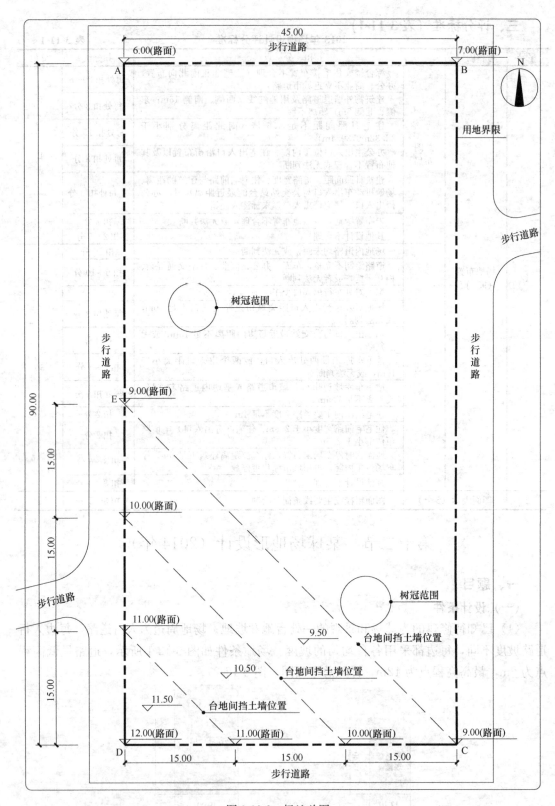

图 3-12-2 场地总图

（2）根据现有路面标高规律与台地布置情况，即每块台地与其相邻的台地高差一样，台地互相间高差为 1m，台地标高与道路控制点标高高程差为 0.5m。

（3）保留场地内原有台地形态、标高与树木。

（二）任务要求

（1）在合理的台地区域内布置篮球场、羽毛球场，尺寸如图所示。尽可能多地布置球场。

（2）补全道路（即场地边）标高与台地内高程点标高。

（3）不同方向的道路标高作为挡土墙起始端，挡土墙长度要求最短。新建球场与挡土墙不能穿过树冠。

二、解析
（一）读题与信息分类（图 3-12-3）

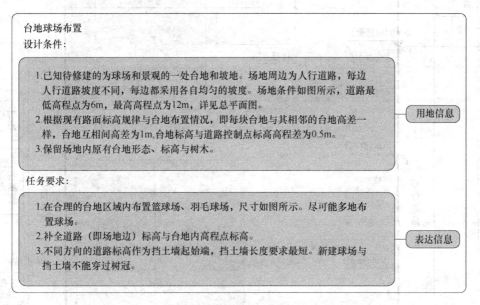

图 3-12-3　读题与信息分类

(二) 场地分析与解答 (图 3-12-4)

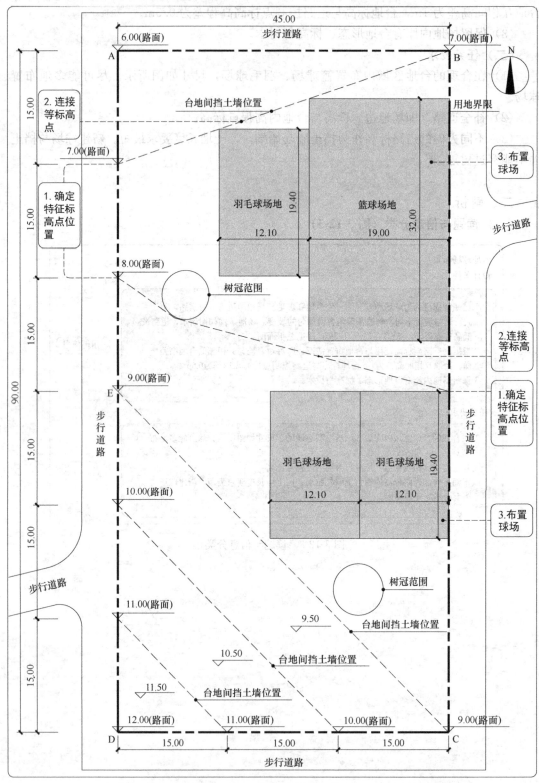

图 3-12-4 场地分析与解答

2014 年场地设计评分标准　　　　　　　　　　　　　　表 3-12-1

序号	考核内容	扣分点	扣分值	分值
1	设计要求	（1）场地西侧 7m 标高点未与场地 B 点直线相连为挡土墙连线。或场地西侧 7m 标高点位置不正确，或无法判断	均扣 90 分	90
		（2）场地西侧 8m 标高点位置和数量不正确	扣 20 分	
		（3）场地东侧 8m 标高点位置和数量不正确	扣 40 分	
		（4）场地北侧设置标高点	扣 20 分	
		（5）连接两个 8m 标高点的挡土墙连线未躲让大树树冠	扣 5 分	
		（6）连接两个 8m 标高点的挡土墙连线不是最短	扣 5 分	
		（7）在题意要求的 7m 标高线、8m 标高线有误的前提下布置球场	扣 10 分	
	作图要求	（1）在 7m 标高线、8m 标高线均符合题意的前提下，球场数量不是 1 个篮球场和 3 个羽毛球场	扣 5 分	10
		（2）球场尺寸不准确，或球场不是南北长向布置	扣 5 分	
		（3）未按题目要求标注标高和尺寸，标注不全或标注错误	扣 5 分	
第一题小计分		第一题得分	小计分×0.2=	

第十三节　某工厂生活区场地布置（2017 年）

一、题目

（一）设计条件

（1）某工厂办公生活区场地布置，建设用地及周边环境如图 3-13-1 所示。

（2）建设内容如下：

① 建筑物：研发办公综合楼一栋；员工宿舍三栋；员工食堂一栋。各建筑物平面形状、尺寸及层数见图 3-13-2。

② 场地：休闲广场（面积≥1000m²）。

（3）规划要求：建筑物后退厂区内的道路边线≥3m，保留用地内原有历史建筑、公共绿地、水体景观、树木和道路系统，不允许有任何更改、变动和占用。在历史建筑和公共服务部分之间设置一条 25m 宽的视线通廊，通廊内不允许有任何建筑遮挡。

（4）紧邻用地南侧前广场布置研发办公综合楼（包括研发部分、公共服务部分与办公部分，共三部分）。员工宿舍应成组团布置（日照间距 1.5H 或 30m）且应远离前广场。员工食堂布置应考虑同时方便研发、办公、生产区和宿舍员工就餐。休闲广场应紧贴食堂。研发办公综合体中的公共服务部分应直接联系研发和办公部分，三者之间设置连廊联系，连廊宽 6m。

（5）建筑物的平面形状、尺寸不得变动和转动，且均应按正南北朝向布置。

（6）拟建建筑均按《民用建筑设计规范》布置，耐火等级均为二级。

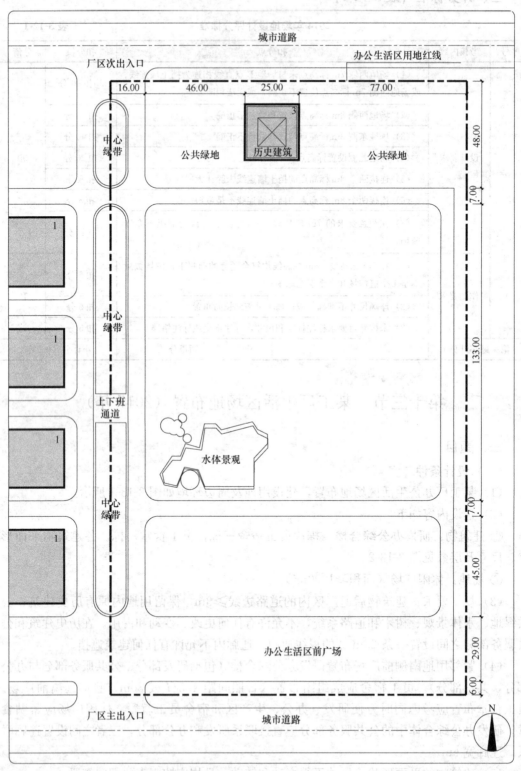

图 3-13-1 场地总图

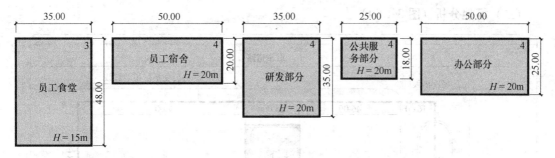

图 3-13-2 建筑图示

（二）任务要求

（1）根据设计条件绘制总平面图，画出建筑物、场地并标注其名称。

（2）标注满足规划、规范要求的建筑物之间、建筑物与场地内道路边线之间的距离相关尺寸，标注视线通廊宽度尺寸、休闲广场面积。

（3）画面线条应准确和清晰，用绘图工具绘制。

二、解析

（一）读题与信息分类（图 3-13-3）

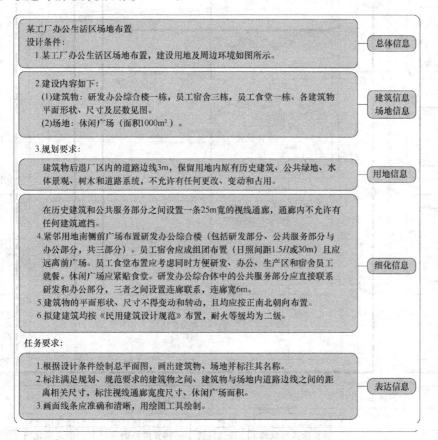

图 3-13-3 读题与信息分类

（二）场地分析（图 3-13-4）

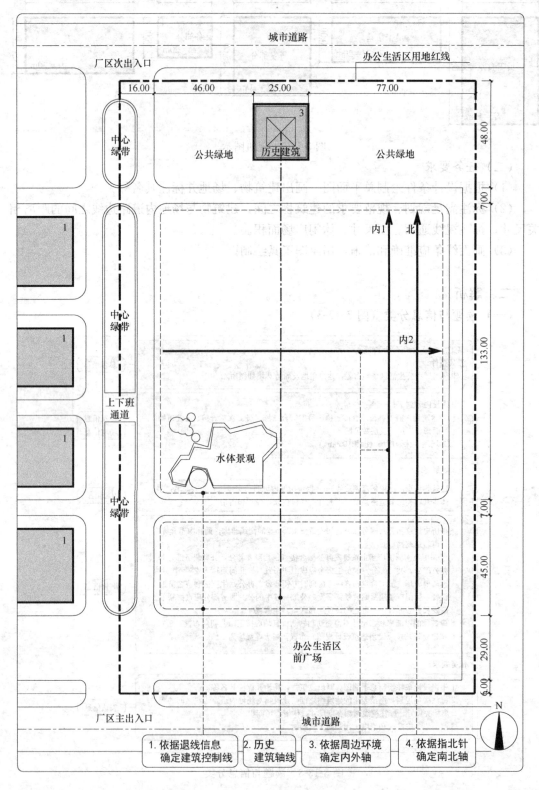

图 3-13-4　场地分析

（三）建筑场地定位（图 3-13-5）

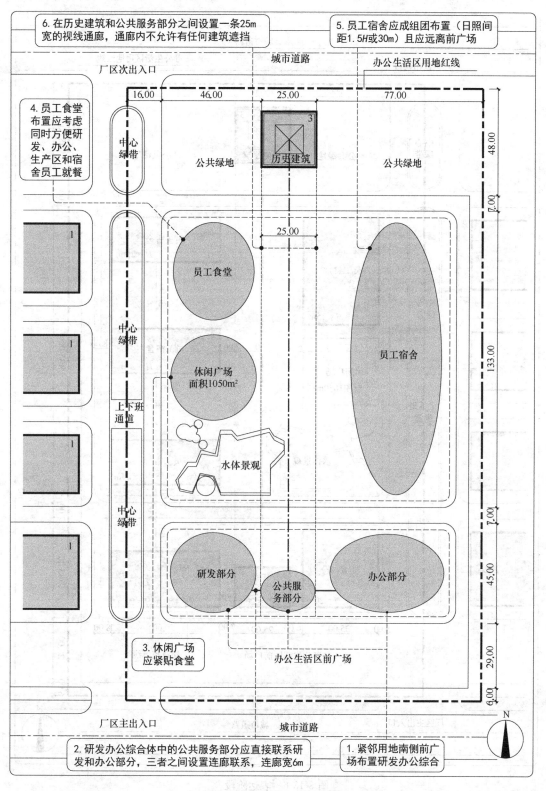

图 3-13-5　建筑、场地定位

（四）表达阶段（图 3-13-6）

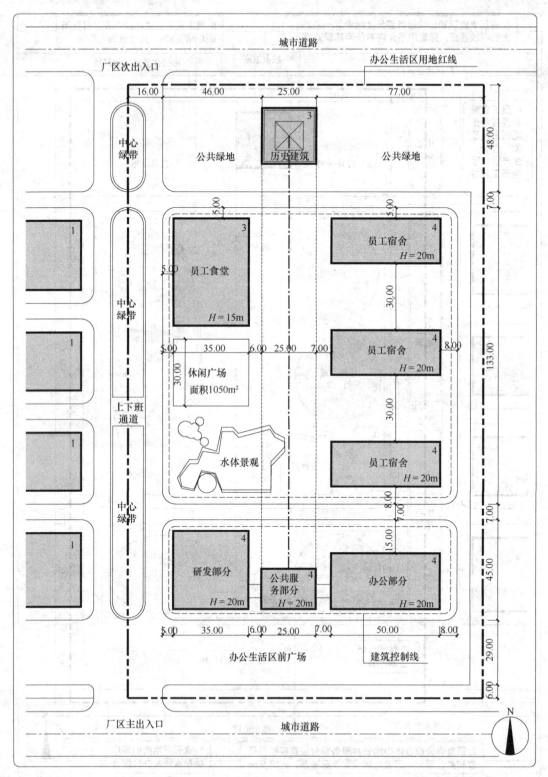

图 3-13-6　表达阶段

三、评分标准（表 3-13-1）

2017 年场地设计评分标准　　　　　　　　　　　　　　　表 3-13-1

序号	考核内容	扣　分　点	扣分值	分值
1		未画或无法判断	本题为 0 分	
	设计要求	（1）研发办公综合楼一栋、员工宿舍三栋、员工食堂一栋，未布置、缺项或数量不符	少一栋扣 20 分	80
		（2）未紧邻用地南侧前广场布置研发办公综合体（包括三部分）	扣 30 分	
		（3）未按题目要求设置视线通廊，或视线通廊宽度小于 25m，或通廊内有建筑遮挡，或无法判断	扣 20 分	
		（4）占用公共绿地、水体景观，或改变道路系统	各扣 10 分	
		（5）宿舍未考虑成组团布置，或宿舍组团未远离前广场	扣 15 分	
		（6）食堂布置未考虑同时方便研发、办公生产区和宿舍员工就餐	扣 5～10 分	
		（7）休闲广场未紧贴食堂，或面积小于 1000m²	扣 10 分	
		（8）研发办公综合体公共服务部分位置不合理	扣 5～8 分	
		（9）研发办公综合体各部分未通过连廊连接	扣 5 分	
		（10）影响宿舍的建筑日照间距小于 1.5H（30m）	每处扣 10 分	
		（11）建筑物后退厂区内的道路边线＜3m	每处扣 15 分	
		（12）其他设计不合理	扣 2～10 分	
	作图要求	（1）未按已给图例的形状与尺寸绘制，或转动，或无法识别判断	每处扣 5 分	15
		（2）视线通廊、休闲广场的尺寸未标注或标注错误	扣 2～5 分	
		（3）建筑物之间、建筑物与场地内道路边线之间的距离未标注或标注错误	扣 2～5 分	
2	图面表达	图面粗糙，或主要线条徒手绘制	扣 2～5 分	5

第十四节　拟建多层住宅最大可建范围（2019 年）

一、题目

（一）设计条件

某用地内拟建多层住宅建筑，场地平面如图 3-14-1 所示：

（1）拟建多层住宅退南、东侧道路红线不小于 10m。

（2）拟建多层住宅退北、西侧用地红线不小于 5m。

（3）拟建多层住宅退地下管道边线不小于 3m。

（4）当地居住建筑日照间距系数为 1.5。

（5）拟建及既有建筑的耐火等级均为二级。既有办公楼东侧山墙为玻璃幕墙。

（6）应符合国家现行有关规范的规定。

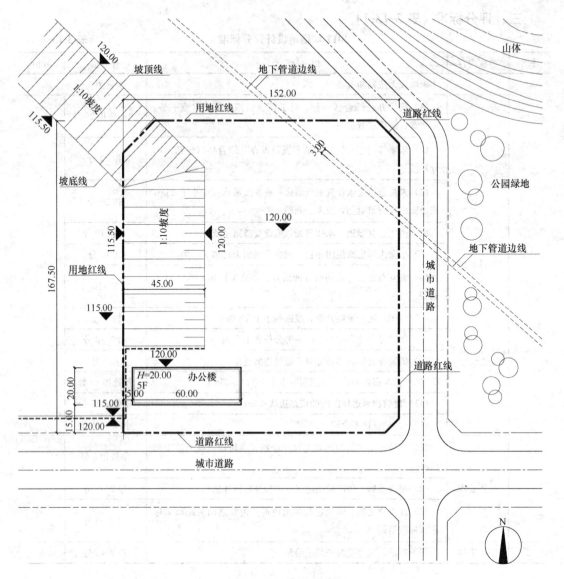

图 3-14-1　总平面图

（二）作图要求

（1）绘出拟建多层住宅的最大可建范围（用 ▨ 表示）。

（2）标注办公楼与拟建多层住宅最大可建范围边线的相关尺寸。

（3）标注拟建多层住宅与道路红线、用地红线的尺寸。

二、解析

（一）读题与信息分类（图 3-14-2）

本题题型为确定建筑可建范围，涉及退线，包括退道路红线、退用地红线及退地下管道边线，涉及间距，包括日照建筑及防火间距，为最常规的场地分析题。

（二）场地分析与解答（图 3-14-3）

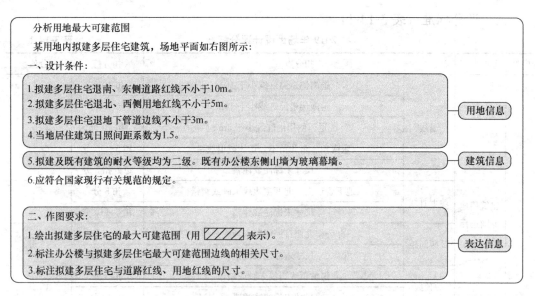

分析用地最大可建范围

　某用地内拟建多层住宅建筑，场地平面如右图所示：

一、设计条件：

1. 拟建多层住宅退南、东侧道路红线不小于10m。
2. 拟建多层住宅退北、西侧用地红线不小于5m。
3. 拟建多层住宅退地下管道边线不小于3m。
4. 当地居住建筑日照间距系数为1.5。

> 用地信息

5. 拟建及既有建筑的耐火等级均为二级。既有办公楼东侧山墙为玻璃幕墙。
6. 应符合国家现行有关规范的规定。

> 建筑信息

二、作图要求：

1. 绘出拟建多层住宅的最大可建范围（用 ▨ 表示）。
2. 标注办公楼与拟建多层住宅最大可建范围边线的相关尺寸。
3. 标注拟建多层住宅与道路红线、用地红线的尺寸。

> 表达信息

图 3-14-2　读题与信息分类

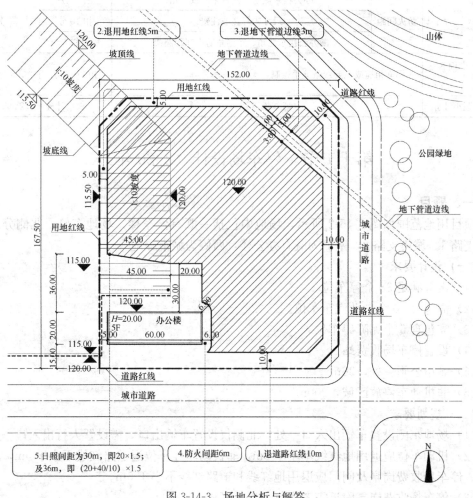

图 3-14-3　场地分析与解答

63

三、评分标准（表 3-14-1）

2019 年场地设计评分标准　　　　　　　　　　　　　表 3-14-1

序号	考核内容		扣分点	扣分值	分值
1	建筑用地范围选择（95分）	退线	退南侧道路红线小于 10m	扣 10 分	30 分
			退南侧道路红线小于 10m	扣 10 分	
			退西侧用地红线小于 5m	扣 10 分	
			东南角、东北角不是切线或退线错	扣 5～10 分	
			尺寸未标注或注错	每处扣 5 分	
		地下管线	地下管道南、北两侧边线未画或画错	扣 5 分	15 分
			尺寸未标注或注错	扣 5～10 分	
		日照间距	办公楼北侧日照间距未画或画错	扣 5 分	15 分
			尺寸未标注或注错	扣 10 分	
		坡顶线	退坡顶线边线未画或画错	扣 5 分	15 分
			尺寸未标注或注错	扣 10 分	
		防火间距	办公楼东侧防火间距未画或画错	扣 5 分	20 分
			尺寸未标注或注错	扣 10 分	
			漏办公楼东北角、东南角防火间距圆弧	每处扣 5 分	
2	图面表达（5分）		图面粗糙或主要线条徒手绘制	扣 2～5 分	5 分
第一题小计分			第一题得分	小计分×0.2＝	

第十五节　停车场设计（2020 年）

一、题目

项目用地范围如图 3-15-2 所示，场地中包括一既有停车楼。场地东侧、北侧分别为城市支路 1、城市支路 2，南侧为既有办公楼，西侧为城市绿地。

（一）设计要求

（1）设置满足 38 个停车位。

（2）需包含 10 个电动汽车车位。

（3）需包含 5 个无障碍车位。

（4）设置停车场收费站。

（5）城市公厕一处，36m²。

（6）非机动车停放区域，200m²。

（二）规划要求

（1）场地东侧设置车辆出入口一处，北侧仅设置车辆出口，需设置人行出入口一处。

（2）机动车位应退用地红线不小于 2m，非机动车停车位退道路红线不小于 5m，城市公厕、停车场收费岗亭及闸门应退用地红线和道路红线不小于 5m。

（3）停车场收费岗亭附近需考虑行人出入区域。

（三）作图要求

（1）设计室外停车场，并按图例标注收费站闸门。

（2）标注场地出入口、红线退线等相关设计尺寸，设计场地绿化。

（四）图例（图 3-15-1）

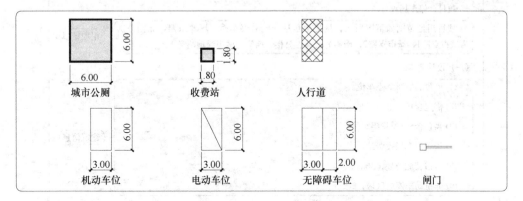

图 3-15-1　图例

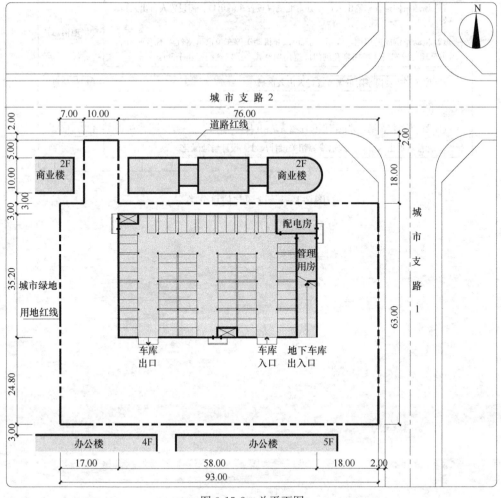

图 3-15-2　总平面图

二、解析
(一)读题与信息分类(图 3-15-3)

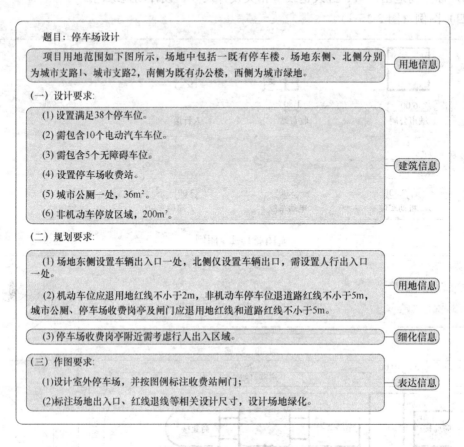

题目:停车场设计

项目用地范围如下图所示,场地中包括一既有停车楼。场地东侧、北侧分别为城市支路1、城市支路2,南侧为既有办公楼,西侧为城市绿地。 —— 用地信息

(一)设计要求:

(1) 设置满足38个停车位。

(2) 需包含10个电动汽车车位。

(3) 需包含5个无障碍车位。

(4) 设置停车场收费站。

(5) 城市公厕一处,36m²。

(6) 非机动车停放区域,200m²。 —— 建筑信息

(二)规划要求:

(1) 场地东侧设置车辆出入口一处,北侧仅设置车辆出口,需设置人行出入口一处。

(2) 机动车位应退用地红线不小于2m,非机动车停车位退道路红线不小于5m,城市公厕、停车场收费岗亭及闸门应退用地红线和道路红线不小于5m。 —— 用地信息

(3) 停车场收费岗亭附近需考虑行人出入区域。 —— 细化信息

(三)作图要求:

(1)设计室外停车场,并按图例标注收费站闸门;

(2)标注场地出入口、红线退线等相关设计尺寸,设计场地绿化。 —— 表达信息

图 3-15-3 读题与信息分类

（二）场地分析与解答（图 3-15-4）

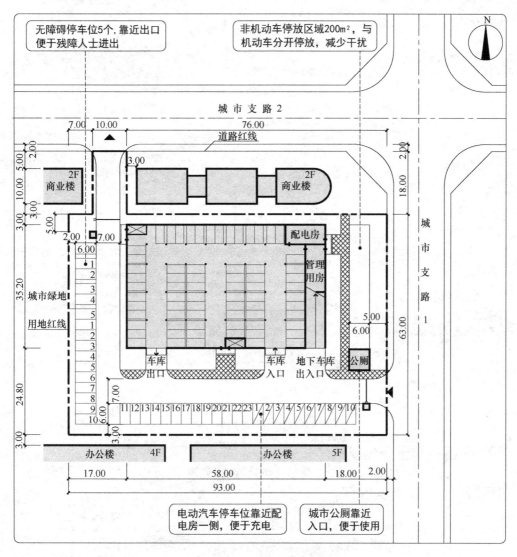

图 3-15-4　场地分析及解答

第二篇　建筑设计（作图）

第四章　注册考试视角下的建筑设计

二级注册建筑师建筑设计的考试大纲叙述如下："熟悉建筑设计的基本理论，掌握低、多层住宅、宿舍及一般中小型公共建筑的环境关系、功能分区、流线组织、空间组合、内外交通、朝向、采光、日照、通风、热工、防火、节能、抗震、结构选型及其他设计要点，以及建筑指标和有关法律、法规、规范、标准，并具有设计构思和实践能力。能对试题做出符合要求及有关法规、规范规定的解答。"

看完大纲可以了解到，考核的建筑规模限定在低多层、中小型建筑，其他方面写得比较综合，没有太多的指向性。因此，本书只能从历年真题的成果要求、试题条件、设计过程的推导逻辑及评分标准中去寻求更多的线索。

第一节　从成果要求看考核目标：平面的空间组合

回顾从 2003 年以来注册考试建筑设计真题（表 4-1-1），可以看到所考的建筑类型是十分广泛的。

建筑设计历年真题一览表（包括一级、二级）　　　　　　　　　表 4-1-1

年份	建筑类型（二级）	建筑类型（一级）
2003	老年公寓（1800m²）	航站楼（14140m²）
2004	校园食堂（2100m²）	医院病房楼（2168m²）
2005	汽车专卖店（2500m²）	法院审判楼（6340m²）
2006	陶瓷博物馆（1750m²）	城市住宅（14200m²）
2007	图书馆（2000m²）	旧厂房改扩建——体育俱乐部（6470m²）
2008	艺术家俱乐部（1700m²）	公共汽车客运站（8165m²）
2009	基层法院（1800m²）	大使馆（4700m²）
2010	帆船俱乐部（1900m²）	门急诊楼改扩建（6355m²）
2011	餐馆（2000m²）	图书馆（9000m²）
2012	单层工业厂房改建社区休闲中心（2050m²）	博物馆（10000m²）
2013	幼儿园（1900m²）	超市（12500m²）
2014	消防站设计（2000m²）	老年养护院（7000m²）
2017	社区服务综合楼（1950m²）	旅馆扩建（7900m²）
2018	旧建筑改扩建——婚庆餐厅设计（2600m²）	公交客运枢纽站（6200m²）
2019	某社区文体活动中心设计（2150m²）	多厅电影院（5900m²）
2020	游客中心设计（1900m²）	遗址博物馆（5000m²）

虽然建筑设计每年考的建筑类型不同，但从成果上看考的都是平面，要求是在规定的时间内完成一张总图及一、二层平面图的设计与绘制，并要求将一层平面图与总图画在一起。因此可以确定，建筑设计的考核目标是平面的空间组合。

对于平面的空间组合，其决定性因素是功能关系，彭一刚先生的经典著作《建筑空间组合论》中对此有详细的论述，功能与空间的关系主要分为两部分：

（1）功能对单一空间形式的规定性，即功能对单一空间量、形、质的要求。概括地说，量指的是房间的面积及高度，形即房间的形状，质是房间的采光朝向、景观视野及门窗设置等。

（2）功能关系对多空间组合形式的规定性，也可以说它们之间是拓扑同构的。空间组合形式包括走道式、单元式、广厅式、串联式、主从式。从拓扑学的角度，可以对其再进行简化，走道式、单元式及广厅式甚至主从式都是通过某一个空间将其他空间整合成一个整体，这个空间可以是走廊、交通核、门厅或某个主体空间，它们是一类空间，可以统称为并联式空间；另外一种是串联式空间，即各空间相互串通形成一个整体。当然，如果将并联式再细分，还可以将广厅式及主从式这两种类似的空间组合合并为一种，都是大的母空间并联着许多小的子空间，可以称其为子母式。这样来看，空间组合形式就变成了：串联式、并联式，其中并联式包含了子母式。

对功能关系进行描述，最恰当的语言是气泡图，它通常也是题目条件之一，因此，读懂气泡图所表达的功能关系，也就了解了最终答案的空间组合形式，比如用气泡图将《建筑空间组合论》中的空间组合形式表达出来，即图 4-1-1，以气泡图方式表达简化后空间组合关系，即图 4-1-2。

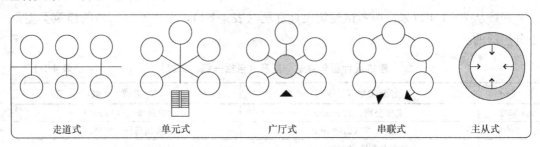

图 4-1-1 《建筑空间组合论》中的五种空间组合形式

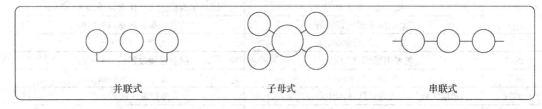

图 4-1-2 简化后三种空间组合形式

以 2018 年婚庆餐厅题目中的气泡图为例，题目只给了厨房区域的详细气泡图（图 4-1-3），可以看到，库区内部为并联式，加工区内主副食的粗加工区与细加工区为串联式的，而在大的区块方面，管理区与餐厅区、加工区与餐厅区是串联式，而库区、管理区及加工区的关系是并联式。有些关系在气泡图上反映得并不直接，这就需要对气泡图进行变换。

气泡图的变换是非常重要的，其实考试的主要解题过程就是从气泡图到平面图的拓扑变换过程。这一点可以从保罗·拉索的《图解思考》里的经典图解（图 4-1-4）中看出来，气泡图与平面图为对应关系：第一个图解反映的是气泡图简化，理清气泡的串并联关系，

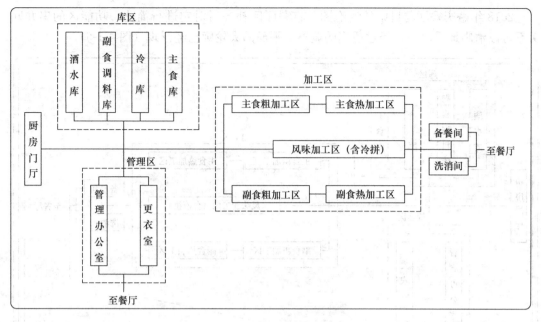

图 4-1-3　2018 年真题（婚庆餐厅）的气泡图

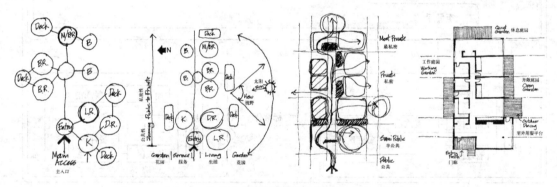

图 4-1-4　从气泡图到平面图的拓扑变换过程

类似于电路的等效变换（图 4-1-5）；第二个图解反映的是气泡图深化与固化，依据场地的内外走向（内外轴）及朝向（南北轴）对气泡进行变换，将气泡位置固定下来；第三个图解反映的是气泡图量化，可以看到基本网格的存在，并在此基础上对气泡进行量化；第四个图解反映的是气泡图细化，平面图基本上已经可以确定下来。

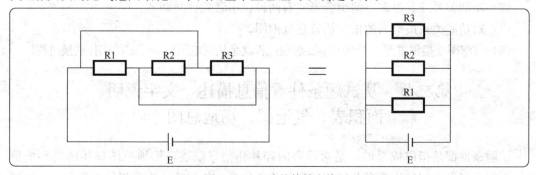

图 4-1-5　电路的等效变换

2018年婚庆餐厅题目中的气泡图，将餐厅区补齐后对它进行简化，功能区的串并联关系可以清晰地看出来，经过适当的调整，平面的大轮廓已经浮现（图4-1-6）。

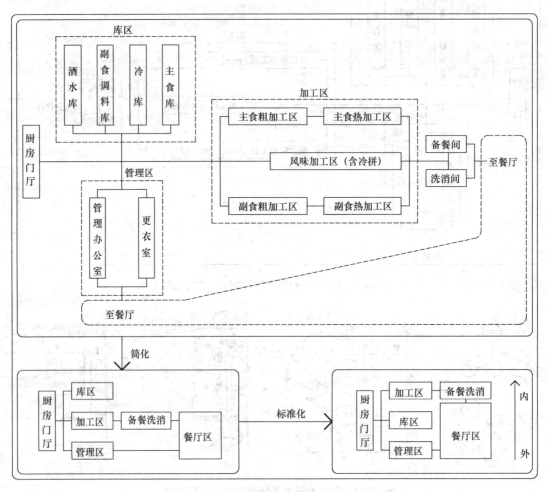

图 4-1-6　2018 年真题（婚庆餐厅）气泡图变换

总结上述内容，本节的内容包含如下几点：

（1）建筑设计的考核目标是平面空间组合。对于空间组合，其决定性因素是功能关系。

（2）功能对于单一空间有量、形、质的要求，功能关系与多空间组合是拓扑同构关系。

（3）功能关系或者说多空间组合形式有两种：串联式、并联式。

（4）对功能关系最恰当的描述语言是气泡图。

（5）气泡图变换很重要，考试的主要解题过程就是从气泡图到平面图的拓扑变换过程。

第二节　从试题条件看信息描述：文字说明、面积表、气泡图、场地总图

试题条件都是指向成果的，是对成果的碎片化信息描述，场地总图描述的是环境信息；面积表提供房间量化信息及房间归属的分区信息，备注部分为房间细化信息；气泡图

表达了分区或房间的功能关系信息；文字说明包含许多设计要求及作图要求的补充信息（图4-2-1、图4-2-2）。

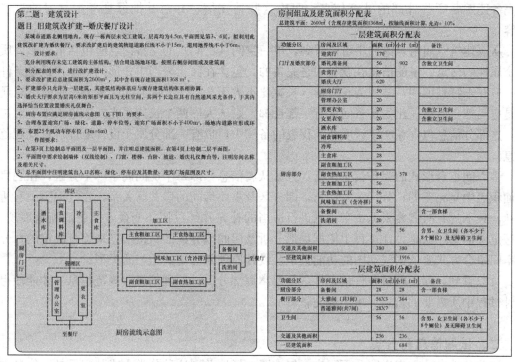

图4-2-1　2018年真题的题目条件一：文字说明、面积表、气泡图

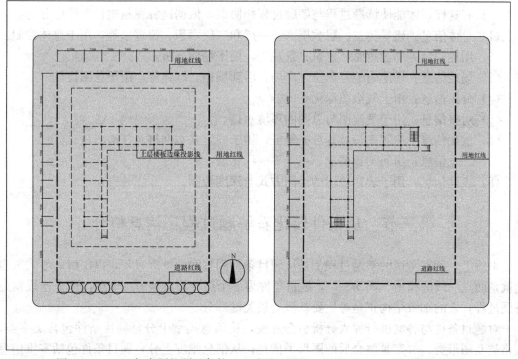

图4-2-2　2018年真题的题目条件二：总平面图及一层答题纸、二层平面答题纸

一、试题信息的完备性

试题条件的信息越完备，答案的不确定性就越小。那么这些试题信息是否完备，如果不完备还需要哪些外部的补充信息，明确这些补充信息并对其把握是考生复习的重点内容。

从《建筑空间组合论》中可以看到，单一空间（房间）的完备信息应包括量、形、质三个属性的信息，量的信息在题目中是完备的，包含在面积表当中；形的信息在试题条件中一般并未特别说明，常规为长方形（长宽比不大于 2∶1），属于设计常识；质的信息通常是房间细化信息，比如备餐间含有一部食梯，婚庆大厅两个长边采光，卫生间上下对位等，这部分信息包含在文字说明及面积表的备注中，也有一部分属于设计原理信息及规范信息。

多空间组合形式的完备信息包括：分区从属信息，即每个房间属于哪个分区，在题目的面积表中是完备的；分区关系信息，即分区及重要房间的串并联关系，在气泡图中有所表达，只不过有时需要根据文字信息进行适当的补充并经过拓扑变换才能更清晰地展现；分区定位信息，这是设计过程中依据场地分析及房间或分区的对接信息来综合确定的；分区空间组合方式要依据气泡图的功能关系及设计原理来确定其适当的类型。

可以看到，除了题目条件信息外，还要掌握部分设计原理信息、规范信息，才能使得设计过程中所需要的信息尽可能地完备。

二、试题信息再分类

试题条件中，文字说明、面积表、气泡图、场地总图这种分类方式其实只是以信息类型进行分类，从解题的角度，应以设计过程中所要进行设计操作需求对题目条件进行重新分类，只有这样，才能使读题过程与解题过程相协调，依据这种视角题目条件应分为：

(1) 总体信息：建筑类型、层数层高、一层和二层面积、覆盖率等，用于总体控制。

(2) 用地信息：周边道路、建筑、景观等，用于场地分析。

(3) 场地信息：场地内的停车位、广场、活动场地、绿化等，用于总图设计。

(4) 分区信息：用于气泡图深化。

(5) 对接信息：用于气泡图与总图的环境对接。

(6) 量化信息：房间面积及其数据特征，用于确定基本网格及气泡图量化。

(7) 细化信息：房间细致要求，用于平面深化设计。

(8) 表达信息：用于表达阶段的绘图方式与深度控制。

第三节 从条件转化看解题过程：信息整合

本质上，所有考试的解题过程都是从题目条件到答案的推理过程，以图解的方式来表达就是两点一线的模型（图 4-3-1），题目条件为一个点，答案是另一个点，那么连线就是解题过程，它的细致结构正是考生要掌握的最关键部分。

对题目条件与答案进行深入分析后会发现，从信息类型上分，题目条件包含文字类、表格类及图形类，答案是整合后的图形类信息；从信息维度上分，题目条件包括零维信息（只叙述某一点的信息，如文字说明中的大部分信息）、一维信息（叙述某一条线的信息，

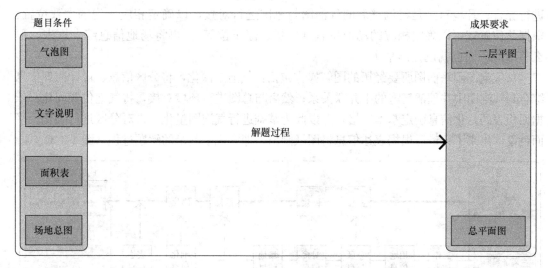

图 4-3-1　解题过程的图解表达

如提供所有房间面积属性的面积表）及不完全二维信息（气泡图及场地总图可以看作有待完成的平面与总图），答案是相对完全二维信息。解题过程就是将条件信息进行整合的过程，或者说是将非图类信息综合到不完全二维图类信息中，形成相对完全的二维图类信息（总图与平面图）。

其中气泡图与平面图、场地总图与总平面图为对应关系，文字说明及面积表的信息需要分类、综合到气泡图及场地总图中，整个的解题过程伴随着两类操作，即读题（信息分类）和解题（信息综合），图解表达详见图 4-3-2。

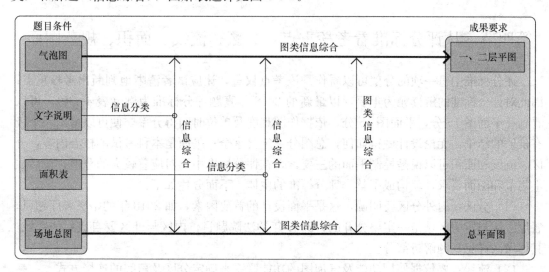

图 4-3-2　解题过程的信息分类与综合

依据前文叙述，信息依据解题的需求可分为总体、用地、场地、对接、分区、量化、细化、表达共八类信息，它们存在于文字说明及面积表当中。读题是将这八类信息抽离出来，解题就是将相应的信息与气泡图、场地总图进行综合。

从场地总图到总平面图所要经历的图解操作包括：场地分析，将用地信息与场地总图进行综合；环境对接是将调整后的气泡图与总图进行对接，以确定相应气泡的大致位置，根据此位置就可以确定相应的场地位置（广场、停车位等）。再将场地信息综合进来，那么总图的草图也就设计出来了。

从气泡图到平面图所要经历的图解操作包括：气泡图深化，将分区信息、设计原理信息综合到气泡图中并理清气泡的串并联关系；然后与总图进行环境对接，将气泡位置固化；依据面积表的量化信息确定基本网格，并以此为基础进行气泡图量化；再对分区进行细化，平面就设计出来了；最后根据表达信息将图纸画出，即完成了整个的解题过程（图 4-3-3）。

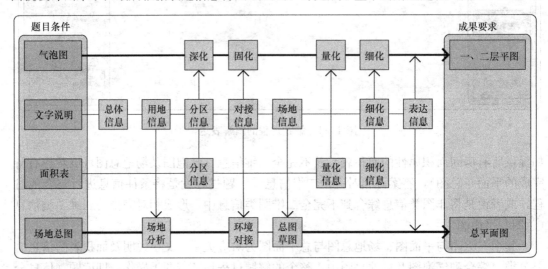

图 4-3-3　解题过程的细致结构

第四节　从评分标准看考核重点：分区、流线、面积、规范图面

评分标准中每一项的分值可以看作是该考点权重，让应试者清晰地判断出考核重点。因此对评分标准的解读尤为重要，以最新的 2018 年真题评分标准为例（表 4-4-1），可以看到总平面图 15 分，平面图 75 分，依据作图难度及单位时间得分率，便可以得出一个极有价值的结论：无论设计做得如何，总图分一定要拿全；平面是本科考试的核心内容，分区、流线和面积可以说是控制平面的三要素，在评分标准中均对应着较大的分值；最后加上规范和图面要求，就构成了整个评分标准的主体。下面分述如下：

（1）分区：内外分区要明确，这是平面设计的首要因素，如 2018 年的婚庆餐厅题目，餐厅区域与厨房区域是一定要分开的；2009 年的法院题目，内区与外区要自成封闭区域，具体做法详见真题解析部分。

（2）流线：要依据使用功能及气泡图的功能联系来确定分区及房间的连接方式。

（3）面积：题目要求总面积及重要空间的面积控制在 ±10% 以内，照做即可。

（4）规范：作图考试中所涉及的规范条目较少，基本上就是疏散及无障碍两个方面，通常包括：

① 疏散距离：房间疏散门与楼梯的距离，袋形走道 <20m，两出口之间 <35m；首层楼梯距室外出口 <15m。

2018 年建筑设计评分标准　　　　　　　　　　　　　表 4-4-1

考核内容		扣 分 点	扣分值	分值
建筑指标 (5分)	指标 (5分)	不在 2340m² ＜总建筑面积＜2860m² 范围内，或总建筑面积未标注，或标注与图纸明显不符	扣5分	5
总平面图 (15分)	布置 (15分)	(1) 建筑物距道路红线小于 15m，退用地界限小于 6m	每处扣5分	15
		(2) 建筑退道路红线及用地红线距离未标注	每处扣1分	
		(3) 未绘制场地出入口或无法判断	扣5分	
		(4) 未绘制消防环路，机动车停车位	各扣5分	
		(5) 25 个机动车停车位（3m×6m）数量不足或车位尺寸不符 [与本栏（4）条不重复扣分]	扣2分	
		(6) 机动车停车位布置不合理 [与本栏（4）条不重复扣分]	扣2分	
		(7) 道路、绿化设计不合理	扣3～5分	
		(8) 未布置婚庆迎宾广场	扣5分	
		(9) 婚庆广场布置不合理或面积不足 400m² [与本栏（8）条不重复扣分]	扣1～3分	
		(10) 未标注迎宾广场尺寸 [与本栏（8）条不重复扣分]	扣2分	
		(11) 其他不合理	扣1～3分	
平面设计 (75分)	房间组成 (10分)	(1) 未按要求设置房间，缺项或数量不符	每处扣2分	10
		(2) 婚庆大厅建筑面积不满足题目要求（558～682m²）	扣5分	
		(3) 其他房间建筑面积不满足题目要求	扣2～5分	
		(4) 房间名称未注，注错或无法判断	每处扣1分	
	门厅及婚庆部分 (20分)	(1) 婚庆大厅内设置框架柱	扣10分	20
		(2) 婚庆大厅长宽比≥2	扣5分	
		(3) 婚庆大厅两个长边不具备自然采光条件，或任一采光面小于 1/2 墙身长度	扣10分	
		(4) 婚礼准备间、贵宾间与婚庆大厅联系不便	每处扣5分	
		(5) 迎宾厅位置不合理	扣5～10分	
		(6) 迎宾厅与婚庆大厅、卫生间联系不便	扣5分	
		(7) 迎宾厅与二层雅间联系不便	扣5分	
		(8) 男、女卫生间未布置或其厕位数量均小于 8 个	扣2～5分	
		(9) 扩建部分为二层或局部拆除现存建筑	各扣10分	
		(10) 其他不合理	扣1～3分	

考核内容		扣 分 点	扣分值	分值
平面设计 (75分)	厨房部分 (25分)	(1) 厨房功能区与婚庆功能区、二层雅间区流线混杂	扣5~10分	25
		(2) 不满足题目给出的厨房流线示意图分区要求	扣10~15分	
		(3) 管理办公室、男女更衣室未位于厨房功能区内	扣3~5分	
		(4) 酒水库、副食调料库、冷库、主食库等房间与厨房门厅、加工区联系不合理	扣2~4分	
		(5) 主食加工区、副食加工区、风味加工区与备餐间联系不合理	扣2~4分	
		(6) 洗消间、备餐间、婚庆大厅相互联系不合理	扣2~4分	
		(7) 主食加工区、副食加工区、风味加工区相互之间流线交叉	扣5分	
		(8) 厨房出入口未设坡道或设置不合理	扣3分	
		(9) 扩建部分为二层或局部拆除现存建筑	各扣10分	
		(10) 其他不合理	扣1~3分	
	结构布置 (10分)	(1) 扩建部分结构布置不合理或结构形式与原有建筑结构体系不协调	扣5~10分	10
		(2) 扩建部分结构与原有建筑结构衔接不合理	扣5~10分	
		(3) 婚庆大厅层高不足6m或无法判断	扣2分	
	规范要求 (5分)	(1) 婚庆大厅安全出口数量少于2个	扣3分	5
		(2) 厨房、餐厅上部设置卫生间	扣3分	
		(3) 主要出入口未设置残疾人坡道或无障碍出入口	扣3分	
		(4) 疏散楼梯距最近出入口距离大于15m	扣3分	
	其他 (5分)	(1) 除厨房加工区、备餐间、洗消间、库房外,其他功能房间不具备直接通风采光条件	每间扣2分	5
		(2) 门、窗未绘制或无法判断	扣1~3分	
		(3) 平面未标注柱网尺寸	扣3分	
		(4) 其他设计不合理	扣1~3分	
图面表达 (5分)		(1) 图面粗糙,或主要线条徒手绘制	扣2~5分	5
		(2) 建筑平面绘图比例不一致,或比例错误	扣5分	

一、全部拆除现存建筑者,一层或二层未绘出者,本题总分为0分

二、平面图用单线或部分单线表示,本题总分乘0.9

第二题得分:小计分×0.8=

② 无障碍设计:出入口设置无障碍坡道、公共区域设置无障碍电梯及无障碍卫生间,无障碍卫生间的设置题目会明确要求。

(5) 图面:要求在题目的作图要求中明确给出,表达部分按要求作答即可。

纵观这些踩分点,其实大部分都在题目的作图要求中写明,只有少量的规范及原理信息需要补充,因而题目答完后再复读一下题目要求就十分必要,最终复核这一步不可少。

第五章 解 题 步 骤

第一节 题目的线性解题步骤

依据上节所推导的解题过程的细致结构，可以将它们进行综合并分为线性的五步（图 5-1-1）作为最终的解题步骤进行把握。

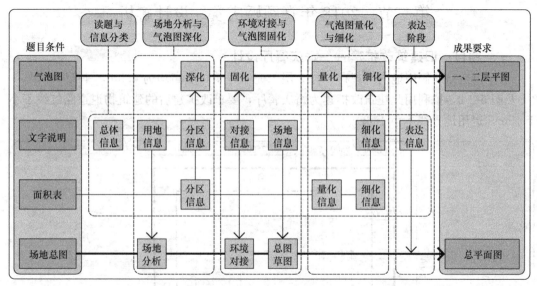

图 5-1-1 线性解题步骤

一、读题与信息分类

读题并进行信息分类，将信息分为总体、用地、场地、对接、分区、量化、细化、表达共八类。

二、场地分析与气泡图深化

场地分析：将用地信息与场地总图进行综合，确定场地的内外分区走向及朝向。

气泡图深化：将气泡图进行整理，清晰反映空间组合的串并联关系，将分区信息综合到气泡图中，再按内外轴走向将气泡进行分区排布，以便更好地与场地环境进行对接。

三、环境对接及总图草图

环境对接：将深化气泡图放入场地，根据气泡位置、出入口与场地条件的关系来决定是否进行调整。确定气泡位置后，将场地位置也相应地确定下来，并以草图的形式画出总图的草图。

四、量化与细化

量化：依据房间量化信息的数据特征确定基本网格，依据基本网格的单元面积大致确定各层、各气泡的格数，将气泡图在基本网格上以草图的形式画出来。

细化：依据细化信息调整每个分区的房间以适应所有细化信息要求，确定最终方案平面草图。

五、表达阶段

依据作图要求将总图草图及平面草图绘制成最后的正式图。

至此，解题步骤确定下来，下面以 2018 年的真题婚庆餐厅为例，对上述步骤进行详细解析。

第二节 2018 年真题婚庆餐厅设计解析

一、题目：旧建筑改扩建——婚庆餐厅设计

某城市道路北侧用地内，现存一栋 2 层未完工建筑，层高均为 4.5m，平面图见图 5-2-1 及图 5-2-2，拟利用此建筑改扩建为婚庆餐厅，要求改扩建后的建筑物退道路红线不小于 15m，退用地界线不小于 6m。

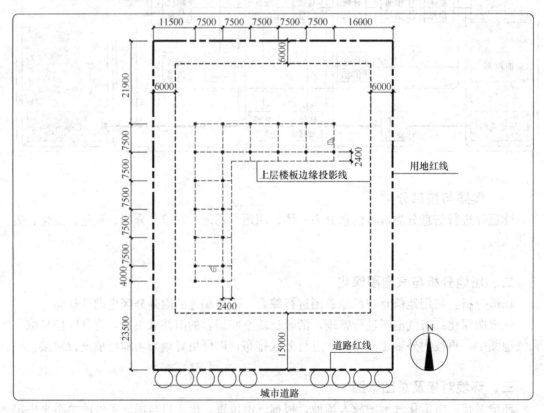

图 5-2-1 总平面图及一层平面图答题纸

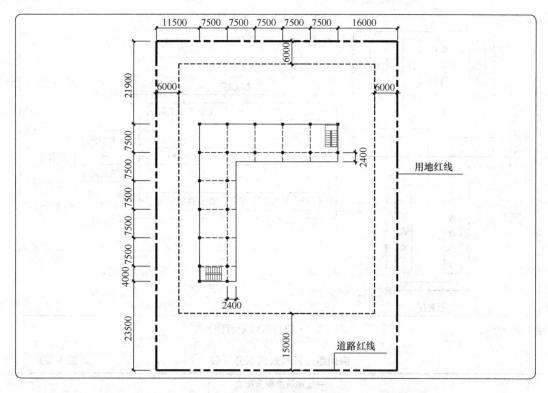

图 5-2-2　二层平面图答题纸

（一）设计要求

充分利用现存未完工建筑的主体结构，结合周边场地环境，按照右侧房间组成及建筑面积分配表的要求，进行改扩建设计。

（1）要求改扩建后总建筑面积为 2600m²，其中含有现存建筑面积 1368m²（表 5-2-1）。

（2）扩建部分只允许为一层建筑，其建筑结构体系应与现存建筑结构体系相协调。

（3）婚庆大厅要求为层高 6m 的矩形平面且为无柱空间，其两个长边应具有自然通风采光条件，于其内选择恰当位置设置婚庆礼仪舞台。

（4）厨房布置应满足厨房流线示意图（图 5-2-3）的要求。

（5）合理布置迎宾广场、绿化、道路、停车位等，迎宾广场面积不小于 400m²，场地内道路应形成环路，布置 25 个机动车停车位（3m×6m）。

（二）作图要求

（1）在第 3 页上绘制总平面图及一层平面图，并注明总建筑面积。在第 4 页上绘制二层平面图。

（2）平面图中要求绘制墙体（双线绘制）、门窗、楼梯、台阶、坡道、婚庆礼仪舞台等，注明房间名称及相关尺寸。

（3）总平面图中注明建筑出入口名称、绿化、停车位及其数量、迎宾广场范围及尺寸。

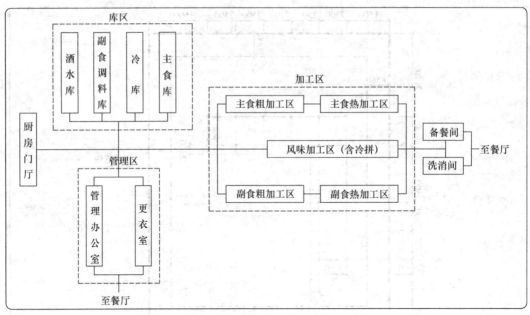

图 5-2-3 厨房流线示意图

房间组成及建筑面积分配表 表 5-2-1

一层建筑面积分配表				
功能分区	房间及区域	面积（m²）	小计（m²）	备注
门厅及婚庆部分	迎宾厅	170	902	
	婚礼准备间	56		含独立卫生间
	贵宾厅	56		
	婚庆大厅	620		
厨房部分	厨房门厅	50	578	
	管理办公室	20		
	男更衣室	20		含独立卫生间
	女更衣室	20		含独立卫生间
	酒水库	28		
	副食调料库	28		
	冷库	28		
	主食库	28		
	副食粗加工区	28		
	副食热加工区	84		
	主食粗加工区	56		
	主食热加工区	56		
	风味加工区（含冷拼）	56		
	备餐间	56		含一部食梯
	洗碗间	20		

一层建筑面积分配表				
功能分区	房间及区域	面积（m²）	小计（m²）	备注
卫生间		56	56	含男女卫生间（各不少于8个厕位）及无障碍卫生间
交通及其他面积		380	380	
一层建筑面积			1916	

二层建筑面积分配表				
功能分区	房间及区域	面积（m²）	小计（m²）	备注
厨房部分	备餐间	28	28	含一部食梯
餐厅部分	大雅间（共3间）	56×3	364	
	普通雅间（共7间）	28×7		
卫生间		56	56	含男女卫生间（各不少于8个厕位）及无障碍卫生间
交通及其他面积		236	236	
二层建筑面积			684	

总建筑面积：2600m²（含现存建筑面积1368m²），按轴线面积计算，允许±10%。

二、解析

（一）读题与信息分类

在读题阶段，需要进行信息分类的主要是文字说明部分，具体分类见图 5-2-4，面积

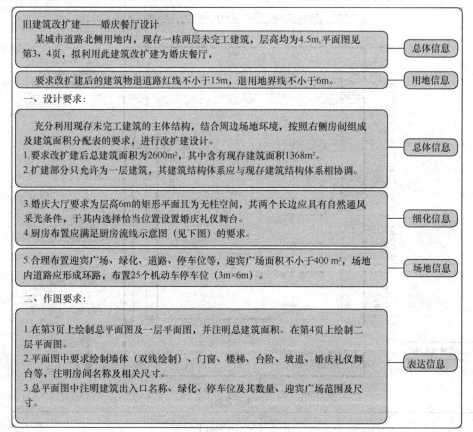

图 5-2-4　文字说明的信息分类

表部分的信息就是分区信息、量化信息及部分房间细化信息。

具体的分类结果如下：

（1）总体信息：改扩建：看看基地中原有建筑状况；婚庆餐厅：考的是餐厨关系，这是二级建筑设计经常考的内容；面积：2600m²，现存1368m²（即每层684m²），要加建1232m²；一层1916m²，二层684m²，即加建部分均为一层；层数与层高：餐厅一层，层高6m；其他为两层，层高4.5m。

（2）用地信息：道路：南侧为城市道路；退线：退道路红线不小于15m，退用地界限不小于6m。

（3）场地信息：迎宾广场面积不小于400m²，布置25个机动车停车位。

（4）分区信息：从气泡图及面积表可以看出，分为门厅及婚庆区和厨房区。

（5）量化信息：原有柱网7.5m，单元面积为56.25，面积表数字特征为28、56；等，可以确定柱网为7.5m；房间量化信息详见面积表。

（6）细化信息：餐厅无柱，两长边采光，其他房间细化信息详见面积表备注部分。

（二）场地分析与气泡图深化

场地分析：将用地信息及场地信息反映到总图上，如根据退线信息确定建筑控制线；根据周边环境确定内外轴；根据指北针确定南北轴，并将场地信息标注于总图上以备忘（图5-2-5）。

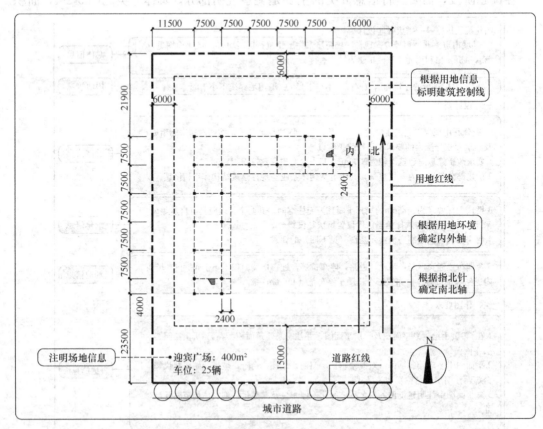

图 5-2-5　场地分析

86

气泡图深化：将分区信息反映到气泡图上，并根据内外分区适当变形（图 5-2-6）。

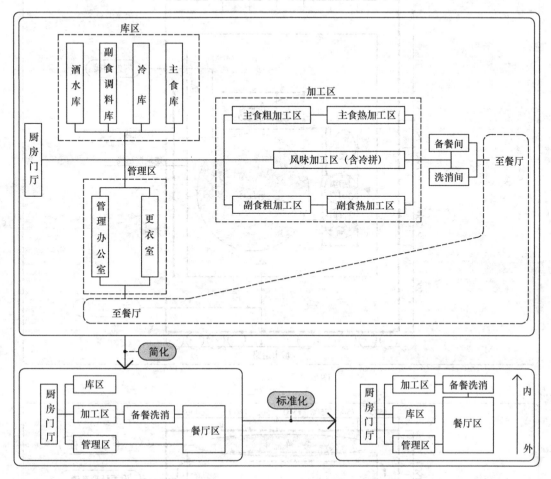

图 5-2-6 气泡图深化

（三）环境对接及场地草图

环境对接相当于总图与气泡图的信息综合，将深化后的气泡图以草图的形式反映到总图上，查看气泡、出入口与环境的关系，本题中主要观察的是气泡图的内外分区与场地的内外轴是否一致，对接完成后气泡的位置大体确定下来，据此布置车位广场等场地（图 5-2-7）。

场地草图的内容包括：在主入口处布置不小于 400m² 的迎宾广场及部分车位，由于题目要求的车位较多，还有部分车位只能停于北侧，并设置环形车道，以草图的方式将场地的位置大致确定下来（图 5-2-8），后期表达阶段将据此绘制总平面图。

（四）量化与细化

确定基本网格：依据面积表数据特征，可以看到很多 28、56、84（即 28＋56）的数据，大空间有 170、620，也基本上是 56 的倍数，再看原有建筑柱网为 7.5m×7.5m，7.5m 柱网的单元面积为 56.25m²，显然加建部分延续原有柱网是最合理的方式（图 5-2-9）。

气泡量化：将各区面积汇总后除以柱网单元面积，即可得出各区所占据的网格大小，即气泡大小，如库区 108m²，为 2 格；卫生间 56m²，为 1 格；管理区为 60m²，为 1 格；加工区 353m²，为 6 格；餐厅区 898m²，为 16 格。

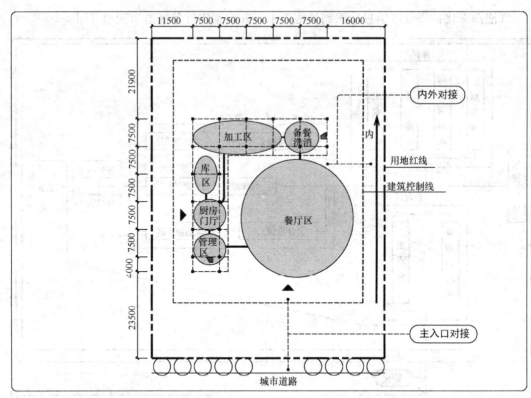

图 5-2-7　环境对接

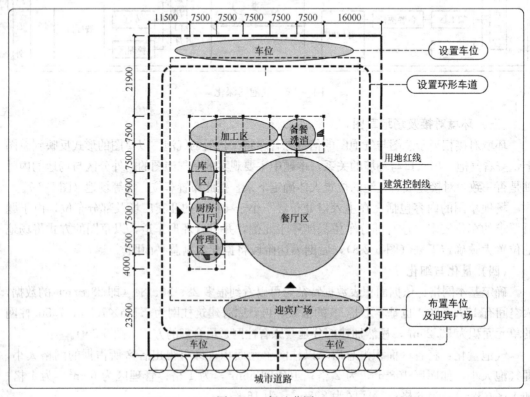

图 5-2-8　场地草图

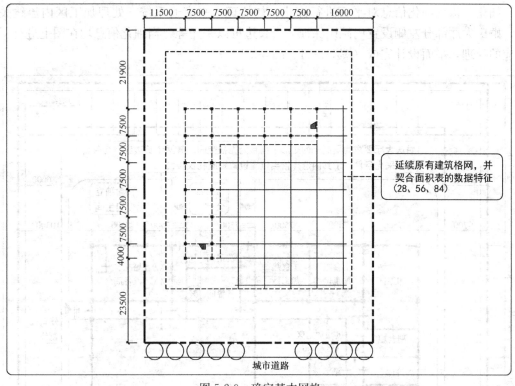

图 5-2-9　确定基本网格

将这些气泡反映到基本网格上，进行适当的调整，气泡图量化即初步完成（图 5-2-10）。

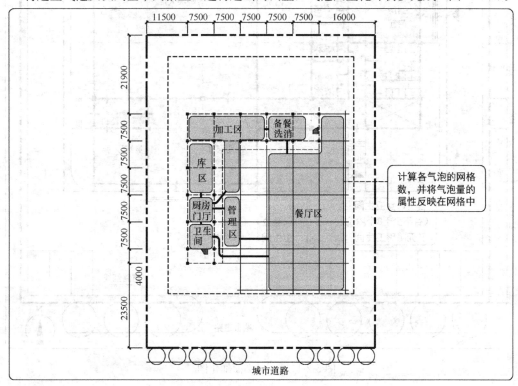

图 5-2-10　气泡量化

细化：依据细化信息对平面进行深化，如梳理水平交通系统，处理加工区内流线关系，婚庆大厅部分左侧设置内院以保证 2 个长边可以采光等，当细化信息均在图上进行了相应的处理，平面设计完成（图 5-2-11、图 5-2-12）。

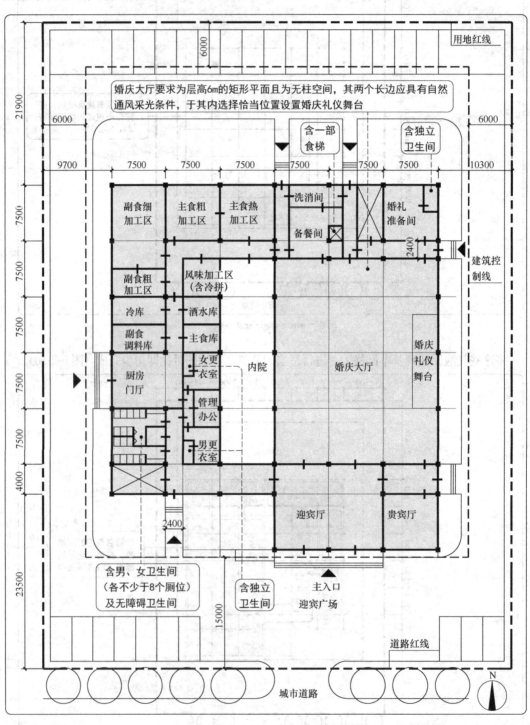

图 5-2-11　一层平面细化图

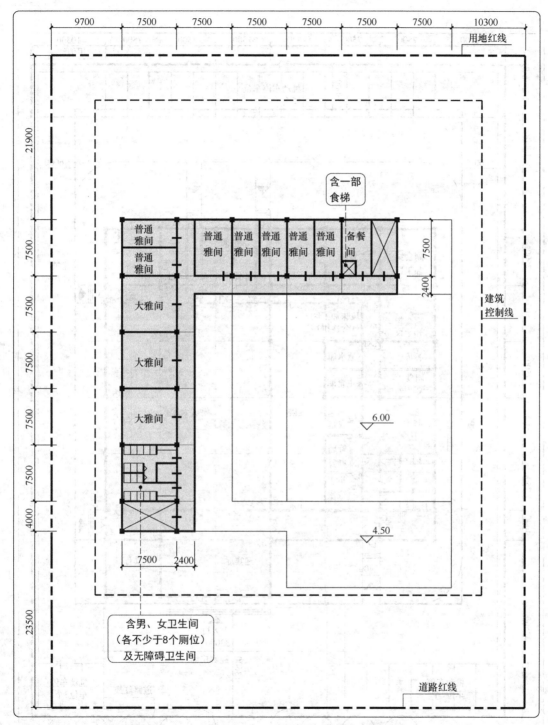

图 5-2-12 二层平面细化图

（五）表达阶段

依据文字说明中的作图要求进行作图即可，与一级方案作图不同的是要画窗，卫生间要布置洁具，其他的没有什么特殊要求（图 5-2-13、图 5-2-14）。

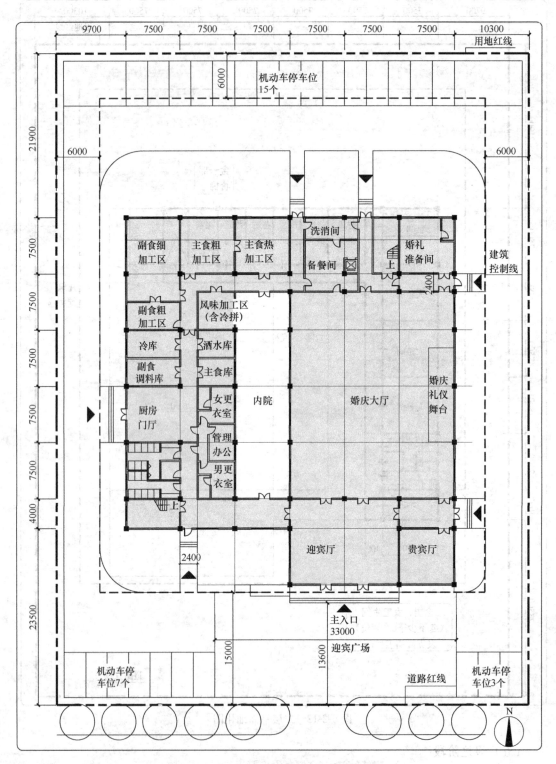

图 5-2-13 一层平面图

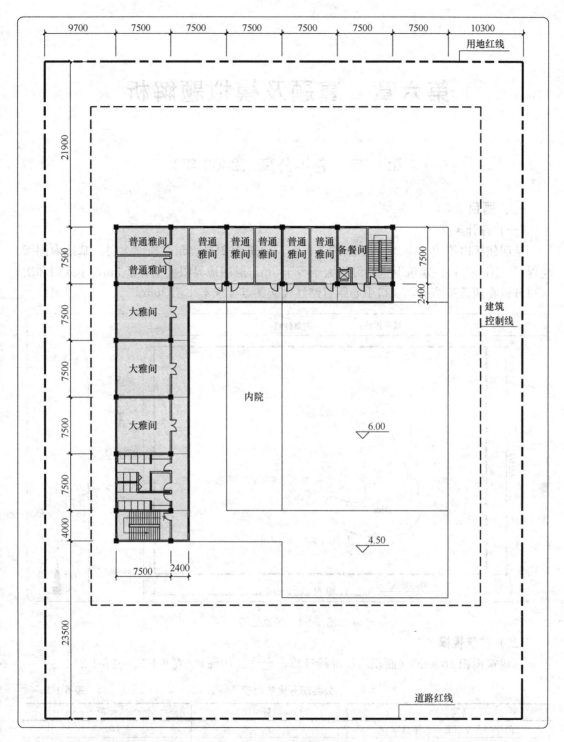

图 5-2-14　二层平面图

第六章　真题及模拟题解析

第一节　老年公寓（2003 年）

一、题目

(一) 设计条件

某居住区内拟建一座 22 间居室的老人院，建筑为 2 层，允许局部 1 层，基地内湖面应保留（图 6-1-1）。建筑退道路红线大于等于 5m，退用地界限大于等于 3m，主入口和次入口分设在两条道路上，入口中心距道路红线交叉点要求不小于 30m。

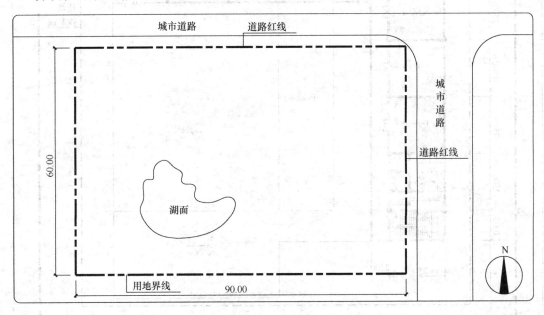

图 6-1-1　场地总图

(二) 建筑规模

总建筑面积 1800m² （面积均按轴线计算，允许±10%）（表 6-1-1、表 6-1-2）。

公共部分建筑面积　　　　　　　　　　　　　　表 6-1-1

房间名称	房间数量（间）	面积
门厅（含总服务台、休息室）	1	120m²
餐厅	1	120m²
厨房	1	120m²
棋牌室、书画室各一间	2	80m²×2
医疗室、保健室各一间	2	20m²×2
公共厕所	1	40m²

居住部分建筑面积		表 6-1-2

房间名称		房间数量（间）	面积
其中	老人居室（有独立卫生间）	22	阳台不计面积
	普通居室	20	$30m^2 \times 20 = 600m^2$
	无障碍居室	2	$33.75m^2 \times 2 = 67.5m^2$
服务员室		2	$20m^2 \times 2 = 40m^2$
被服室		2	$20m^2 \times 2 = 40m^2$
服务员卫生间		2	$10m^2 \times 2 = 20m^2$
开水间		2	$10m^2 \times 2 = 20m^2$

（三）设计要求

（1）所有老人居室均为带有独立卫生间和阳台的双床间，要求全部朝南，其中两间为可供乘轮椅者使用的无障碍居室（图 6-1-2），普通居室开间宜为 4m。

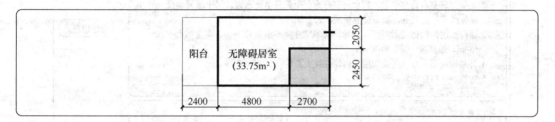

图 6-1-2　无障碍居室图示

（2）无障碍居室布置在底层，其余居室分为两个服务单元布置，每个单元均设服务员室、被服室、服务员卫生间、开水间。

（3）通行二层的楼梯应采用缓坡楼梯，踏步尺寸宽不小于 320mm，高度不大于 130mm，层高统一按 3.0m 考虑。

（4）公共厕所要求分设男女厕所，内设残疾人厕位。

（5）建筑主入口应设轮椅通行坡道。

（四）作图要求

（1）总平面（与一层平面图合并绘制）

①主入口处布置 5 辆小客车停车位，其中一辆残疾人车位（应注明）。车位尺寸 3m×6m，残疾人车位 5m×6m。

②布置主、次入口及道路。

③布置庭院供老人活动。

（2）一、二层平面图

①老人居室和无障碍居室要求留出卫生间位置，家具不必布置，但应分别注明无障碍居室和普通居室。

②厨房不绘制内部分隔。

③公厕应布置卫生洁具及残疾人厕位。

④应绘制墙、柱、门、窗、台阶、坡道等，并注明供轮椅通行坡度的长度、宽度、坡度。

⑤注明开间、进深尺寸和建筑总尺寸。

⑥计算出总建筑面积＿＿＿ m^2。

二、解析

(一) 读题与信息分类 (图 6-1-3)

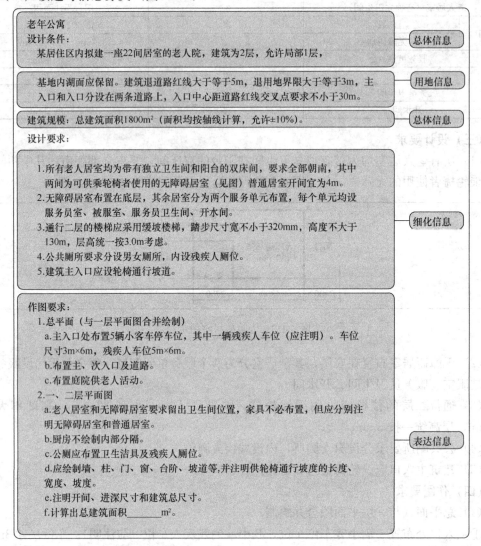

老年公寓

设计条件:

　　某居住区内拟建一座22间居室的老人院, 建筑为2层, 允许局部1层, —— 总体信息

　　基地内湖面应保留。建筑退道路红线大于等于5m, 退用地界限大于等于3m, 主入口和入口分设在两条道路上, 入口中心距道路红线交叉点要求不小于30m。 —— 用地信息

建筑规模: 总建筑面积1800m² (面积均按轴线计算, 允许±10%)。 —— 总体信息

设计要求:

　　1.所有老人居室均为带有独立卫生间和阳台的双床间, 要求全部朝南, 其中两间为可供乘轮椅者使用的无障碍居室 (见图) 普通居室开间宜为4m。
　　2.无障碍居室布置在底层, 其余居室分为两个服务单元布置, 每个单元均设服务员室、被服室、服务员卫生间、开水间。
　　3.通行二层的楼梯应采用缓坡楼梯, 踏步尺寸宽不小于320mm, 高度不大于130m, 层高统一按3.0m考虑。
　　4.公共厕所要求分设男女厕所, 内设残疾人厕位。
　　5.建筑主入口应设轮椅通行坡道。 —— 细化信息

作图要求:

　　1.总平面 (与一层平面图合并绘制)
　　　a.主入口处布置5辆小客车停车位, 其中一辆残疾人车位 (应注明)。车位尺寸3m×6m, 残疾人车位5m×6m。
　　　b.布置主、次入口及道路。
　　　c.布置庭院供老人活动。
　　2.一、二层平面图
　　　a.老人居室和无障碍居室要求留出卫生间位置, 家具不必布置, 但应分别注明无障碍居室和普通居室。
　　　b.厨房不绘制内部分隔。
　　　c.公厕应布置卫生洁具及残疾人厕位。
　　　d.应绘制墙、柱、门、窗、台阶、坡道等, 并注明供轮椅通行坡度的长度、宽度、坡度。
　　　e.注明开间、进深尺寸和建筑总尺寸。
　　　f.计算出总建筑面积_____m²。 —— 表达信息

图 6-1-3　读题与信息分类

总体信息: 老年公寓、总面积 1800m² (±10%);

用地信息: 基地北侧、东侧为城市道路;

场地信息: 停车位 5 个 (4 个普通车位, 1 个无障碍车位);

量化信息: 详见房间组成及面积数据;

功能关系信息: 详见气泡图。

(二) 场地分析与气泡图深化

场地分析见图 6-1-4。

提炼气泡图: 本题条件中未提供气泡图, 需对面积表中房间进行分类, 确定其功能关系, 并将其用气泡图表达出来 (图 6-1-5)。

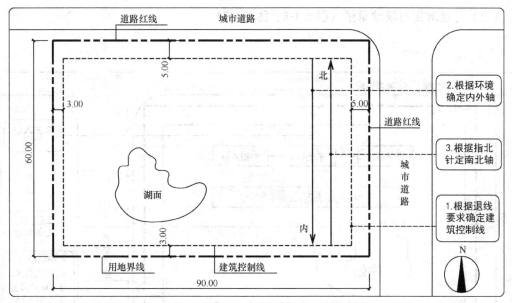

图 6-1-4　场地分析

公共部分建筑面积		
房间名称	房间数量（间）	面积
门厅（含总服务台、休息室）		120m²
餐厅	1	120m²
厨房	1	120m²
棋牌室、书画室各一间	2	80m²×2
医疗室、保健室各一间	2	20m²×2
公共厕所	1	40m²

居住部分建筑面积			
房间名称		房间数量（间）	面积
老人居室（有独立卫生间）		22	阳台不计面积
其中	普通居室	20	30m²×20=600m²
	无障碍居室	2	33.75m²×2=67.5m²
服务员室		2	20m²×2=40m²
被服室		2	20m²×2=40m²
服务员卫生间		2	10m²×2=20m²
开水间		2	10m²×2=20m²

一层功能关系图

服务部分 — 门厅 — 餐厨部分

居室

二层功能关系图

服务部分 — 走廊 — 棋牌书画医疗保健

居室

图 6-1-5　提炼气泡图

97

（三）环境对接与场地草图（图 6-1-6、图 6-1-7）

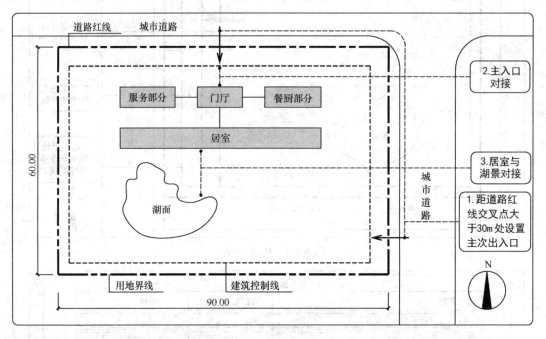

图 6-1-6 环境对接

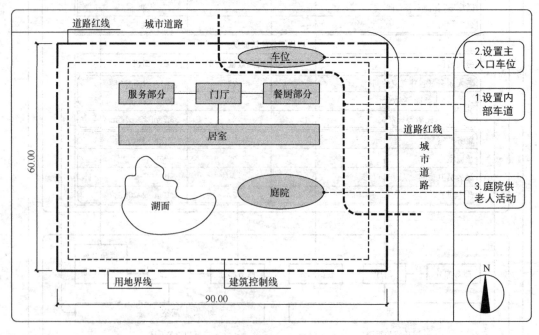

图 6-1-7 场地草图

（四）量化细化（图 6-1-8～图 6-1-11）

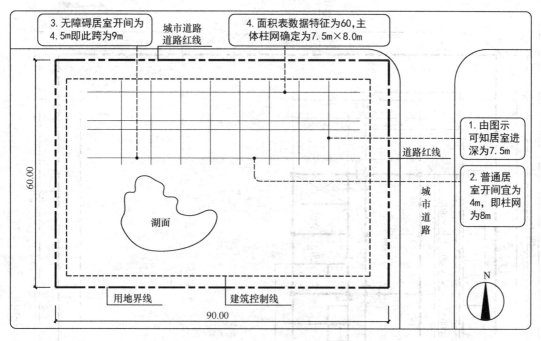

图 6-1-8　确定基本网格

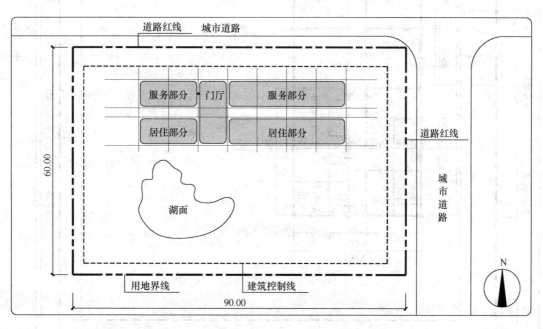

图 6-1-9　气泡图量化

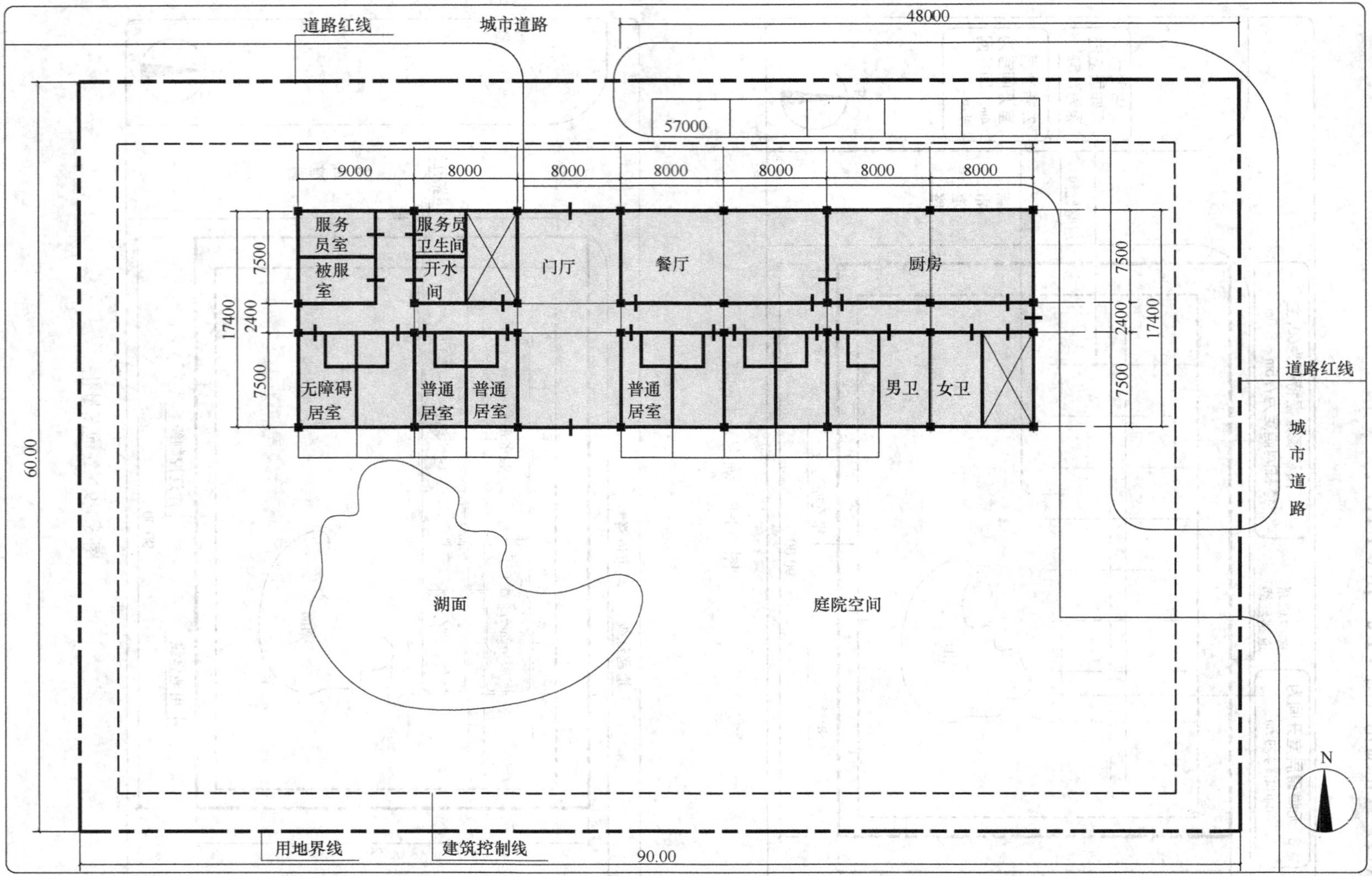

图 6-1-10 一层平面细化图

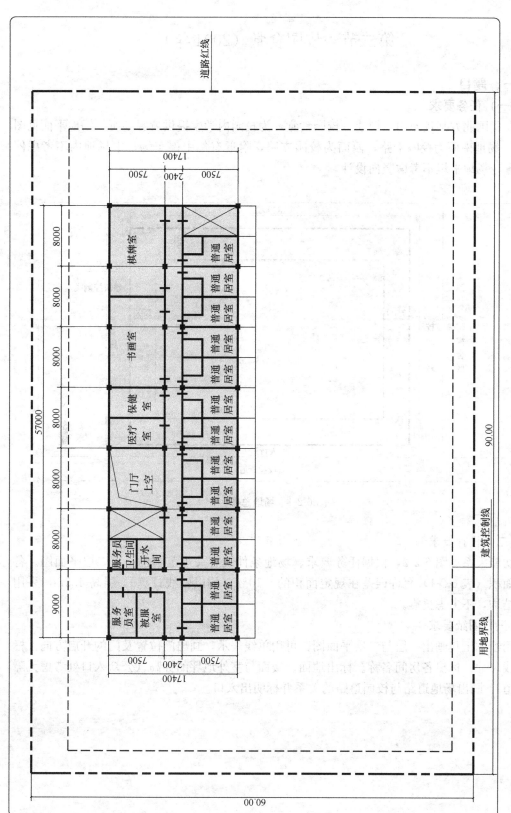

图 6-1-11　二层平面细化图

第二节 校园食堂（2004年）

一、题目

（一）任务要求

在我国北方某校园内，拟建一校园食堂，为校园内学生提供就餐场所。场地平面见图6-2-1，场地南面为校园干路，西面为校园支路，附近有集中停车场，本场地内不考虑停车位置，场地平坦不考虑竖向设计。

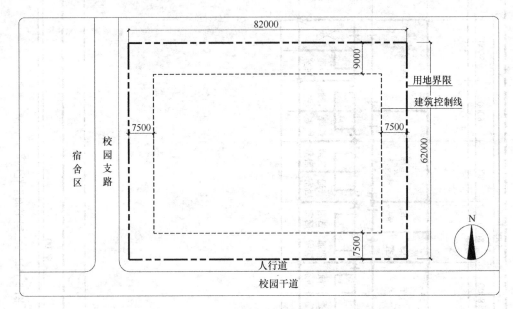

图 6-2-1　场地总图

（二）设计要求

功能关系见图6-2-2，根据任务要求、场地条件及有关规范画出一、二层平面图。各房间面积（表6-2-1）允许误差在规定面积的±10%（均以轴线计算），层高4.5m，采用框架结构，不考虑抗震。

（三）图纸要求

用绘图工具画出一层与二层平面图，可用单线表示，画出门位置及门的开启方向。标出轴线尺寸。标出各房间名称。标出地面、楼面与室外地坪的标高（公众入口处考虑无障碍坡道）。画出场地道路与校园道路的关系并标明出入口。

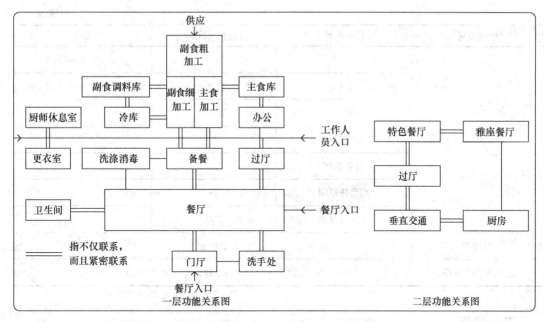

图 6-2-2　功能关系图

各部分面积与要求　　　　　　　　　　　　　　　　　表 6-2-1

房间类别	房间名称	面积（m²）	要求
	门厅	60	
	管理及售卡处	36	
	大众餐厅	640	
	男、女厕所	45	包括1个残疾人厕位
	楼梯	55	2部楼梯
	厨师休息室	18	
	更衣室	36	
	冷库	24	
一层（1487m²）	餐具洗涤消毒间	36	
	副食调料库	36	
	副食粗加工间	65	
	副食细加工间	120	
	主食加工间	120	
	主食库	36	
	备餐间	20	
	食梯	20	
	走廊	120	

房间类别	房间名称	面积（m²）	要求
二层（613m²）	楼梯	50	
	食梯	20	
	厨房	130	
	雅座餐厅	75	
	特色餐厅	200	
	厨房休息间	18	
	走廊及过道	120	
总面积		2100m²	
总面积控制范围		1890～2310m²（总建筑面积的±10%）	

二、解析
（一）读题与信息分类（图 6-2-3）

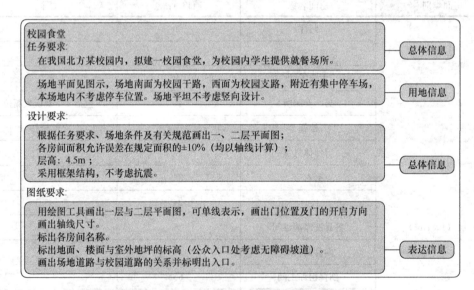

图 6-2-3　读题与信息分类

（二）场地分析与气泡图深化（图 6-2-4、图 6-2-5）

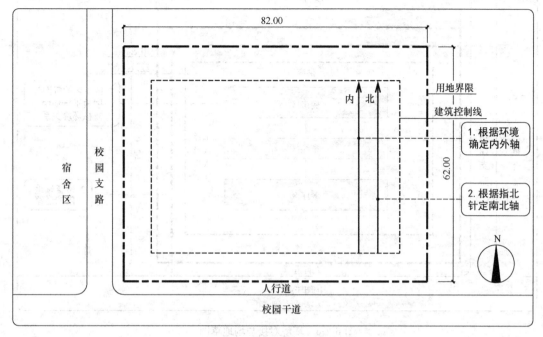

图 6-2-4　场地分析

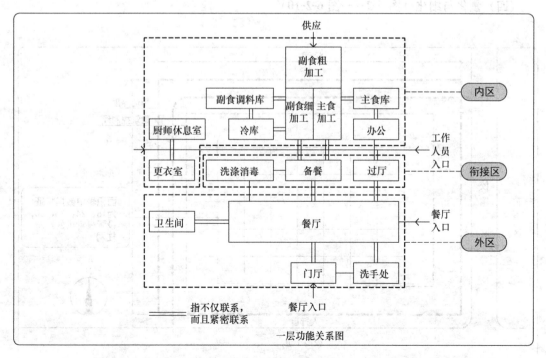

图 6-2-5　气泡图深化

（三）环境对接与场地草图（图6-2-6）

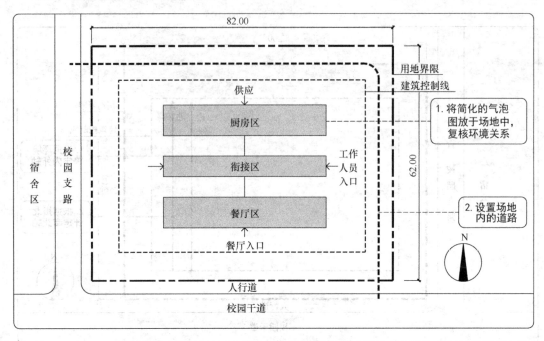

图 6-2-6　环境对接与场地草图

（四）量化与细化（图6-2-7～图6-2-10）

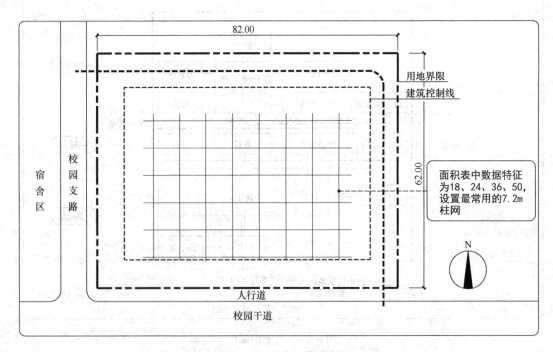

图 6-2-7　基本网格确定

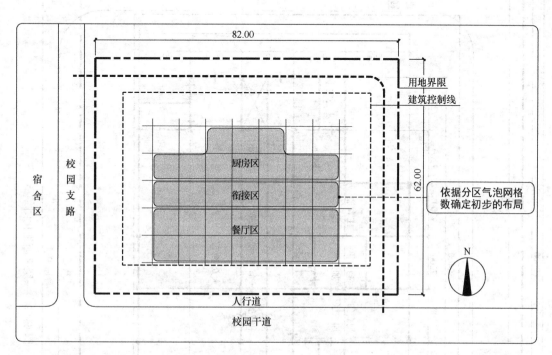

图 6-2-8　气泡量化

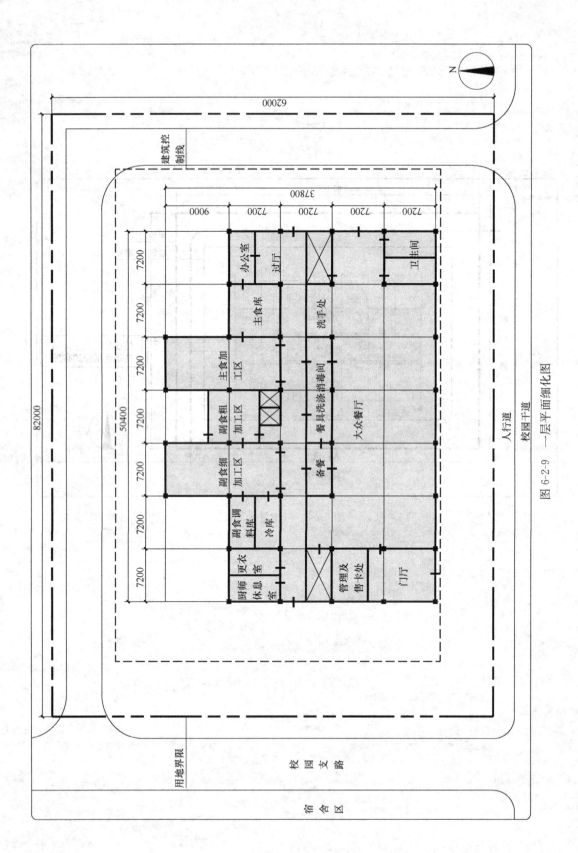

图 6-2-9 一层平面细化图

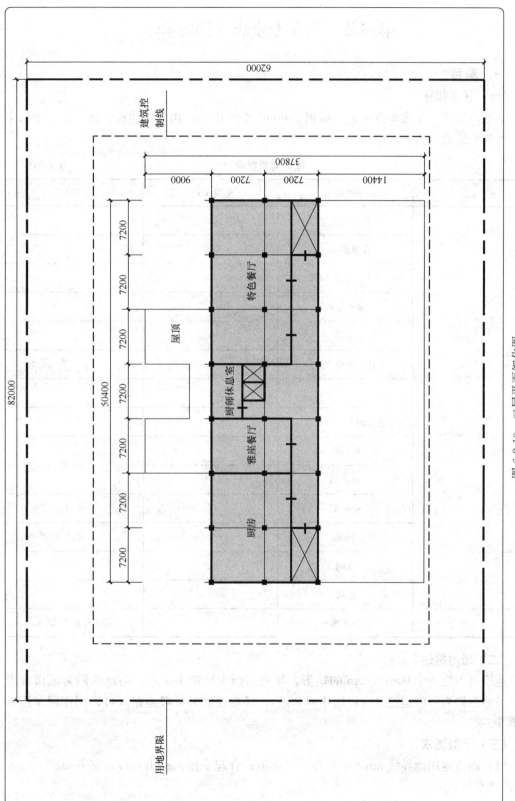

图 6-2-10 二层平面细化图

第三节 汽车专卖店（2005 年）

一、题目

（一）任务描述

某城市拟建一个汽车专卖店，面积 2500m² （±10%）。由主体建筑、新车库、维修车间三大部分组成（表 6-3-1）。

建筑面积要求   表 6-3-1

	房间名称	面积（m²）	备注
主体建筑	汽车展览厅	480	
	儿童游戏厅	60	
	接待、顾客休息	80	
	业务洽谈	40＋20＋20＋40	
	上牌	30＋30	
	会计、交费、保险	20＋20＋20	
	男女卫生间	20＋20	
	总经理办公、休息	30＋30	
	陈列室	60	
	俱乐部	60	
	办公室	180	4 间
	档案	30	
维修车间	车间	300	
	库房	50＋50	
新车库	新车库	300	要求停放 10 辆车

（二）场地描述

地块基本为一个 90m×60m 的矩形，场地南侧为城市主干道，场地西侧为城市次干道，场地东侧为一般道路（可以用作回车道），场地北侧为一般道路（可以用作回车道），见图 6-3-2。

（三）一般要求

（1）四面退用地界线 3m，布置环形试车道；合理安排人行出入口；室外 10 个 3m×6m 的停车位。

（2）汽车展厅朝向南侧主干道，三部分可连接可以分开。

（四）制图要求

（1）用工具画出一层与二层平面图，一层平面应包括场地布置。

（2）标注总尺寸、出入口、建筑开间、进深及试车路线。

（3）画出场地道路与外部道路的关系。

（4）标出各房间名称与轴线尺寸。

（五）流线要求（图 6-3-1）

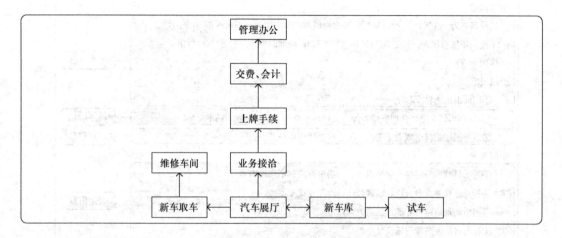

图 6-3-1　功能关系图

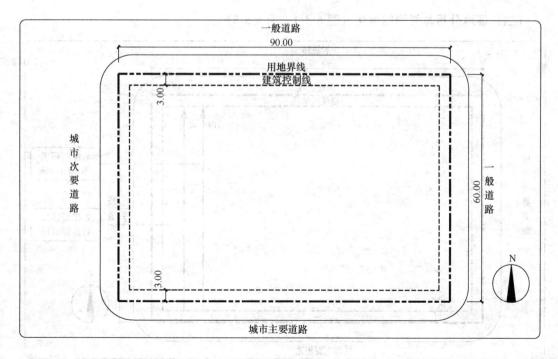

图 6-3-2　场地总图

二、解析
(一) 读题与信息分类 (图6-3-3)

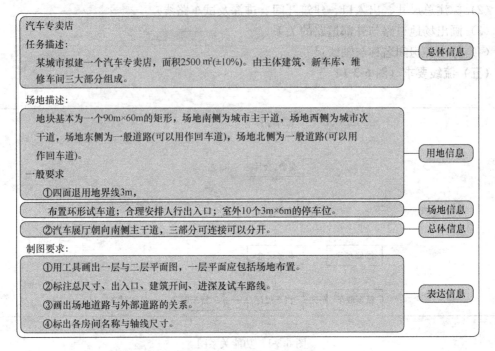

图 6-3-3　读题与信息分类

(二) 场地分析与气泡图深化 (图6-3-4、图6-3-5)

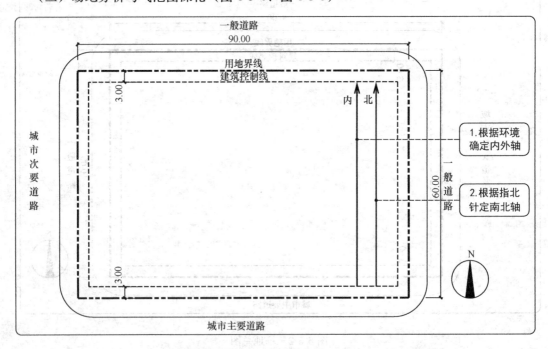

图 6-3-4　场地分析

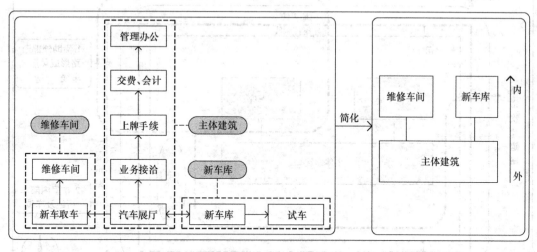

图 6-3-5 气泡图深化

（三）环境对接与场地草图（图 6-3-6、图 6-3-7）

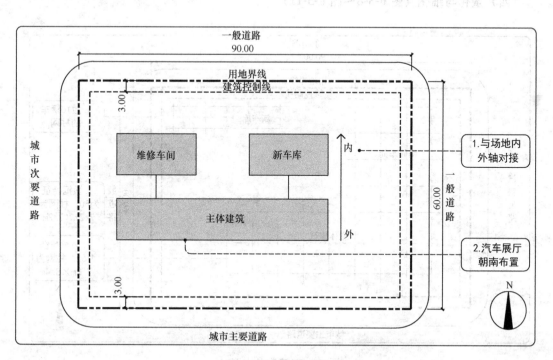

图 6-3-6 环境对接

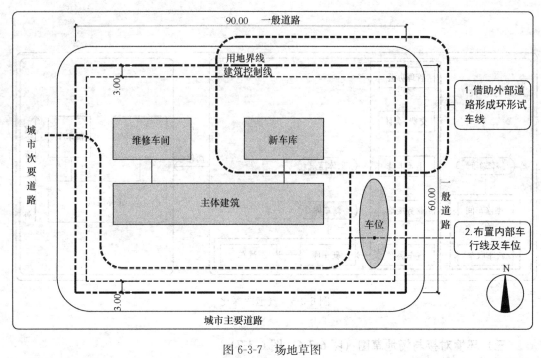

图 6-3-7　场地草图

（四）量化与细化（图 6-3-8～图 6-3-11）

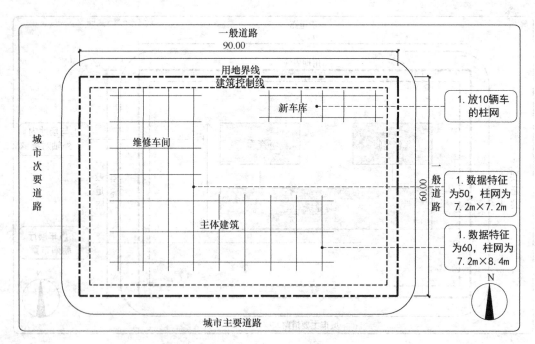

图 6-3-8　确定基本网格

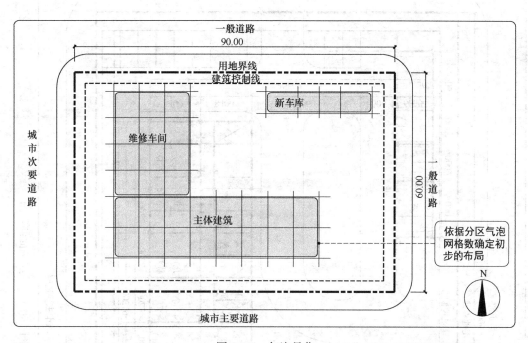

图 6-3-9　气泡量化

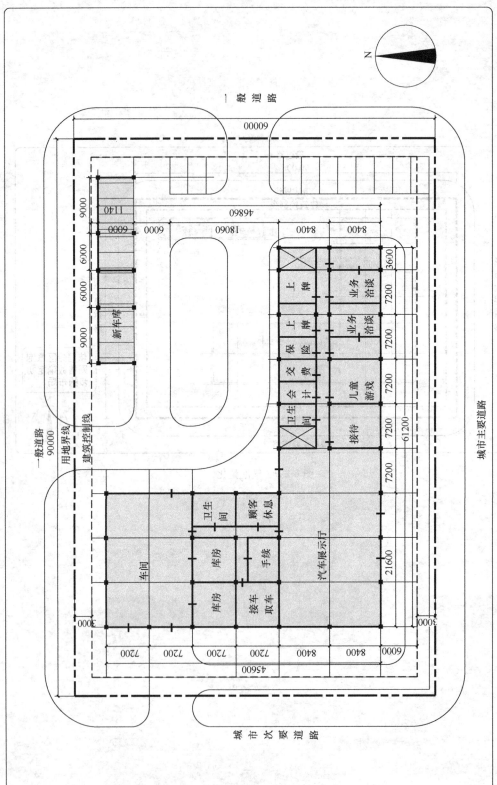

图 6-3-10 一层平面细化图

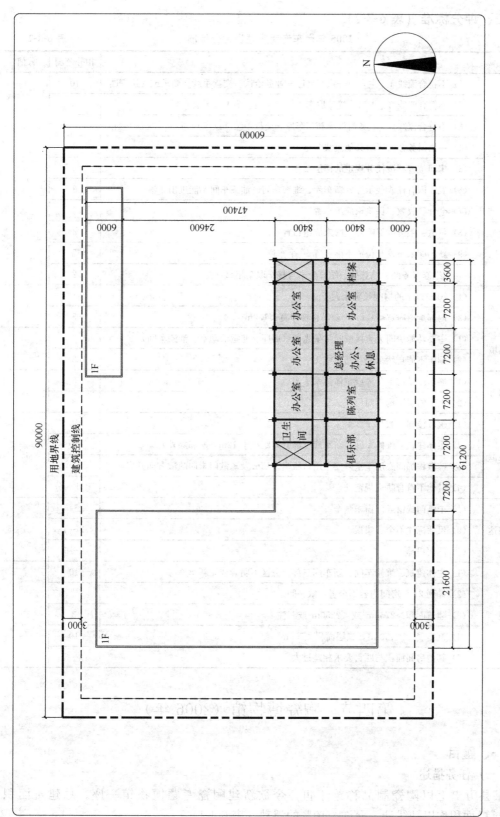

图 6-3-11　二层平面细化图

三、评分标准（表6-3-2）

2005 年汽车专卖店题目评分标准

表 6-3-2

项目	要　　　求	扣分范围	分值
功能分区	（1）不符合流线1 [主入口—汽车展厅—业务洽谈—交款手续] 要求或无法判断	10	30
	（2）不符合流线2 [入口—接车取车—修理车间] 要求或无法判断	8	
	（3）不符合流线3 [业务洽谈—新车车库—交款手续（试车）] 要求或无法判断	5	
	（4）一层财务办公区被其他流线穿越	3	
	（5）房间位置不按任务规定的楼层布置		
	（6）展厅内有柱或展示厅、新车库、维修车间、油漆车间不能进出车辆	3	
	（7）会计、收款、保险未成组布置	3	
	（8）贷款、手续、保险和上牌未成组布置	3	
	（9）新车库未布置车位或不能布置10个车位	5	
	（10）维修服务部、结算处、结算处未与接车取车相邻	2	
空间比例	（1）70m² 以下的房间长宽比大于2	1	6
	（2）内部走道净宽＜1.8m，疏散楼梯净宽＜1.2m	5	
物理环境	（1）主要功能房间无直接或间接采光者（展厅、儿童活动室、油漆车间）	3	6
	（2）厕所不能自然采光、通风或无前室	3	
结构	（1）展示厅结构不合理或整体体系不明	5	8
	（2）上下两层结构不对位	3	
防火疏散	（1）疏散楼梯个数少于2个	10	35
	（2）主体建筑、维修车间、新车库三部分间距小于12m（贴邻除外）	10	
	（3）疏散楼梯间底层至室外安全出口距离＞15m 及疏散门未向疏散方向开启	10	
	（4）其他不符合防火规范处	每处5分	
图面表达	（1）未画门或窗或门窗未画全	2～5	5
	（2）尺寸标注不全、错误	2～5	
	（3）图面粗糙	2～5	
其他	（1）主体建筑、维修车间、新车库三部分分区不明确或无新车库	10	10
	（2）提列21个房间内容不全者，缺一间	1	
	（3）建筑面积＞2750m² 或＜2250m² 或漏注	3	
	（4）汽车展厅＜450m²，二层面积＜500m²	10	
	（5）其他房间面积与题目要求相差过大	1～3	

第四节　陶瓷博物馆（2006 年）

一、题目

（一）任务描述

某县历史上以陶瓷制品称绝于世，今欲新建陶瓷专题博物馆一座。总建筑面积1750m²，面积均以轴线计，允许±10％的浮动（表6-4-1）。

功能分区	房间名称	面积（m²）	备注
陈列区（750m²）	序厅	100	
	陈列室一、二、三	150×3＝450	每个陈列室要求单独开放，又可形成流线
	临时展厅	150	
	影视厅	50	
藏品专区（180m²）	文物库	150	要求布置在一层且和展厅有联系
	保卫室	10	
	文物整理室	20	
观众服务区（100m²）	售票处	15	
	问询处、存包处	15	
	售品部	20	
	休息厅	50	兼茶室
办公及业务用房（180m²）	办公室	15×4＝60	4 间
	会议室	30	
	资料室	45	
	研究室	15×3＝45	
其他	配电间	10	
	男、女卫生间	按需设置	
	交通空间	按需设置	为便于展品的层间运输，可采用 2.50m×2.40m 的货梯

（二）场地描述

地块基本为一个 58m×55m 的矩形，用地位置见图 6-4-1。该地段地形平坦，场地南侧为城市主干道，场地西侧是城市广场，场地东侧为高层办公区，场地北侧为城市次干道。

（三）一般要求

建筑退道路红线和用地红线应不小于 5m。根据规划要求，设计应完善广场空间并与周边环境相协调。

（四）制图要求

用尺和工具画出一层与二层平面图，一层平面应包括场地布置；标注总尺寸、出入口、建筑开间、进深；画出场地道路与外部道路的关系；标出各房间名称与轴线尺寸。

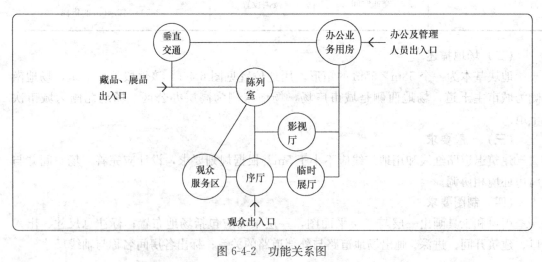

图 6-4-1　用地位置图

（五）流线要求（图 6-4-2）

图 6-4-2　功能关系图

二、解析
（一）读题与信息分类（图 6-4-3）

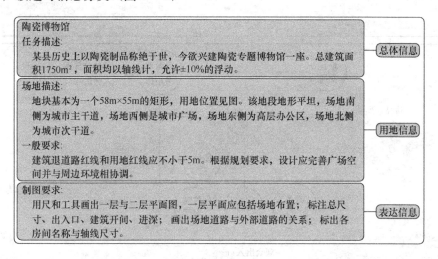

陶瓷博物馆

任务描述：
　　某县历史上以陶瓷制品称绝于世，今欲兴建陶瓷专题博物馆一座。总建筑面积1750m²，面积均以轴线计，允许±10%的浮动。 —— 总体信息

场地描述：
　　地块基本为一个58m×55m的矩形，用地位置见图。该地段地形平坦，场地南侧为城市主干道，场地西侧是城市广场，场地东侧为高层办公区，场地北侧为城市次干道。

一般要求：
　　建筑退道路红线和用地红线应不小于5m。根据规划要求，设计应完善广场空间并与周边环境相协调。 —— 用地信息

制图要求：
　　用尺和工具画出一层与二层平面图，一层平面应包括场地布置；标注总尺寸、出入口、建筑开间、进深；画出场地道路与外部道路的关系；标出各房间名称与轴线尺寸。 —— 表达信息

图 6-4-3　读题与信息分类

（二）场地分析与气泡图深化（图 6-4-4、图 6-4-5）

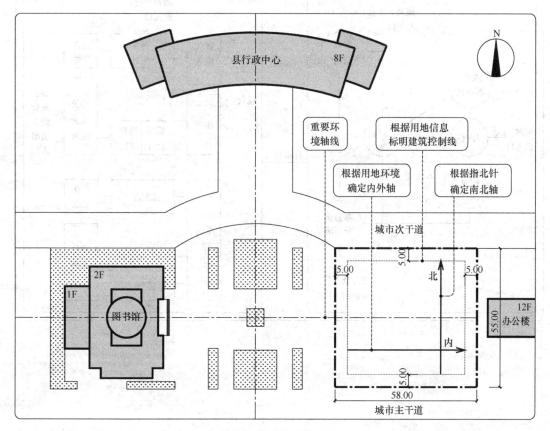

图 6-4-4　场地分析

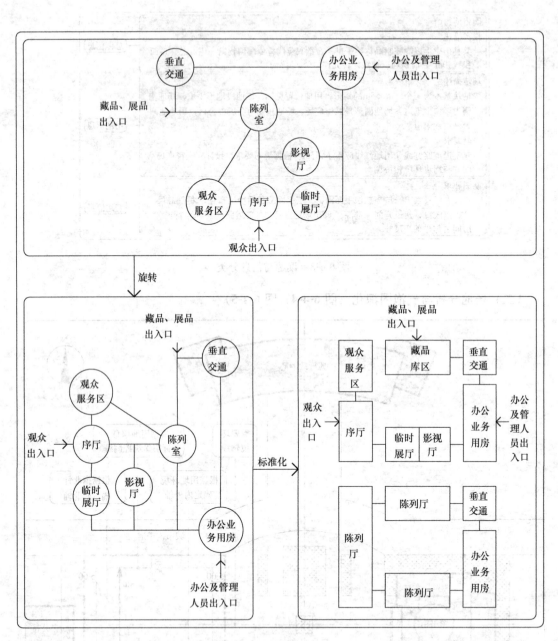

图 6-4-5 气泡图深化

（三）环境对接与场地草图（图6-4-6）

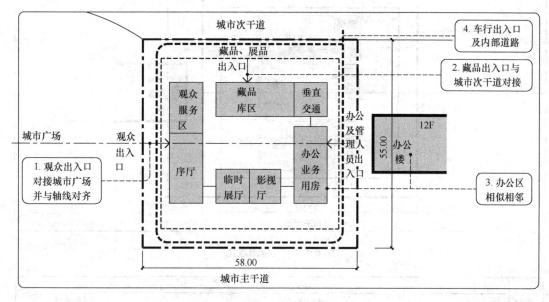

图6-4-6 环境对接与场地草图

（四）量化与细化（图6-4-7～图6-4-10）

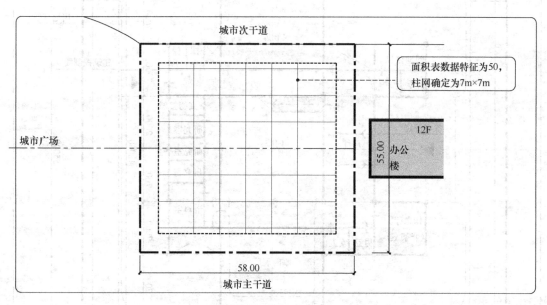

图6-4-7 确定基本网格

123

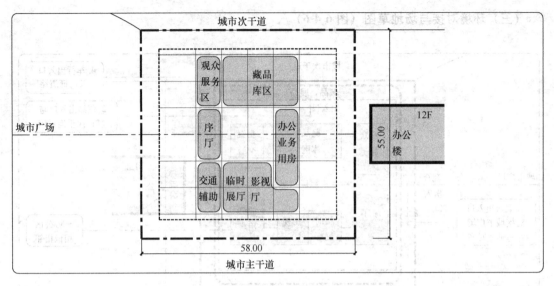

图 6-4-8　气泡图量化

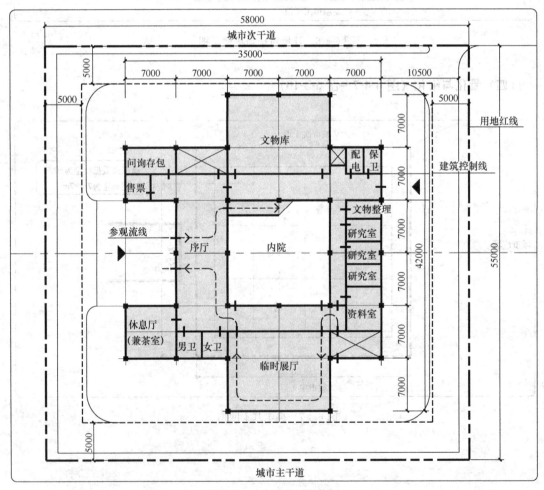

图 6-4-9　一层平面细化图

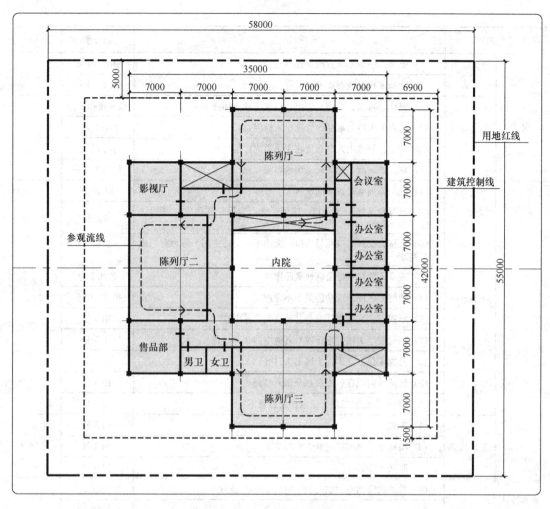

图 6-4-10　二层平面细化图

三、评分标准（表6-4-2）

2006年陶瓷博物馆题目评分标准　　　　　　　表 6-4-2

考核内容		扣分点	扣分值	分值
设计任务要求	面积	(1) 总建筑面积＜1575m² 或＞1925m² 或漏注	扣3分	5
		(2) 陈列室面积＜405m² 或＞495m²	扣3分	
		(3) 其他房间面积与题目要求面积出入较大	每间扣1分	
	房间内容房间数	(1) 陈列室不足三个	缺1个扣5分	
		(2) 缺少序厅、文物库、临时展厅	缺1项扣3分	
		(3) 提列房间内容不齐全〔上列(1)(2)除外〕	缺1间扣1分	
总平面设计	规划关系	(1) 观众出入口未布置在西向	扣10分	20
		(2) 观众出入口布置在西向但与广场轴线不对中	扣5分	
		(3) 建筑西侧外廊与广场空间关系不协调	扣8~10分	

考核内容		扣分点	扣分值	分值
总平面设计	道路绿地铺装	(1) 道路、铺装未布置或布置不当	扣1~3分	5
		(2) 绿地未布置或布置不当	扣1~3分	
	出入口及退让	(1) 观众、藏品、管理三个出入口缺项或未标注	缺一项扣2分	5
		(2) 观众出入口与藏品、管理出入口混杂	扣3分	
		(3) 藏品、管理出入口布置在主干道或广场一侧	各扣2分	
		(4) 东、西、南、北方向退用地界限<5m	每处扣2分	
建筑设计	功能分区	(1) 三个陈列室布置不同层	扣10分	30
		(2) 不符合流线一（入口—序厅—交通空间—陈列室）或无法判断	扣8分	
		(3) 不符合流线二（藏品入口—文物库—交通空间—陈列室）或无法判断	扣8分	
		(4) 观众人流穿过办公区或藏品库区	各扣8分	
		(5) 功能分区混杂或功能关系不合理	扣5~10分	
		(6) 影视厅未临近序厅或与其他空间合并设置	扣5分	
		(7) 临时展厅未临近序厅或与其他空间合并设置	扣5分	
		(8) 文物库保卫室不在库区出入口处	扣5分	
		(9) 售票、问讯存包不在观众出入口处	扣5分	
		(10) 陈列室设在二层未设电梯或设置不当	扣3分	
	参观路线	(1) 未画	扣5分	5
		(2) 绘制不正确或逆时针方向行进	扣3分	
		(3) 路线不顺畅	扣3分	
	空间尺度	(1) 单跨的陈列室、临时展厅跨度<8m，或双跨<14m	每处扣2分	10
		(2) ≤50m² 的房间长度与宽度之比≥2	每处扣1分	
		(3) 展厅走廊<2.4m，办公走廊<1.8m，或楼梯梯段净宽<1.2m	每处扣3分	
		(4) 楼梯间设计不合理	扣3分	
	物理环境	(1) 房间无直接采光通风者（陈列室、展厅、影视厅、配电除外）	每个扣2分	
		(2) 卫生间不能自然采光通风或无前室	扣2分	
	结构	(1) 结构体系不合理或体系不明确	扣5分	
		(2) 上下两层结构不对位	扣5分	
	规范要求	(1) 东侧与办公楼之间间距<9m	扣8分	15
		(2) 疏散楼梯数量不符合防火规范要求	扣15分	
		(3) 陈列室、临时展厅>50m² 的影视厅只设一个疏散门	每项扣2分	
		(4) 陈列室、临时展厅>50m² 的影视厅外门未向疏散方向开启	每项扣2分	
		(5) 疏散楼梯间底层至室外安全疏散距离>15m	扣10分	
		(6) 主入口未设置轮椅通行坡道或设置不合理	扣1~3分	
		(7) 其他不符合规范	每处扣5分	

考核内容	扣分点	扣分值	分值
图面表达	（1）门窗未画或未画全	扣2~5分	5
	（2）尺寸标注不全、错误	扣2~5分	
	（3）图面粗糙	扣2~5分	

续表

第二题注	一、出现后列情况之一者，本题总分为0分。1. 方案设计为一层者或未画出二层者；2. 方案设计无楼梯者
	二、平面图用单线或部分单线表示，本题总分乘0.9

第二题小计分	第二题得分	小计分×0.8＝

第五节　图书馆（2007年）

一、题目

（一）任务描述

在场地内建一个总建筑面积为2000m²的2层（层高3.6m）图书馆，面积均以轴线计，允许±10%的浮动。

（二）场地描述

场地形状基本为一个不规则的矩形，用地位置见图6-5-1。该地段地形平坦，场地南面临城市次干道，场地东面临城市支路，且在场地的东侧有一块城市绿地。

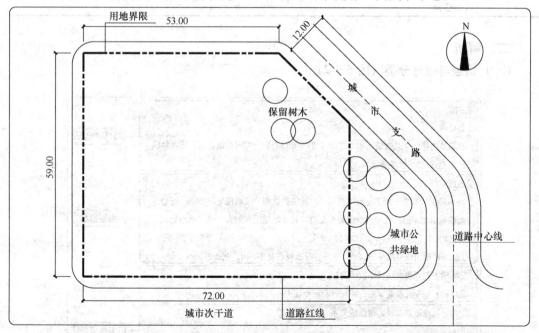

图6-5-1　场地总图

（三）一般要求

（1）退场地南面城市次干道15m，退场地西面城市支路10m，北面退10m。

（2）场地主入口要面临城市次干道。

（3）须设有一个儿童阅览室专用入口和一个图书专用入口。

（4）画出场地道路与外部道路的关系。

（四）制图要求

在总平面图上画出一层平面图，另纸画出二层平面图。

（五）建筑面积要求

一、二层房间组成及面积及要求见表6-5-1。

房间面积表

表 6-5-1

	房间名称	面积（m²）	备注
一层平面	基本书库	200	要求书库有良好的通风
	图书编目	100	
	报刊阅览	150	
	大厅	150	
	少儿书库	20	要求书库有良好的通风
	少儿阅览室	100	专用入口
	电梯	6	
	馆长办公	100	
	卫生间	40	
	小卖部	20	
二层平面	普通阅览室 A 普通阅览室 B	400	
	电子书籍阅览室	150	
	卫生间	40	

二、解析

（一）读题与信息分类（图 6-5-2）

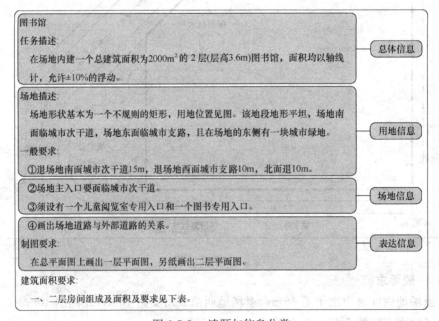

图 6-5-2　读题与信息分类

128

（二）场地分析与气泡图提炼（图 6-5-3、图 6-5-4）

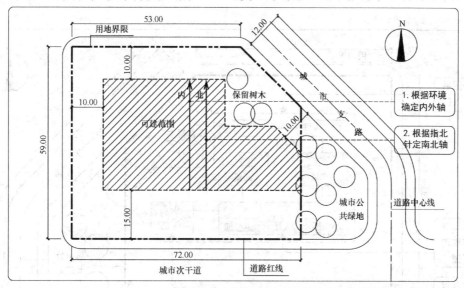

图 6-5-3　场地分析

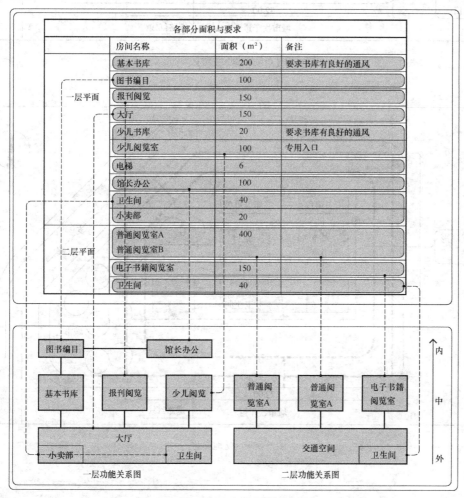

图 6-5-4　气泡图提炼

（三）环境对接与场地草图（图 6-5-5、图 6-5-6）

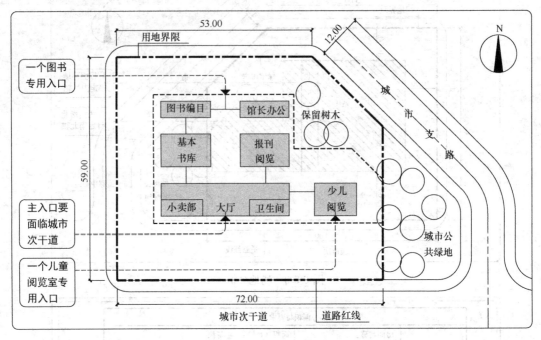

图 6-5-5　环境对接

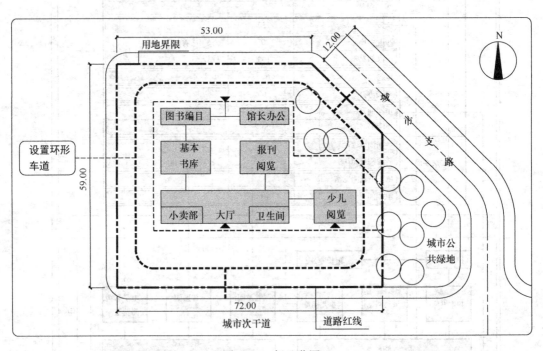

图 6-5-6　场地草图

（四）量化与细化（图 6-5-7～图 6-5-10）

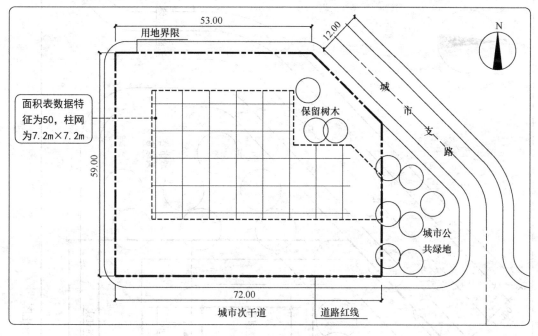

图 6-5-7　确定基本网格

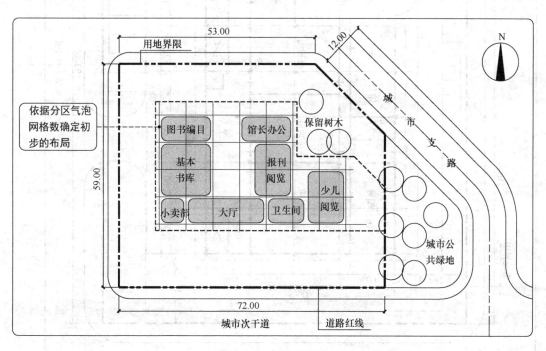

图 6-5-8　气泡图量化

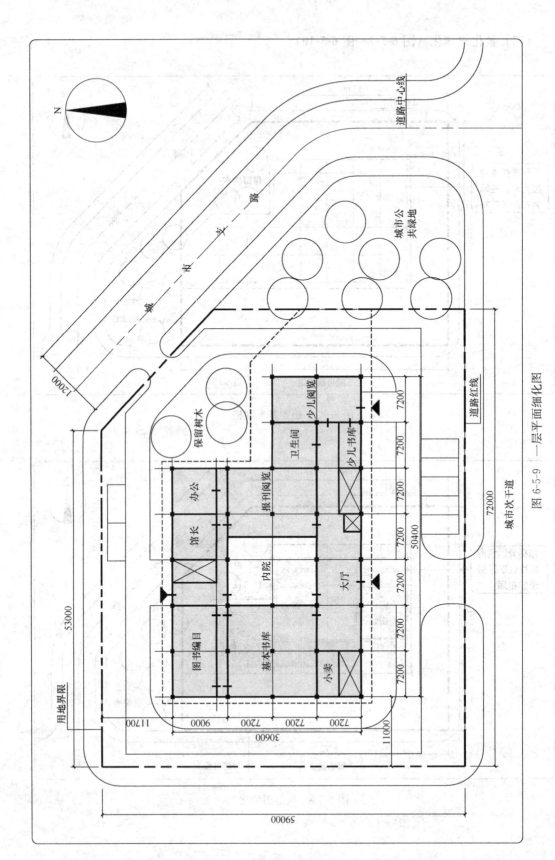

图 6-5-9 一层平面细化图

城市次干道

道路红线

城市公共绿地

道路中心线

城市支路

保留树木

用地界限

N

53000

12000

50400

72000

59000

30600

11700

9000

7200

7200

7200

7200

11000

少儿阅览

卫生间

少儿书库

办公

报刊阅览

馆长

内院

大厅

图书编目

基本书库

小卖

7200

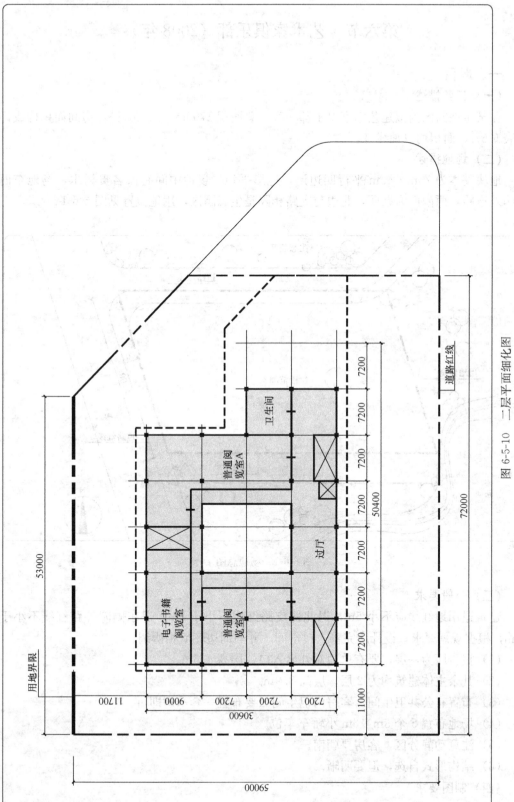

图 6-5-10 二层平面细化图

第六节 艺术家俱乐部（2008 年）

一、题目

（一）任务描述

在某生态园区内拟建艺术家俱乐部一座，总面积 1700m²（±10%），房间面积构成详见表 6-6-1，面积均以轴线计。

（二）场地描述

地块基本为 73m×45m 平行四边形，地形平坦，场地中间有棵名贵树木，场地东面是园外道路，西南面为湖面，北边与支路相隔是生态园区，用地位置见图 6-6-1。

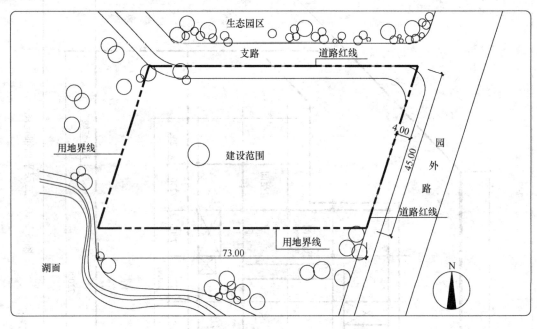

图 6-6-1　场地总图

（三）一般要求

建筑退用地红线应不小 5m，退北侧支路红线不小于 5m，退东侧园外路红线不小于 12m，根据规划要求，设计应完善入口空间，并与周边环境相协调。

（1）报告厅为一层，要有单独对外出入口，层高 4.5m。

（2）其余主体建筑均为 2 层，层高 3.9m。

（3）布置有公共卫生间。客房内卫生间只要布置一套示意即可。

（4）场地布置 5 个 3m×6m 小轿车车位。

（5）注意动静分区，客房要朝南。

（6）结构形式自选，但要明晰。

（四）制图要求

（1）画出场地道路与外部道路的关系。

（2）标出各房间名称与轴线尺寸以及总尺寸。

（3）画出墙、柱、台阶、广场、绿化、道路。

（4）不得用铅笔、非黑色绘图笔作图，主要线条不得手绘。

（5）标出建筑总面积。

建筑面积表

表 6-6-1

	名称	面积（m²）	备注
活动用房部分 （415m²）	报告厅	100	
	声控室	15	
	台球室	50	
	乒乓球室	50	
	摄影工作室	50	
	书法室	50	
	阅览室	50	
	棋牌室	50	
住宿部分 （270m²）	客房	250	25m²×10间（均带卫生间）
	服务间	20	
餐饮部分 （200m²）	厨房	50	
	餐厅	100	
	茶吧	50	
公共配套部分 （240m²）	门厅	60	
	卫生间	100	25m²×4个
	办公室	30	
	接待室	50	
其他	交通面积	根据需要	

二、解析

（一）读题与信息分类（图6-6-2）

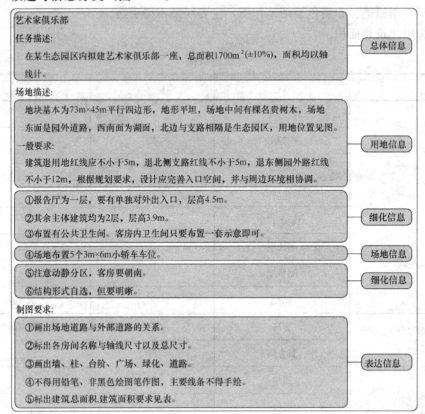

艺术家俱乐部

任务描述：

在某生态园区内拟建艺术家俱乐部一座，总面积1700m²(±10%)，面积均以轴线计。 ————**总体信息**

场地描述：

地块基本为73m×45m平行四边形，地形平坦，场地中间有棵名贵树木，场地东面是园外道路，西南面为湖面，北边与支路相隔是生态园区，用地位置见图。

一般要求：

建筑退用地红线应不小于5m，退北侧支路红线不小于5m，退东侧园外路红线不小于12m，根据规划要求，设计应完善入口空间，并与周边环境相协调。 ————**用地信息**

①报告厅为一层，要有单独对外出入口，层高4.5m。

②其余主体建筑均为2层，层高3.9m。

③布置有公共卫生间。客房内卫生间只要布置一套示意即可。 ————**细化信息**

④场地布置5个3m×6m小轿车车位。 ————**场地信息**

⑤注意动静分区，客房要朝南。

⑥结构形式自选，但要明晰。 ————**细化信息**

制图要求：

①画出场地道路与外部道路的关系。

②标出各房间名称与轴线尺寸以及总尺寸。

③画出墙、柱、台阶、广场、绿化、道路。

④不得用铅笔、非黑色绘图笔作图，主要线条不得手绘。

⑤标出建筑总面积,建筑面积要求见表。 ————**表达信息**

图 6-6-2 读题与信息分类

（二）场地分析与气泡图提炼（图6-6-3、图6-6-4）

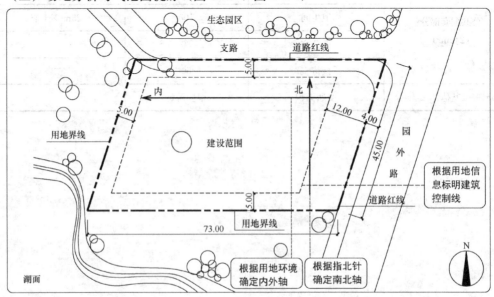

图 6-6-3 场地分析

各部分面积与要求			
	房间名称	面积（m²）	备注
活动用房部分 (415m²)	报告厅	100	
	声控室	15	
	台球室	50	
	乒乓球室	50	
	摄影工作室	50	
	书法室	50	
	阅览室	50	
	棋牌室	50	
住宿部分 (270m²)	客房	250	25m²×10（均带卫生间）
	服务间	20	
餐饮部分 (200m²)	厨房	50	
	餐厅	100	
	茶吧	50	
公共配套部分 (240m²)	门厅	60	
	卫生间	100	25m²×4个
	办公室	30	
	接待室	50	
其他	交通面积	根据需要	

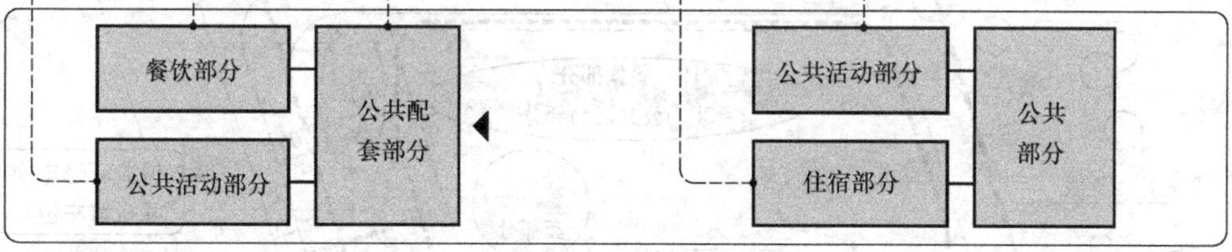

图 6-6-4　气泡图提炼

（三）环境对接与场地总图（图 6-6-5、图 6-6-6）

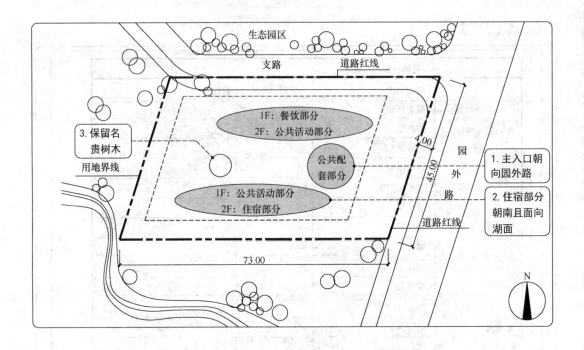

图 6-6-5　环境对接

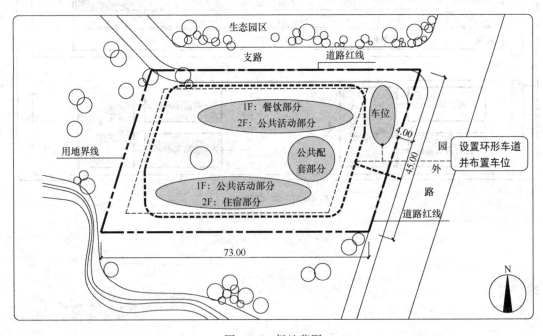

图 6-6-6　场地草图

（四）量化与细化（图6-6-7～图6-6-10）

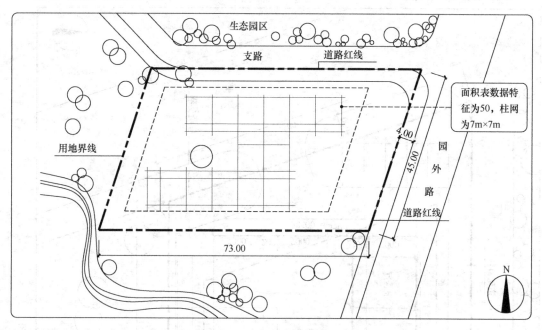

图 6-6-7　确定基本网格

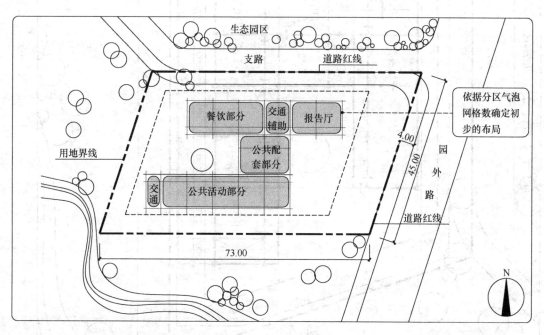

图 6-6-8　气泡图量化

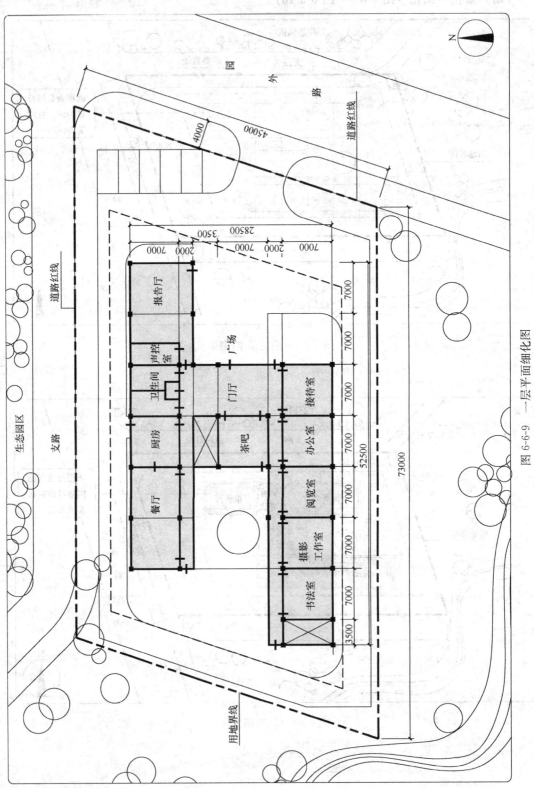

图 6-6-9 一层平面细化图

书法室 摄影工作室 阅览室 办公室 接待室

餐厅 厨房 茶吧 门厅 卫生间 声控室 报告厅

广场

生态园区 支路 道路红线 道路红线

外 园 路

用地界线

N

7000 7000 7000 7000 7000 7000 7000 7000

52500

73000

3500 3500 2000 7000 2000 7000 2000

28500

45000 4000

140

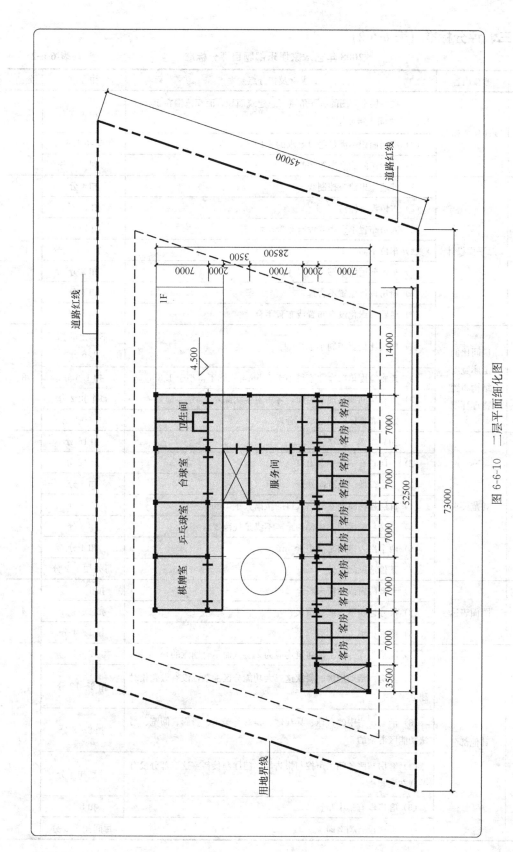

图 6-6-10 二层平面细化图

三、评分标准（表6-6-2）

2008年艺术家俱乐部题目评分标准　　　　　　　　　　表6-6-2

序号	考核内容	要求（及扣分点）	扣分值	分值
1	设计任务要求	（1）在一层平面图的右下角填写总建筑面积，面积范围在1530~1870m²之间，错或忘写	扣4分	8
		（2）房间面积不满足题目要求的±10%	每间扣1.6分	
		（3）缺少房间或多布置房间	每间扣4分	
2	总平面设计	（1）外墙超出建筑控制线	扣4分	12
		（2）古树没有保留	扣12分	
		（3）入口布置不合理或没有布置广场	扣12分	
		（4）车位不够5个	每个扣1.6分	
		（5）车位前道路不够进车尺寸的	扣2分	
		（6）厨房设计位置不合理	扣6分	
		（7）道路及绿化没有布置或布置不合理	扣4分	
3	房间比例 走廊宽度 结构布置 物理环境	（1）房间比例要控制小于2:1	不满足的扣1.6分	8
		（2）走廊宽度单廊净宽不得小于1.5m，双廊不得小于1.8m	扣1.6分	
		（3）所有房间如出现暗房间，客房卫生间除外	每个扣2分	
		（4）结构布置体系混乱或不合理	扣4~8分	
4	规范要求	（1）如只布置一部楼梯	扣16分	16
		（2）一层只有一个安全出口	扣12分	
		（3）一层疏散门没有向外开	扣4分	
		（4）首层楼梯间到室外出入口的距离大于15m	扣8分	
		（5）走廊尽端房间到楼梯的距离不满足规范要求	扣6分	
		（6）两个出入口的距离小于5m	扣4分	
		（7）其他违反规范处	每处扣1.2分	
5	图面表达	（1）未画门窗或门窗未画全	扣1~4分	4
		（2）尺寸标注不全或有错误	扣1~4分	
		（3）图面粗糙	扣1~4分	
6	其他部分	（1）除报告厅外，主体建筑均应为2层（而不合题意的）	扣12~15分	32
		（2）客房、活动用房、餐饮这三大功能分区混杂，没有做到相对独立	扣8~12分	
		（3）活动用房中的台球、乒乓球、棋牌与美术、摄影、阅览、书法功能区混杂的	扣6~8分	
		（4）客房与服务间、声控与报告厅、门厅与接待室这三部分没有关联在一起	分别扣4分	
		（5）客房没有集中布置	扣8分	
		（6）客房没有朝南向	每间扣1.5分	

142

序号	考核内容	要求（及扣分点）	扣分值	分值
6	其他部分	（7）客房开间不在 3.3～4.2m 之间	每间扣 0.8 分	32
		（8）客房没有设置卫生间的	扣 6 分	
		（9）客房卫生间应有一间详细布置，没有布置或布置不合理	扣 4 分	
		（10）厨房餐厅分开布置	扣 6 分	
		（11）厨房没有设置在一层	扣 4 分	
		（12）厨房的景观优于餐厅的	扣 4 分	
		（13）主楼梯不与门厅相邻的，或楼梯间设计不合理	扣 4 分	
		（14）楼梯间尺寸开间小于 3m 进深小于 4.4m 或粗糙或画错的	扣 4 分	
		（15）报告厅不是单独设在一层	扣 12 分	
		（16）报告厅位置不当或没有单独出入口	扣 4 分	
		（17）没有布置公共卫生间	扣 4 分	
		（18）公共卫生间布置不合理，或没有前室或没有考虑残疾人专用厕位	扣 2～4 分	
		（19）卫生间布置在厨房、餐厅上面的	扣 6 分	
		（20）房间没有开门的	每间 0.8 分	

第七节　基层法院（2009 年）

一、题目

（一）任务描述

拟建 2 层的基层法院一座，总面积 1800m² （±10%），面积均以轴线计。

（二）场地描述

用地基本为 48m×58m 矩形的城市场地，地形平坦，用地见图 6-7-1。

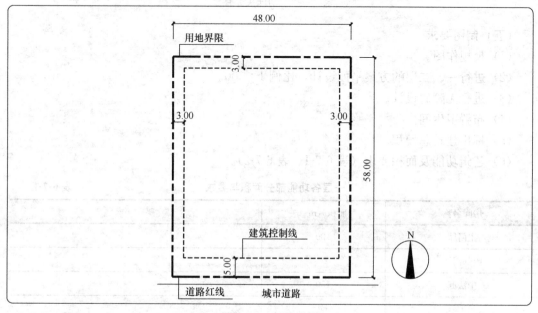

图 6-7-1　场地总图

(三) 一般要求

(1) 主入口设至少 3 个车位的停车场。

(2) 工作人员入口设 2 个车位的停车场。

(3) 羁押室入口设 1 个车位的停车场。

(4) 设可停放 20 辆自行车的存车场。

(5) 场地周边要有可环绕车道。

(四) 功能要求 (图 6-7-2)

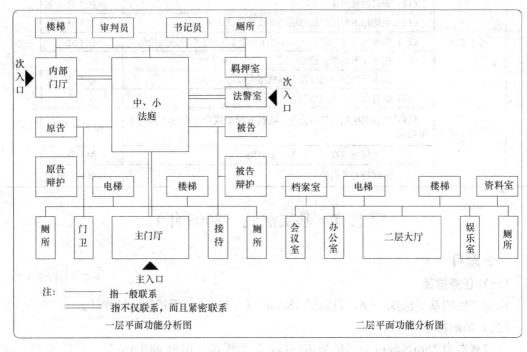

图 6-7-2 功能关系图

(五) 制图要求

(1) 尺规作图。

(2) 进行一、二层的方案平面设计, 比例 1：300。

(3) 进行无障碍设计。

(4) 布置卫生间。

(5) 标出建筑总面积。

(6) 建筑功能及面积要求 (表 6-7-1、表 6-7-2)。

一层各功能部分面积与要求   表 6-7-1

房间名称	面积 (m²)	要　　求
主门厅	100	
内部门厅	20	
中法庭	150	
小法庭	50	

房间名称	面积（m²）	要　求
门卫	20	
接待调解室	30	
原告室	25	
原告辩护人室	25	
被告室	25	
被告辩护人室	25	
书记员室	25	
审判员室	25	
羁押室	25	内含 4 间 2.5m² 犯罪嫌疑人间，1 间 4m² 的公共卫生间及相应的走道
法警室	20	
男、女卫生间	40	包括对内与对外，并对卫生间进行布置
电梯	6	1 部
走廊面积	200	
楼梯间	50	2 部

一层建筑面积：1100m²

二层各功能部分面积与要求　　　　　　　表 6-7-2

房间名称	面积（m²）	要　求
办公室	200	可灵活划分
档案室	25	
资料室	25	
会议室	40	
男、女卫生间	40	同一层布置
娱乐室	45	
电梯	6	1 部
走廊面积	200	
楼梯间	50	2 部

二层建筑面积：700m²

二、解析
（一）读题与信息分类（图 6-7-3）

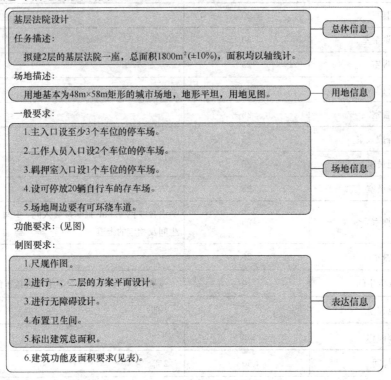

基层法院设计

任务描述：

　　拟建2层的基层法院一座，总面积1800m²(±10%)，面积均以轴线计。 ——— 总体信息

场地描述：

　　用地基本为48m×58m矩形的城市场地，地形平坦，用地见图。 ——— 用地信息

一般要求：

1. 主入口设至少3个车位的停车场。
2. 工作人员入口设2个车位的停车场。
3. 羁押室入口设1个车位的停车场。
4. 设可停放20辆自行车的存车场。
5. 场地周边要有可环绕车道。 ——— 场地信息

功能要求：（见图）

制图要求：

1. 尺规作图。
2. 进行一、二层的方案平面设计。
3. 进行无障碍设计。
4. 布置卫生间。
5. 标出建筑总面积。 ——— 表达信息

6. 建筑功能及面积要求(见表)。

图 6-7-3　读题与信息分类

（二）场地分析与气泡图深化（图 6-7-4、图 6-7-5）

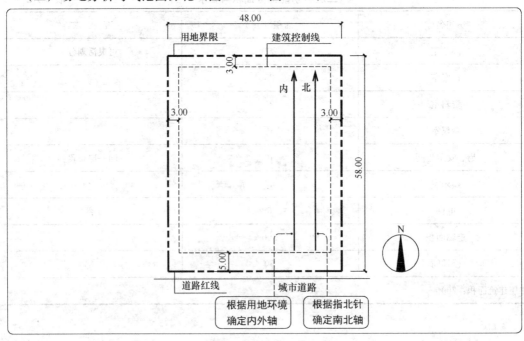

图 6-7-4　场地分析

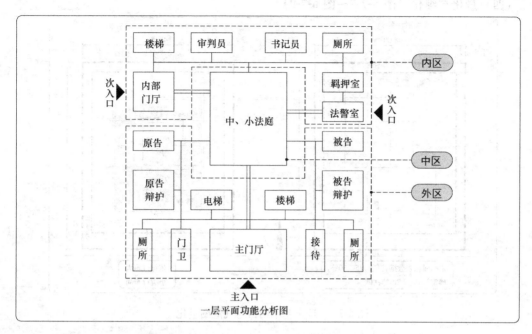

图 6-7-5　气泡图深化

（三）环境对接与场地草图（图 6-7-6）

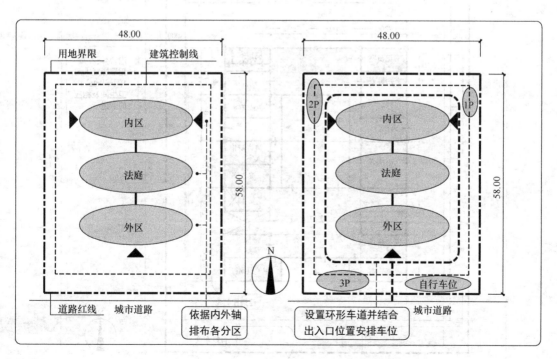

图 6-7-6　环境对接与场地草图

（四）量化与细化（图 6-7-7～图 6-7-9）

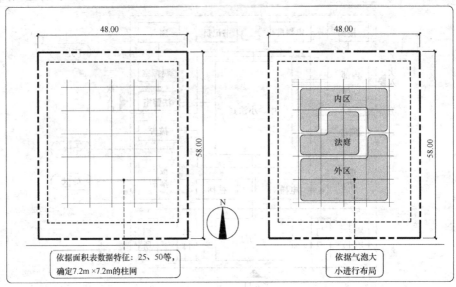

图 6-7-7 确定基本网格与气泡图量化

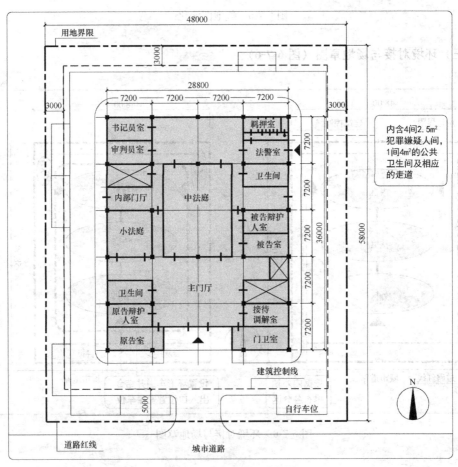

图 6-7-8 一层平面细化图

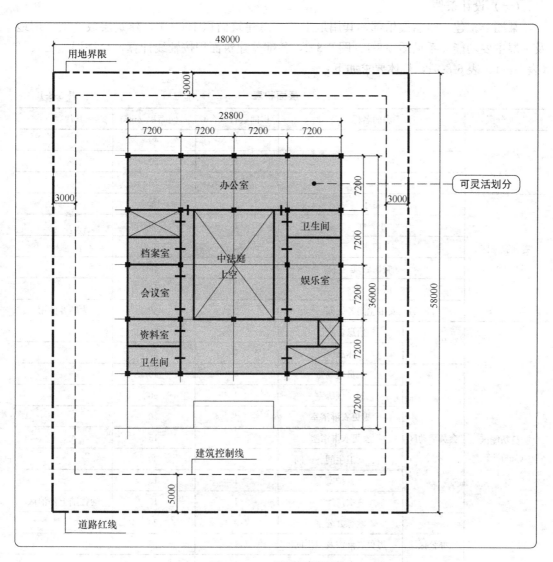

图 6-7-9　二层平面细化图

第八节 帆船俱乐部（2010年）

一、题目

（一）设计条件

某湖滨拟建一帆船俱乐部，其用地平整，总建筑面积1900m²，建筑层数2层，用地及一层主要功能关系见图6-8-1、图6-8-2，各部分建筑面积按轴线计算，允许误差±10%（表6-8-1、表6-8-2），具体要求如下：

一层面积表   表6-8-1

功能分区		房间名称	房间数目（个）	每间面积（m²）	其他要求
公共区 （80m²）		主门厅	1	40	
		门卫室	1	20	
		接待室	1	20	
餐饮服务区 （340m²）		餐厅	1	120	
		小餐厅	1	30	
		厨房	1	100	
		餐厨管理	1	20	
		服务门厅	1	10	
		男、女卫生间各一间	2	30	为顾客使用
会员功能区 （565m²）	公共活动区	信息告示厅	1	40	
		休息厅	1	30	
	会员活动区	会员活动室	4	40	
		健身训练室	1	90	
		男更衣淋浴室	1	20	
		女更衣淋浴室	1	15	
		男、女卫生间各一间	2	30	
		救护室	1	15	
		次门厅	1	10	通往陆上停泊区
	办公区	教练办公室	5	20	
		男更衣淋浴及卫生间	1	15	
		女更衣淋浴及卫生间	1	10	

二层面积表   表6-8-2

功能分区	房间名称	房间数目（个）	每间面积（m²）	其他要求
会员功能区（490m²）	双人客房	13	30	带卫生间
	单人客房	2	25	带卫生间
	服务员室	1	25	
	备品库房	1	25	

注：其他交通面积自行确定。

(二) 设计要求

（1）建筑退南侧岸壁外缘线不少于 8m，退西侧岸壁外缘线及该侧建筑用地界限不少于 8m，退北侧道路红线不少于 5m，退东侧建筑用地界限不少于 5m。

（2）保留既有停车场及树木。

（3）场地允许向北侧道路开设一处出入口。

（4）餐厅、小餐厅、教练办公室（5 间）、会员活动室（4 间）、救护室及全部客房均朝向湖面。

（5）客房开间均不小于 3.6m。

（6）邻近救护室布置室外救护车停车位 1 个。

(三) 作图要求

（1）在第三页合并绘制总平面图及一层平面图。

（2）在第四页绘制二层平面图。

（3）总平面图要求绘制出入口、道路、绿地、救护车停车位。

（4）一、二层平面图中的墙体双线表示，绘出门、窗、台阶等，标注开间、进深尺寸和总尺寸，注明各房间名称。

（5）男、女卫生间需布置洁具，更衣、淋浴间及客房卫生间不需布置洁具。

（6）在第三页填写总建筑面积。

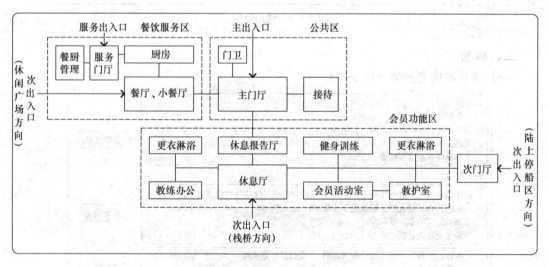

图 6-8-1 一层主要功能示意图

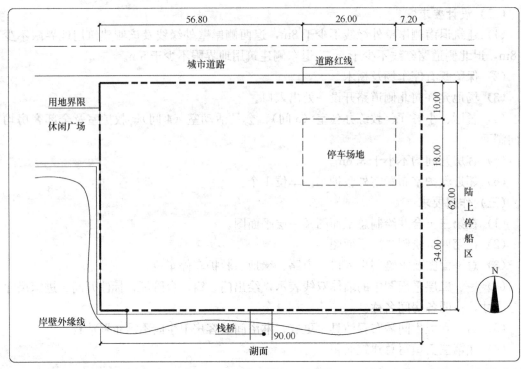

图 6-8-2 场地总图

二、解析

(一)读题与信息分类(图6-8-3)

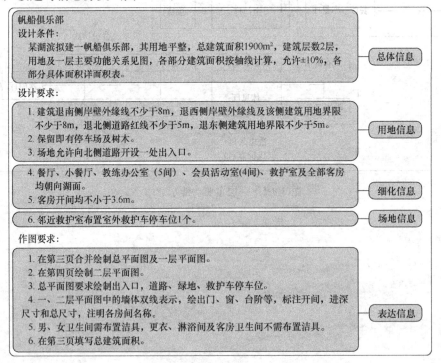

帆船俱乐部
设计条件:
　　某湖滨拟建一帆船俱乐部,其用地平整,总建筑面积1900m²,建筑层数2层,用地及一层主要功能关系见图,各部分建筑面积按轴线计算,允许±10%,各部分具体面积详面积表。　　　　　　　　　　　　　　**总体信息**

设计要求:

1. 建筑退南侧岸壁外缘线不少于8m,退西侧岸壁外缘线及该侧建筑用地界限不少于8m,退北侧道路红线不少于5m,退东侧建筑用地界限不少于5m。
2. 保留即有停车场及树木。
3. 场地允许向北侧道路开设一处出入口。　　　　　　　　　　　　**用地信息**

4. 餐厅、小餐厅、教练办公室(5间)、会员活动室(4间)、救护室及全部客房均朝向湖面。
5. 客房开间均不小于3.6m。　　　　　　　　　　　　　　　　**细化信息**

6. 邻近救护室布置室外救护车停车位1个。　　　　　　　　　　　**场地信息**

作图要求:

1. 在第三页合并绘制总平面图及一层平面图。
2. 在第四页绘制二层平面图。
3. 总平面图要求绘出入口,道路,绿地,救护车停车位。
4. 一、二层平面图中的墙体双线表示,绘出门、窗、台阶等,标注开间,进深尺寸和总尺寸,注明各房间名称。
5. 男、女卫生间需布置洁具,更衣、淋浴间及客房卫生间不需布置洁具。
6. 在第三页填写总建筑面积。　　　　　　　　　　　　　　　**表达信息**

图 6-8-3　读题与信息分类

(二) 场地分析 (图 6-8-4)

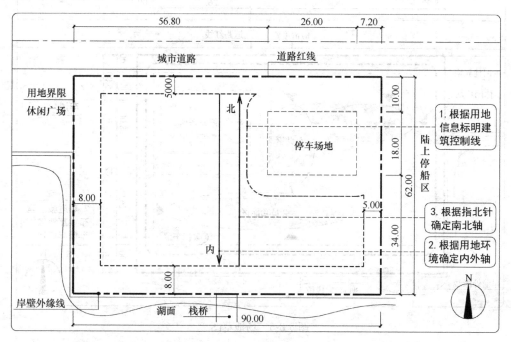

图 6-8-4　场地分析

(三) 环境对接与场地草图 (图 6-8-5、图 6-8-6)

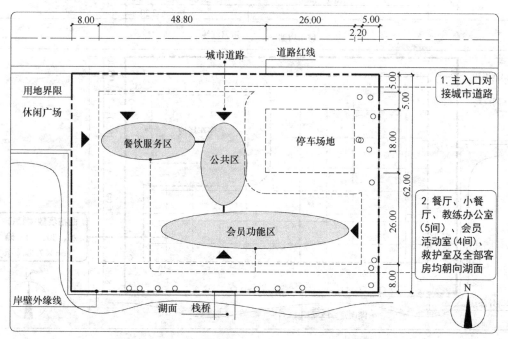

图 6-8-5　环境对接

153

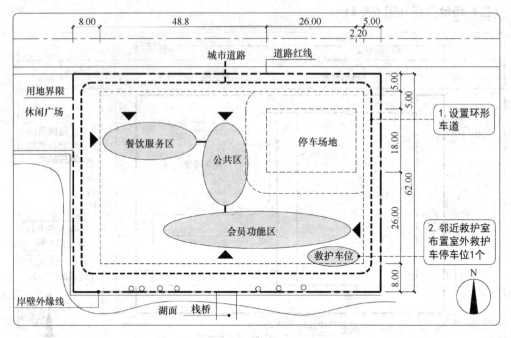

图 6-8-6　场地草图

（四）量化与细化（图 6-8-7～图 6-8-10）

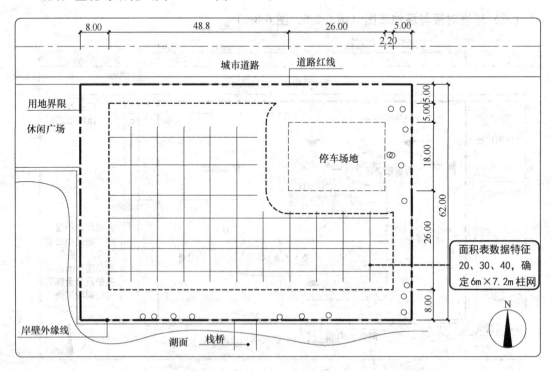

图 6-8-7　确定基本网格

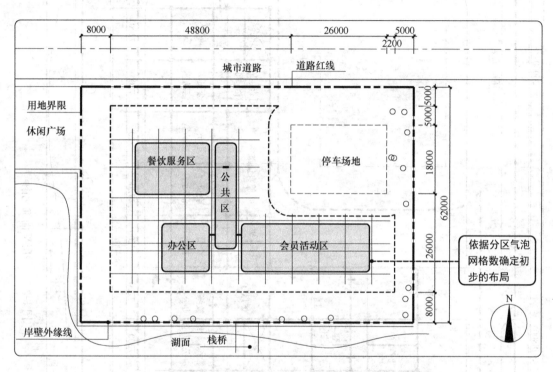

图 6-8-8 气泡图量化

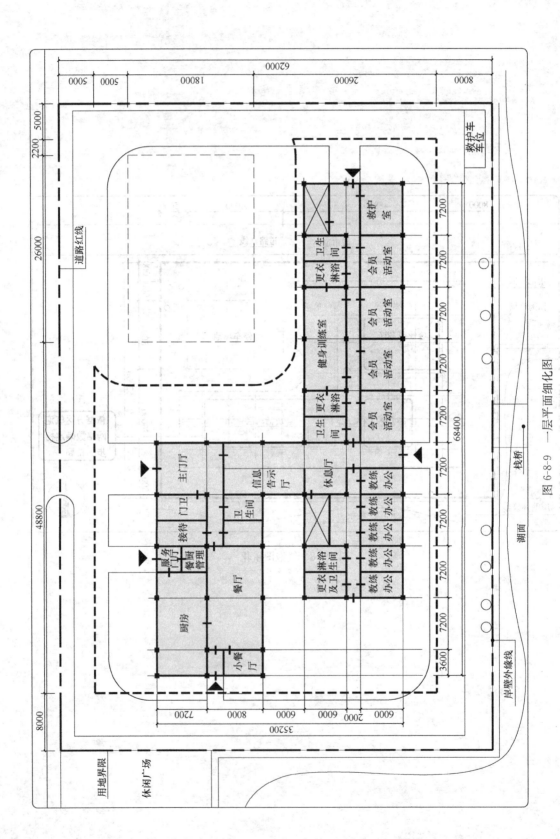

图 6-8-9　一层平面细化图

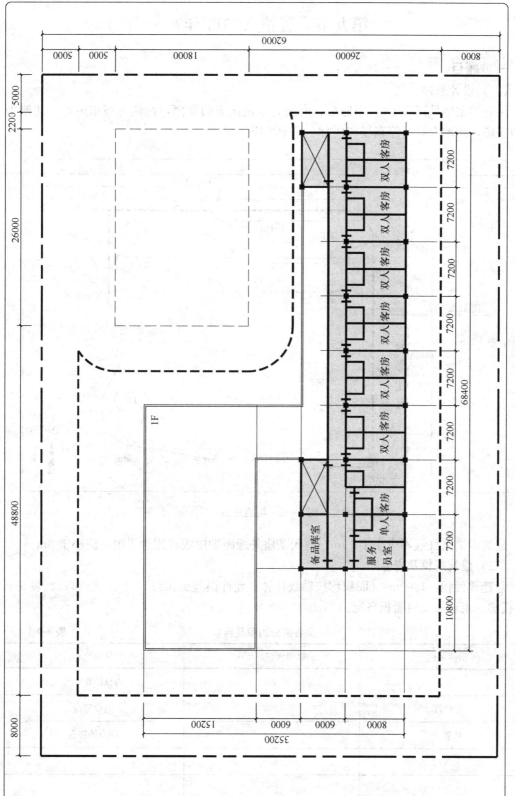

图 6-8-10 二层平面细化图

第九节　餐馆（2011 年）

一、题目

（一）设计条件

某餐馆用地见图 6-9-1，用地东、南侧为景色优美的湖面，西侧为城市道路，北侧为城市支路，用地内原有停车场和树林、绿地均应保留。

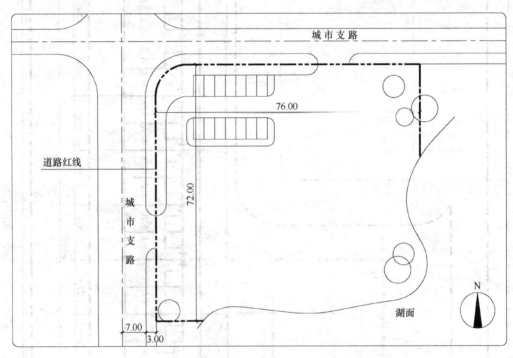

图 6-9-1　场地总图

建筑退道路红线不应小于 15m，露天茶座外缘距湖岸线和用地界限不应小于 3m。

（二）建筑规模及内容

总建筑面积：1900m²（面积均按轴线计算，允许误差±10％），详见表 6-9-1、表 6-9-2，楼梯、走道等交通面积自定。

一层各部分面积及要求　　　　　　　　　　　　　　　　　　　　表 6-9-1

房间名称	每间面积（m²）	其他要求
门厅	90	内设结账柜台
咖啡厅	100	内设吧台
快餐厅	90	内设销售台
大餐厅	330	
顾客卫生间	50	

房间名称	每间面积（m²）	其他要求
快餐制作间	20	
大厨房	240	
备餐间	20	
后勤门厅	20	
厨师休息室	15	
男女厨师更衣、淋浴、厕所	20	
一层建筑面积合计	995	

二层各部分面积及要求　　　　　　　　　　　　　　表 6-9-2

房间名称	每间面积（m²）	其他要求
休息厅	90	
六桌大包间（1间）	100	
单桌小包间（10间）	20	
顾客卫生间	50	
厨房	90	
备餐间	20	
二层建筑面积合计	550	

（三）设计要求

（1）场地应分设顾客出入口和后勤出入口。

（2）快餐厅应临近西侧城市道路，设独立出入口，快餐厅应与门厅连通。

（3）建筑应按给定的功能关系布置。

（4）一层层高 5.1m，二层层高 4.2m。

（5）一层大餐厅和咖啡厅均应面向湖面，大餐厅的平面应为长宽比不大于 2∶1 的矩形。

（6）二层所有包间均应面向湖面，单桌小包间的开间不应小于 4m。

（7）一层和二层各设一个面积不小于 200m² 的室外露天茶座（露天茶座不计入总建筑面积），要求面向湖面，并应与室内顾客使用部分有较密切的联系。

（8）一、二层厨房之间应设一部货梯，一、二层备餐间之间应设一部食梯。

（四）作图要求

（1）合并绘制总平面图及一层平面图，另行绘制二层平面图。

（2）总平面图要求绘出道路、广场、各出入口、绿地，露天茶座内可简单示意一两组桌椅。

（3）一、二层平面图按设计条件和设计要求绘制，并注明开间、进深尺寸和建筑总尺寸及标高。

（4）平面要求绘出墙体（双实线表示）、柱、门、窗、台阶、坡道等，结账柜台、吧台、销售台需绘制，厕所应详细布置，餐厅内可简单示意一两组桌椅家具，厨房内部不必分隔和详细设计。

（5）提示（图 6-9-2、图 6-9-3）。

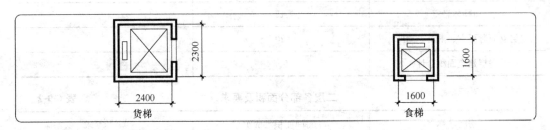

图 6-9-2 电梯图示

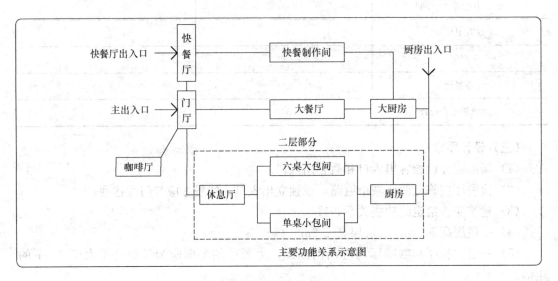

图 6-9-3 气泡图

160

二、解析

(一) 读题与信息分类 (图 6-9-4)

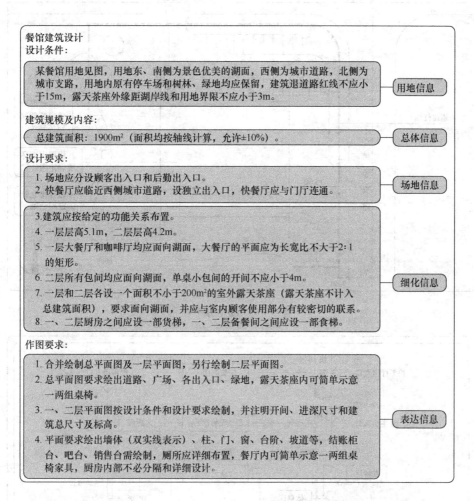

餐馆建筑设计
设计条件：

> 某餐馆用地见图，用地东、南侧为景色优美的湖面，西侧为城市道路，北侧为城市支路，用地内原有停车场和树林、绿地均应保留，建筑退道路红线不应小于15m，露天茶座外缘距湖岸线和用地界限不应小于3m。 ← 用地信息

建筑规模及内容：

> 总建筑面积：1900m² (面积均按轴线计算，允许±10%)。 ← 总体信息

设计要求：

> 1. 场地应分设顾客出入口和后勤出入口。
> 2. 快餐厅应临近西侧城市道路，设独立出入口，快餐厅应与门厅连通。 ← 场地信息

> 3. 建筑应按给定的功能关系布置。
> 4. 一层层高5.1m，二层层高4.2m。
> 5. 一层大餐厅和咖啡厅均应面向湖面，大餐厅的平面应为长宽比不大于2∶1的矩形。
> 6. 二层所有包间均应面向湖面，单桌小包间的开间不应小于4m。
> 7. 一层和二层各设一个面积不小于200m²的室外露天茶座 (露天茶座不计入总建筑面积)，要求面向湖面，并应与室内顾客使用部分有较密切的联系。
> 8. 一、二层厨房之间应设一部货梯，一、二层备餐间之间应设一部食梯。 ← 细化信息

作图要求：

> 1. 合并绘制总平面图及一层平面图，另行绘制二层平面图。
> 2. 总平面图要求绘出道路、广场、各出入口、绿地，露天茶座内可简单示意一两组桌椅。
> 3. 一、二层平面图按设计条件和设计要求绘制，并注明开间、进深尺寸和建筑总尺寸及标高。
> 4. 平面要求绘出墙体 (双实线表示)、柱、门、窗、台阶、坡道等，结账柜台、吧台、销售台需绘制，厕所应详细布置，餐厅内可简单示意一两组桌椅家具，厨房内部不必分隔和详细设计。 ← 表达信息

图 6-9-4 读题与信息分类

（二）场地分析与气泡图深化（图 6-9-5、图 6-9-6）

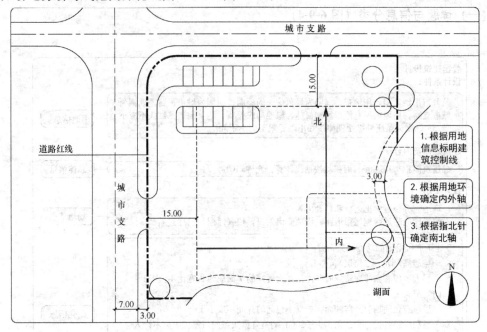

图 6-9-5　场地分析

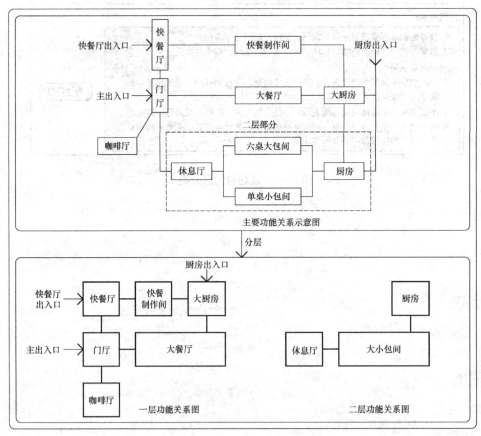

图 6-9-6　气泡图分层

（三）环境对接与场地草图（图 6-9-7、图 6-9-8）

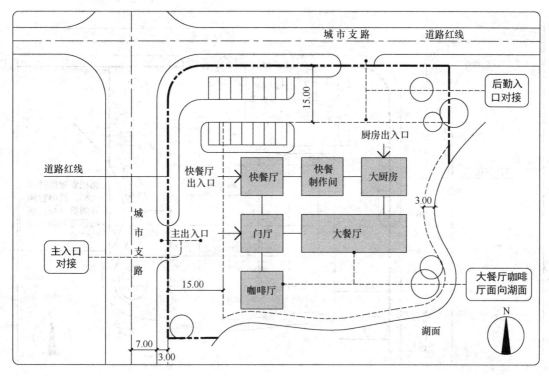

图 6-9-7　环境对接

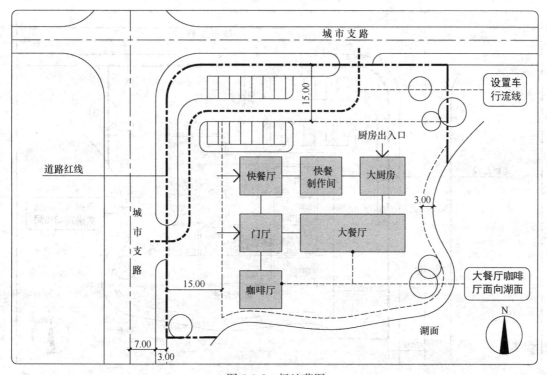

图 6-9-8　场地草图

（四）量化与细化（图 6-9-9～图 6-9-12）

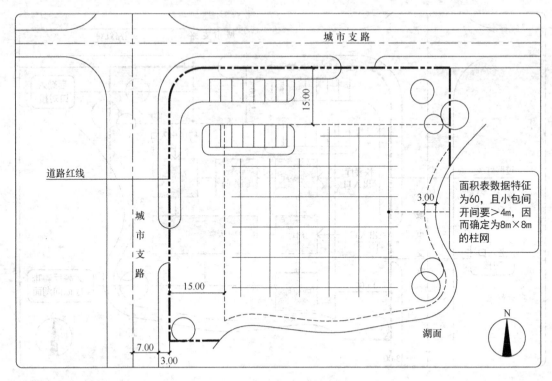

图 6-9-9 确定基本网格

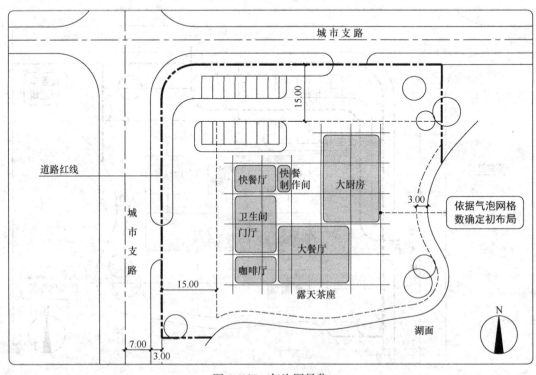

图 6-9-10 气泡图量化

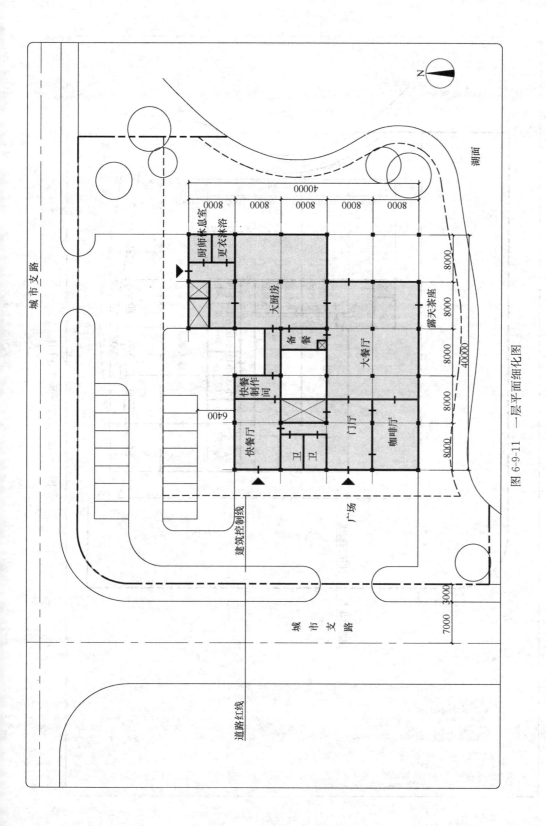

图 6-9-11 一层平面细化图

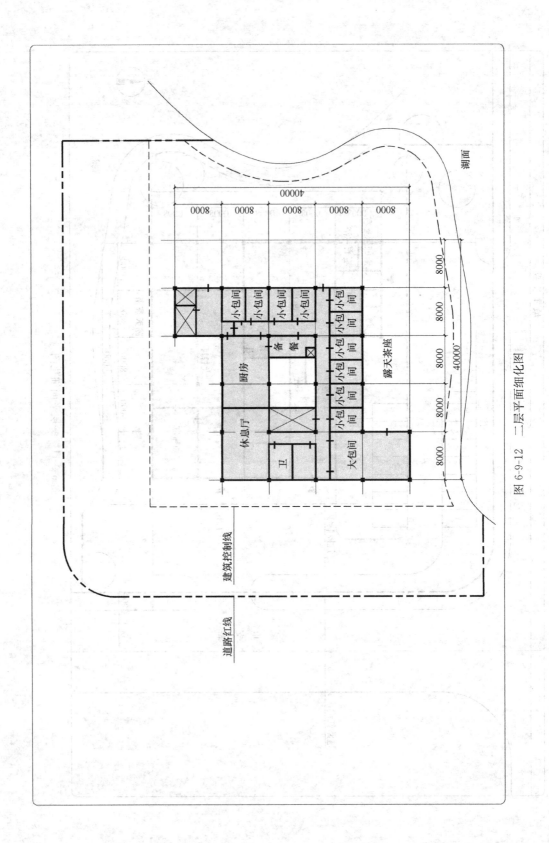

图 6-9-12　二层平面细化图

三、评分标准（表6-9-3）

2011年餐馆题目评分标准　　　　　　　　　　　　　　　　　　表6-9-3

考核内容		扣分点	扣分值	分值
设计要求 （15分）	面积	（1）总建筑面积＞2090m²或＜1710m²，或未注	扣5分	15
		（2）大餐厅（330m²）、大厨房（240m²）面积不满足题目要求（误差±10%）	每处扣2分	
		（3）一、二层露天茶座各小于200m²	每处扣2分	
	房间数	（1）缺少房间或多布置房间	每处扣5分	
		（2）一、二层露天茶座未设置	每处扣3分	
总平面设计 （10分）	总图布置	（1）建筑物外墙未退城市道路和支路15m²，或距停车场最近停车位小于6m	每处扣3分	10
		（2）建筑物、露天茶座距湖岸、用地界线小于3m	每处扣3分	
		（3）未保留停车场和湖旁的树木	每处扣3分	
		（4）未在两条道路上分别设置顾客入口与后勤入口或无法判断	扣5分	
		（5）未布置入口广场、道路或绿化	扣6分	
建筑设计 （70分）	功能流线 关系	（1）顾客流线（主入口→门厅→大餐厅、咖啡厅、快餐厅）不合理	扣10~15分	35
		（2）一层（食品流线）（后勤入口→大厨房→备餐间→大餐厅）不合理	扣10~15分	
		（3）二层（食品流线）（货梯→二层厨房→备餐间→走道→包间）不合理	扣10~15分	
		（4）货梯未画，未设在一层、二层备餐间内	扣5~8分	
		（5）食梯未画，未设在一层、二层配餐间内	扣5分	
		（6）快餐厅未临近西侧城市道路，或未设独立出入口	扣5分	
		（7）快餐厅与快餐制作间未连通	扣5分	
		（8）主楼梯不临近门厅	扣5分	
		（9）顾客男女厕所门直接开向餐饮空间，或厨师用淋浴厕所门直接开向厨房	各扣5分	
	房间尺寸 布置	（1）大餐厅未按题目要求设计成矩形，或长宽比＞2：1	扣5分	
		（2）单桌包间开间小于4m，或不合理	每间扣1分	
		（3）大包间房间长宽比＞2：1，或不合理	扣3分	
		（4）厨师休息室、男女更衣、淋浴、厕所未独立成区布置，或未靠近后勤出入口	扣2~5分	
		（5）顾客男女厕所未详细布置，或设计不合理	扣2~5分	
		（6）楼梯尺寸错误（梯间进深小于4.6m，梯段净宽小于1.2m），或其他设计不合理，无法使用	扣5分	

続表

考核内容		扣分点	扣分值	分值
建筑设计（70分）	朝向采光	（1）一层大餐厅、咖啡厅未朝向湖面	每处扣5分	10
		（2）二层10个单间小包间未朝向湖面	每处扣2分	
		（3）六桌包间未朝向湖面	扣5分	
		（4）一、二层露天茶座未朝向湖面，或无法与室内顾客使用部分联系	每项扣5分	
		（5）餐厅、咖啡厅、厕所、厨房无采光	每间扣2分	
		（6）疏散楼梯间无采光	扣3分	
	结构布置	（1）结构布置混乱或体系不合理	扣2~5分	5
		（2）一、二层局部结构未对齐	扣2分	
	规范要求	（1）只设一部疏散楼梯间（开敞楼梯不视为疏散楼梯间），或二层的两部楼梯未用走道相连通	每处扣15分	20
		（2）楼梯间在一层未直接通向室外（或到安全出口距离大于15m）	每处扣10分	
		（3）袋形走道两侧或尽端房间到最近安全出口距离大于22m（到非封闭楼梯大于20m）	每处扣5分	
		（4）大餐厅、大厨房未设两个或两个以上疏散出口	每处扣3分	
		（5）卫生间位于餐厅、咖啡厅、快餐厅和厨房上方	每处扣3分	
		（6）主入口未设轮椅坡道、入口平台宽度不足2m，未设无障碍卫生设施或设置不合理（共3处）	每处扣3分	
		（7）厨房与其他房间之间未设防火门	每处扣3分	
		（8）其他不符合规范者	扣3~5分	
图面表达（5分）		（1）门窗未画全，或尺寸标注不全	扣2~5分	5
		（2）图面粗糙（未布置一两组餐桌）	扣2~5分	

第十节 单层工业厂房改建社区休闲中心（2012年）

一、题目

（一）任务要求

（1）原有单层工业厂房为预制钢筋混凝土排架结构，屋面为薄腹梁大型屋面板体系，梁下净高10.5m，室内外高差0.15m。首层平面见图6-10-1。

（2）原厂房南北外墙体拆除，仅保留东西山墙及外窗。

（3）原厂房西侧为居住区，拟利用原厂房内部空间改建为2层社区休闲中心。

（4）二层楼面标高为4.5m。

（二）改建规模和内容

改建后面积总计2050m²，一层平面面积约1100m²，二层平面面积约950m²（房间面积均按轴线计算，允许误差±10%）见表6-10-1。

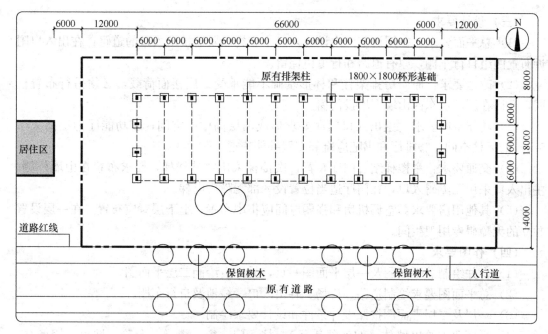

图 6-10-1　一层平面图

房间功能及面积要求　　　　　　　　　　　　表 6-10-1

公共服务用房（199m²）	
门厅及主楼梯间	150m²
服务台	25m²
服务台办公用房 2 间	12m²×2＝24m²
商业用房（685m²）	
超市	300m²
咖啡厅兼餐厅	200m²
咖啡厅吧台、工作间	50m²
书吧和书库	100m²＋35m²＝135m²
休闲健身用房（680m²）	
多功能厅	200m²
多功能厅休息厅、展示厅	160m²
棋牌室 4 间	20m²×4＝80m²
健身房、乒乓球室各 1 间	100m²×2＝200m²
男、女更衣淋浴卫生间各 1 间	20m²×2＝40m²
其他用房（195m²）	
管理办公室 2 间	20m²×2＝40m²
公共卫生间 2 套	共 80m²
无障碍专用卫生间	5m²
强电间 2 间	6m²×2＝12m²
弱电间 2 间	4m²×2＝8m²
空调机房 2 间	25m²×2＝50m²
其他：包括公共走道、室外楼梯等交通面积和管道间、竖井等	约 300m²

（三）设计要求

（1）总平面要求：在用地范围内设置入口小广场以及连接出入口的道路，在出入口附近布置四组自行车棚，原有道路和行道树保留。

（2）改建要求：原厂房排架柱和杯形基础不能承受二层楼面荷载，必须另行布置柱网，允许在原厂房东西山墙上增设门窗。

（3）功能空间要求：主出入口门厅要求形成两层高中庭空间，多功能厅为层高大于5.4m的无柱空间，咖啡厅和书吧应毗邻布置并能连通。

（4）交通要求：主楼梯结合门厅布置，次楼梯采用室外楼梯，要求布置在山墙外侧。主出入口采用无障碍入口，在门厅适当位置设一部无障碍电梯。

（5）其他用房要求：空调机房和强弱电间应集中布置，上下层对应布置。在一层设置独立的无障碍专用卫生间。

（四）作图要求

（1）合并绘制总平面图及一层平面图一页，另一页绘制二层平面图。

（2）总平面图要求绘制道路、广场、各出入口、绿地及自行车棚。

（3）一层及二层平面图按照设计条件和设计要求绘制。

（4）平面要求绘出墙体（双实线表示）、柱、门、窗、楼梯、台阶、坡道、服务台、吧台等，卫生间要求详细布置。

（5）在需要采用防火门、防火窗的位置，选用并标注其相应的门窗编号。

防火门、窗编号：   甲级防火门 FM 甲   甲级防火窗 FC 甲

                            乙级防火门 FM 乙   乙级防火窗 FC 乙

                            丙级防火门 FM 丙   丙级防火窗 FC 丙

（五）提示（图 6-10-2、图 6-10-3）

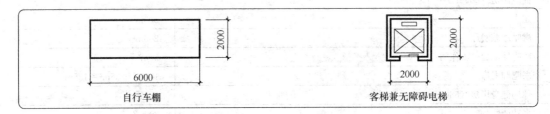

图 6-10-2　图示

图 6-10-3　夹层平面图

170

二、解析

（一）读题与信息分类（图 6-10-4）

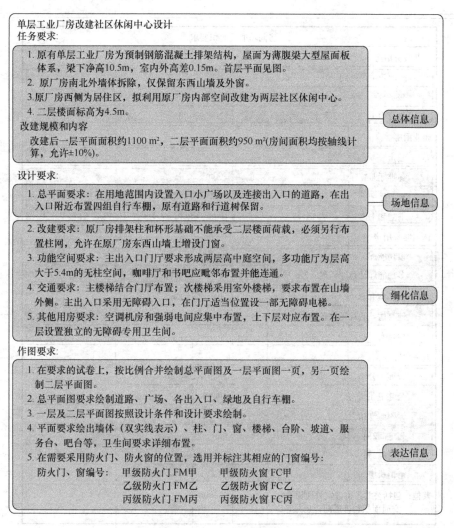

单层工业厂房改建社区休闲中心设计
任务要求：

1. 原有单层工业厂房为预制钢筋混凝土排架结构，屋面为薄腹梁大型屋面板体系，梁下净高10.5m，室内外高差0.15m。首层平面见图。
2. 原厂房南北外墙体拆除，仅保留东西山墙及外窗。
3. 原厂房西侧为居住区，拟利用原厂房内部空间改建为两层社区休闲中心。
4. 二层楼面标高为4.5m。

改建规模和内容

改建后一层平面面积约1100 m²，二层平面面积约950 m²(房间面积均按轴线计算，允许±10%)。 —— **总体信息**

设计要求：

1. 总平面要求：在用地范围内设置入口小广场以及连接出入口的道路，在出入口附近布置四组自行车棚，原有道路和行道树保留。 —— **场地信息**

2. 改建要求：原厂房排架柱和杯形基础不能承受二层楼面荷载，必须另行布置柱网，允许在原厂房东西山墙上增设门窗。
3. 功能空间要求：主出入口门厅要求形成两层高中庭空间，多功能厅为层高大于5.4m的无柱空间，咖啡厅和书吧应毗邻布置并能连通。
4. 交通要求：主楼梯结合门厅布置；次楼梯采用室外楼梯，要求布置在山墙外侧。主出入口采用无障碍入口，在门厅适当位置设一部无障碍电梯。
5. 其他用房要求：空调机房和强弱电间应集中布置，上下层对应布置。在一层设置独立的无障碍专用卫生间。 —— **细化信息**

作图要求：

1. 在要求的试卷上，按比例合并绘制总平面图及一层平面图一页，另一页绘制二层平面图。
2. 总平面图要求绘制道路、广场、各出入口、绿地及自行车棚。
3. 一层及二层平面图按照设计条件和设计要求绘制。
4. 平面要绘出墙体（双实线表示）、柱、门、窗、楼梯、台阶、坡道、服务台、吧台等，卫生间要求详细布置。
5. 在需要采用防火门、防火窗的位置，选用并标注其相应的门窗编号：
   防火门、窗编号： 甲级防火门FM甲　　甲级防火窗FC甲
   　　　　　　　　乙级防火门FM乙　　乙级防火窗FC乙
   　　　　　　　　丙级防火门FM丙　　丙级防火窗FC丙 —— **表达信息**

图 6-10-4　读题与信息分类

（二）气泡图提炼（图 6-10-5）

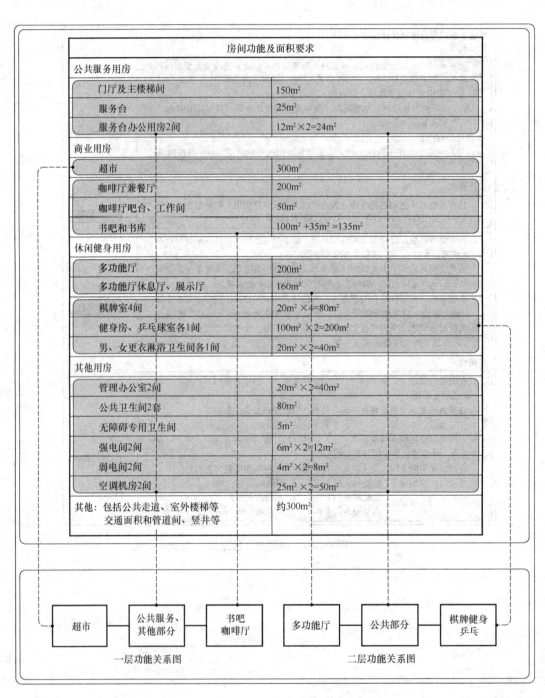

房间功能及面积要求	
公共服务用房	
门厅及主楼梯间	150m²
服务台	25m²
服务台办公用房2间	12m²×2=24m²
商业用房	
超市	300m²
咖啡厅兼餐厅	200m²
咖啡厅吧台、工作间	50m²
书吧和书库	100m²+35m²=135m²
休闲健身用房	
多功能厅	200m²
多功能厅休息厅、展示厅	160m²
棋牌室4间	20m²×4=80m²
健身房、乒乓球室各1间	100m²×2=200m²
男、女更衣淋浴卫生间各1间	20m²×2=40m²
其他用房	
管理办公室2间	20m²×2=40m²
公共卫生间2套	80m²
无障碍专用卫生间	5m²
强电间2间	6m²×2=12m²
弱电间2间	4m²×2=8m²
空调机房2间	25m²×2=50m²
其他：包括公共走道、室外楼梯等交通面积和管道间、竖井等	约300m²

一层功能关系图：超市—公共服务、其他部分—书吧咖啡厅

二层功能关系图：多功能厅—公共部分—棋牌健身乒乓

图 6-10-5 气泡图提炼

（三）量化与细化（图 6-10-6～图 6-10-9）

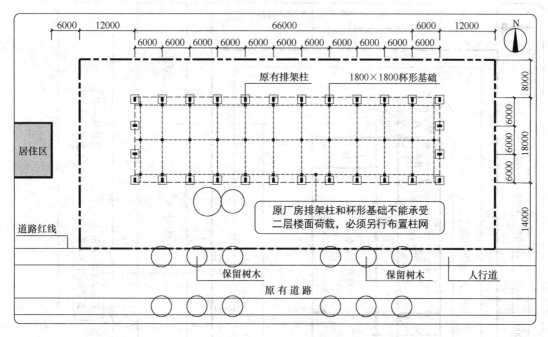

图 6-10-6　柱网确定

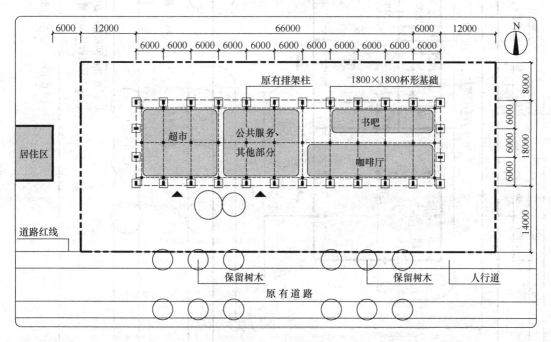

图 6-10-7　气泡量化

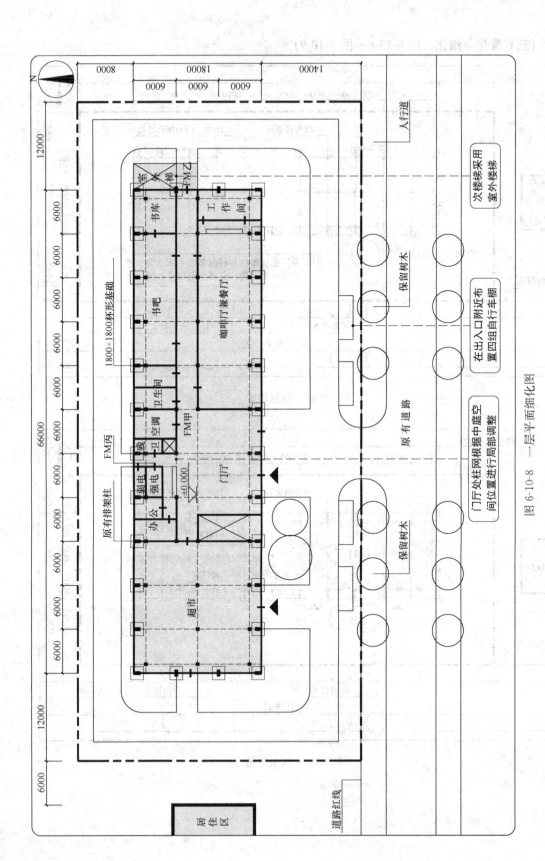

图 6-10-8 一层平面细化图

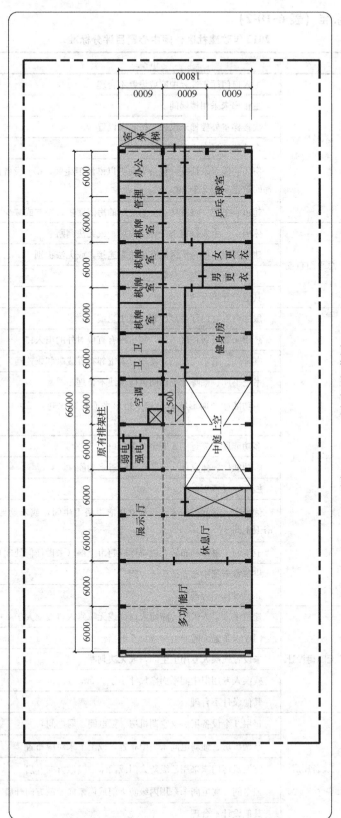

图 6-10-9 二层平面细化图

三、评分标准 (表 6-10-2)

2012 年改建社区休闲中心题目评分标准　　　　　　　　　　　　　　　　表 6-10-2

序号	考核内容		扣分点	分值
1	设计要求 (15 分)	不符题意 漏项缺项	主入口门厅未设置中庭或设置不合理	15
			主楼梯未采用楼梯间	
			次楼梯室外楼梯未设或未按要求设置	
			多功能厅层高小于 5.4m	
			房间功能要求缺项(包括男女更以淋浴卫生间、6 个设备用房)、楼梯间数量多于 2 个	
			超市、书吧、咖啡厅、多功能厅的房间面积,增加或减少 10%以上	
2	总平面设计 (10 分)	总平面布置	休闲中心主入口前未设计小广场,或无法判断	10
			建筑各出入口与厂区原有道路未连接,或无法识别	
			未布置自行车棚,总数少于 4 组	
			其他设计不合理	
3	建筑设计 (70 分)	平面布置	服务台不在门厅明显位置,过于隐蔽	30
			超市未靠近居住区一侧,超市没有直接对外的出入口	
			咖啡厅、书吧无法独立使用;未毗邻布置或毗邻未连通	
			书吧书库、咖啡厅工作间供应流线不合理	
			多功能厅平面形状不合理(矩形平面长宽比超过 2:1)或平面内设柱	
			多功能厅未靠近主要安全疏散出口	
			多功能厅、休息厅、展示厅不临近多功能厅	
			展示厅设置不合理	
			健身房、乒乓球房未临近男女更衣淋浴卫生间,或未设男女更衣淋浴卫生间	
			卫生间、淋浴间布置在咖啡厅或超市上部(未做任何处理)	
			棋牌室未集中布置或少于 4 间	
			其他设计不合理	
		无障碍设计	建筑主入口未采用无障碍入口,或无障碍入口坡度大于 1:50	10
			门厅未布置无障碍电梯或位置不当	
			未设置残疾人专用卫生间,或无法判断	
			残疾人专用卫生间平面净尺寸小于 2.0m×2.0m	
			其他设计不合理	
		设备用房	每层 3 个设备用房(空调机房、强电间、弱电间)	10
			空调机房、强弱电间未集中布置,或上下未对应布置	
			空调机房门未采用乙级防火门或门未向疏散方向开启	
			强电间、弱电间未采用丙级防火门或门未向疏散方向开启	
			其他设计不合理	

176

序号	考核内容		扣分点	分值
3	建筑设计 （70分）	结构布置	支撑二层楼面的新增结构体系未设置或不能成立	10
			新增结构体系与原厂房结构未脱开	
			夹层新增结构柱表示错误	
			其他设计不合理	
		规范要求	只设一部楼梯，或设有两个及以上楼梯但仍不满足安全出口要求	10
			袋形走道长度不满足规范要求（27.5m）	
			窗洞口距离室外疏散梯小于2.0m，且未采用乙级防火窗	
			开向二层室外楼梯平台的疏散门未采用乙级防火门	
			咖啡厅、超市、多功能厅只有一个房门的或虽有两个疏散门但两门净距小于5m	
			其他违反规范设计	
4	图面表达（5分）		图面表达不正确或粗糙	5

注：1. 出现后列情况之一者，本题总分为0分：

　　①方案设计未画楼梯者；

　　②方案设计只画一层未画二层；

　　③房间布置超出原厂房平面范围。

　　2. 出现后列情况之一者，本题总分乘0.9：

　　①平面图用单线或部分单线表示；

　　②主要线条徒手绘制；

　　③夹层标高不表示。

第十一节　幼儿园（2013年）

一、题目

（一）设计条件及要求

某夏热冬冷地区居住小区内，新建一座六班日托制幼儿园，每班为30名儿童，拟设计为2层钢筋混凝土框架结构建筑，建筑退道路红线不应小于2m，用地见图6-11-1。当地日照间距系数为正南向1.4，本用地内部考虑机动车停放，场地不考虑高差因素，建筑室内外高差为0.3m。

（二）建筑规模及内容

总建筑面积：1900m²（面积均按轴线计算，允许±10%），见图6-11-2、表6-11-1。

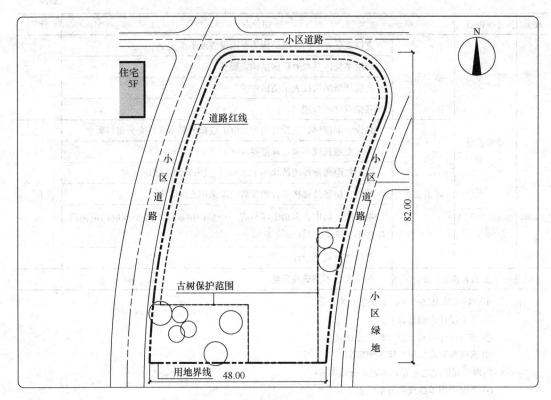

图 6-11-1　场地总图

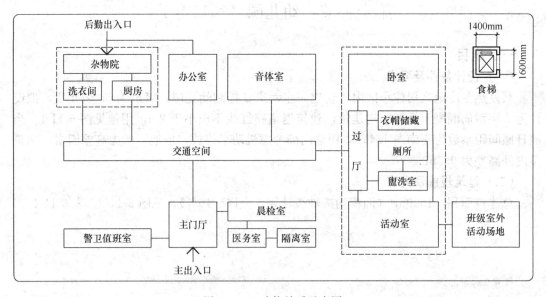

图 6-11-2　功能关系示意图

房间功能及面积要求	表 6-11-1
生活用房（6个班，每班单独设置）	共计 1030m²
活动室	6×55＝330
卧室	6×55＝330
卫生间（盥洗间、厕所）	6×16＝96
衣帽储藏间	6×12＝72
过厅	6×12＝72
音体室（6个班合用）	130
办公及辅助用房	共计 198m²
警卫值班	10
晨检室	18
医务室	20
隔离室	15
园长室	12
财务室	20
资料室	25
办公室	35
教工厕所	2×9＝18
无障碍厕所	7
强电间、弱电间	2×9＝18
供应用房	共计 147m²
开水房	15
洗衣间	18
消毒间	15
厨房（含加工间 45m²、库房 15m²、备餐 2×16＝32m²、更衣间 7m²）	99
交通空间门厅面积 100m² 左右、楼梯走道等按照现行建筑设计规范要求设置	

（三）其他设计要求

（1）幼儿园主出入口应设置于用地西侧，并设不小于 180m² 的入口广场；辅助后勤出入口设置于用地东北侧，并设一个 150m² 的杂物院。

（2）每班设班级室外游戏场地不小于 60m²，不考虑设在屋顶。

（3）在用地内设置不小于 100m² 的共用室外游戏场地，布置一处三分道、长度为 30m 的直线跑道。

（4）厨房备餐间应设一部食梯，尺寸见图。

（5）建筑应按给定的功能关系布置，音体室层高 5.1m，其余用房层高 3.9m。

（6）生活用房的卧室、活动室主要采光窗均应为正南向。

（7）建筑及室外游戏场地均不应占用古树保护范围用地。

（四）作图要求

（1）绘制总平面、一层平面图及二层平面图。

（2）总平面图要求绘出道路、广场、绿化、场地及建筑各出入口、室外游戏场地及跑道、杂物院。

（3）标注广场、杂物院及室外游戏场地的面积，注明柱网及用房的开间进深尺寸、建筑总尺寸、标高及总建筑面积。

（4）绘出柱、墙体（双实线表示）、门、窗、楼梯、台阶、坡道等。

二、解析
（一）读题与信息分类（图 6-11-3）

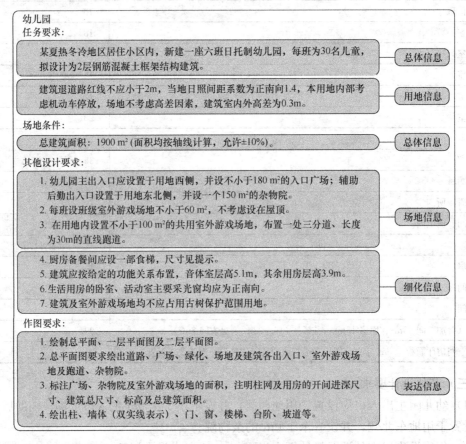

图 6-11-3　读题与信息分类

(二) 场地分析与气泡图深化 (图 6-11-4、图 6-11-5)

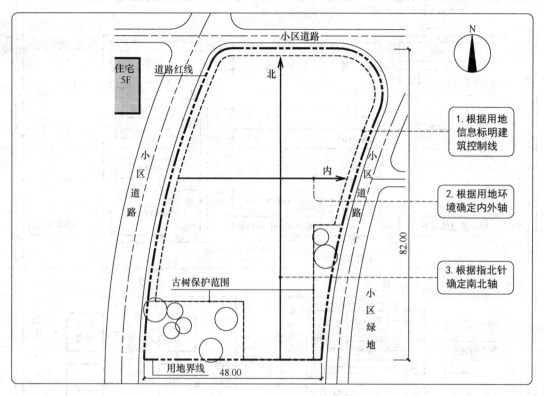

图 6-11-4　场地分析

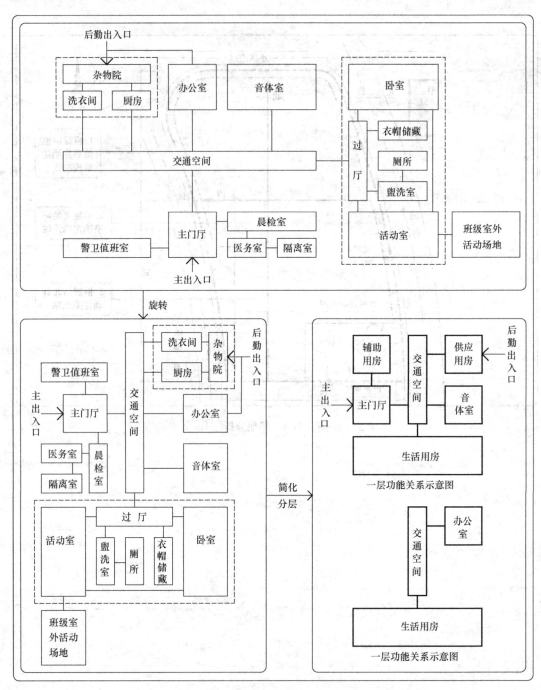

图 6-11-5　气泡图深化

（三）环境对接与场地草图（图 6-11-6、图 6-11-7）

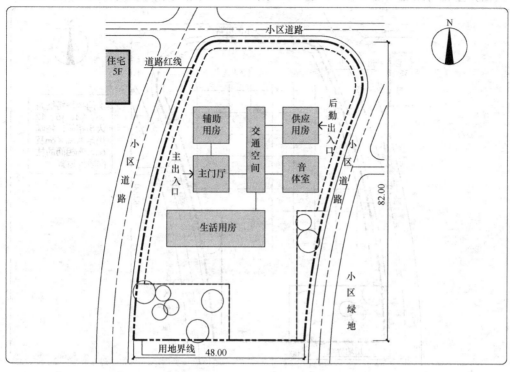

图 6-11-6　环境对接

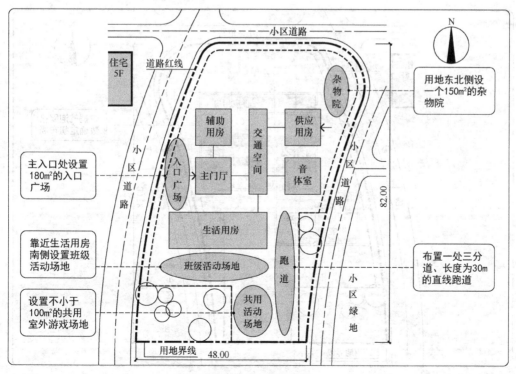

图 6-11-7　场地草图

（四）量化与细化（图 6-11-8～图 6-11-11）

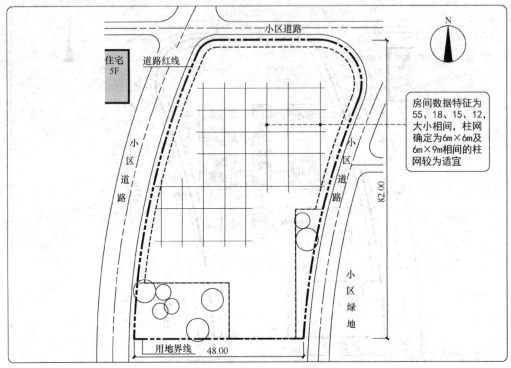

图 6-11-8　确定基本网格

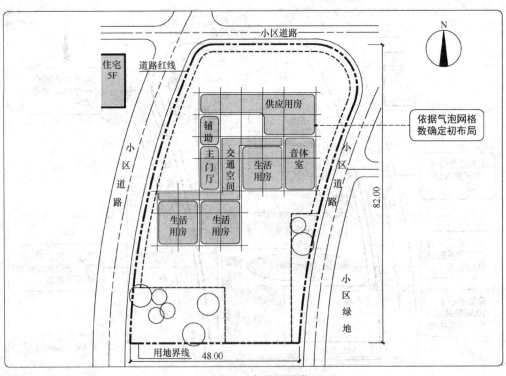

图 6-11-9　气泡图量化

184

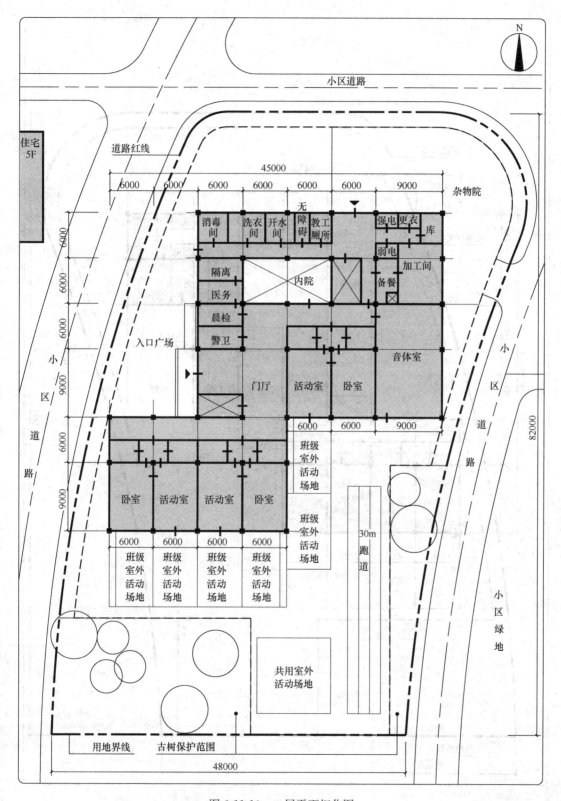

图 6-11-10 一层平面细化图

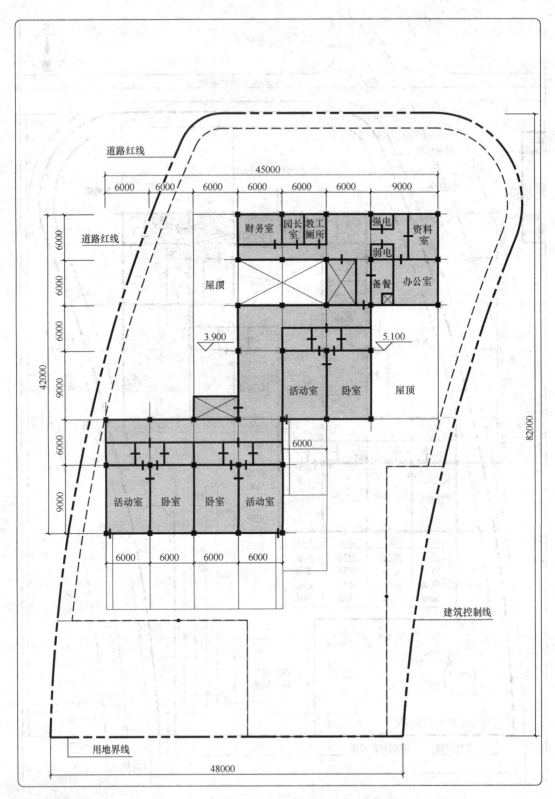

图 6-11-11 二层平面细化图

186

三、评分标准（表 6-11-2）

2013 年幼儿园题目评分标准　　　　　　　　　表 6-11-2

考核内容		扣分点	扣分值	分值
空间与面积分配（10 分）	面积及房间	（1）总建筑面积大于 2090m² 或小于 1710m²，或未注或注错	扣 5 分	10
		（2）音体室（130m²）、活动室（55m²）、卧室（55m²），面积不满足题目要求（误差±10%）	每处扣 3 分	
		（3）缺少如下房间：门厅、活动室、卧室、卫生间、衣帽间、过厅、值班、晨检、医务、隔离、园长、财务、资料、办公、教工厕所、无障碍厕所、强电与弱电间、开水间、洗衣房、消毒间、厨房	每缺 1 间扣 1 分	
总平面设计（25 分）	总图布置	（1）建筑物外墙退用地红线不足 2m，或无法判断	每处扣 2 分	25
		（2）场地主入口不在西侧、后勤出入口不在东北侧，或出入口位置不合理，或未画	每项扣 4 分	
		（3）入口广场面积不足 180m² 或未设；杂物院面积不足 150m² 或未设	每项扣 2 分	
		（4）日照间距不满足 1.4 倍（约 11m）	扣 15 分	
		（5）班级室外游戏场地未设或位于建筑北侧阴影区内	扣 5 分	
		（6）全园共用室外游戏场地未设或位于建筑北侧阴影区内，30m 跑道未设	每项扣 3 分	
		（7）建筑或场地侵占古树保护范围用地	扣 2 分	
		（8）未画道路、绿地，或无法判断	扣 3~8 分	
		（9）其他设计不合理	扣 3~8 分	
建筑设计（60 分）	功能流线房间布置	（1）生活用房、办公及辅助用房、供应用房流线交叉、分区混乱，或无法判断（缺项）	扣 3~10 分	45
		（2）每班的班级活动室、卧室、衣帽间、卫生间不在同一个单元内，或不合理	扣 15~20 分	
		（3）音体室、卧室、活动室未朝向正南向	每项扣 10 分	
		（4）厨房流线不合理（厨房入口—更衣—厨房加工间—备餐—食梯），或厨房不能独立成区	扣 3~6 分	
		（5）晨检流线不合理（主入口—晨检—医务室—隔离）	扣 2~4 分	
		（6）幼儿生活单元与主门厅联系不便，或交通面积明显偏多	扣 2~4 分	
		（7）班级厕所和盥洗未分间或分隔，没有直接的自然采光通风	扣 2 分	
		（8）音体室与生活用房联系不便，或与服务用房、供应用房混在一起	扣 2 分	
		（9）教工厕所未单独设置，或位置不合理	扣 2 分	

考核内容		扣分点	扣分值	分值
建筑设计（60分）	功能流线 房间布置	（10）公共楼梯只有1个	扣10分	45
		（11）公共楼梯多于3个（不含班级专用楼梯）	扣3分	
		（12）食梯位置不合理或漏画	扣2分	
		（13）班级活动室、卧室、音体室的房间长宽比大于2∶1	每间扣2分	
		（14）其他设计不合理	扣3~8分	
	结构布置	（1）未采用框架结构或一、二层柱网未对齐	扣5分	5
		（2）结构柱网布置混乱，结构体系不合理或其他不合理	扣2~4分	
	规范要求	（1）楼梯间在一层未直接通向室外，或到安全出口距离大于15m	扣3分	10
		（2）袋形走道两侧尽端房间到疏散口的距离大于20m（通向非封闭楼梯间的距离大于18m）	扣3分	
		（3）班级生活单元、音体室只有一个通向疏散走道或室外的房门	扣3分	
		（4）卫生间位于厨房垂直上方	扣2分	
		（5）主入口未设无障碍坡道，未设无障碍卫生间或设置不合理	扣2~5分	
		（6）其他不符合规范者	扣3~6分	
图面表达及标注（5分）		（1）尺寸标注不全	扣2~5分	5
		（2）柱、墙、门窗绘制不完整	扣2~5分	
		（3）图面粗糙	扣2~5分	
题注		（1）出现后列情况之一者，本题总分为0分：①方案设计未画楼梯者；②方案设计只画一层，未画二层		
		（2）出现后列情况之一者，本题总分乘0.9：①平面图用单线或部分单线表示；②平面尺寸未注；③主要线条徒手绘制		

第十二节　消防站（2014 年）

一、题目

（一）设计要求

某拟建二级消防站为 2 层钢筋混凝土框架结构，总建筑面积 2000m²，用地及周边条件见图 6-12-1，建筑房间名称、面积及设计要求见表 6-12-1、表 6-12-2。一、二层房间关系见图 6-12-2，室外设施见示意图 6-12-3。

（二）其他设计要求

（1）建筑退城市次干道道路红线不小于 5.0m，退用地界限不小于 3.0m。

（2）消防车库门至城市次干道道路红线不应小于 15.0m，且方便车辆出入。

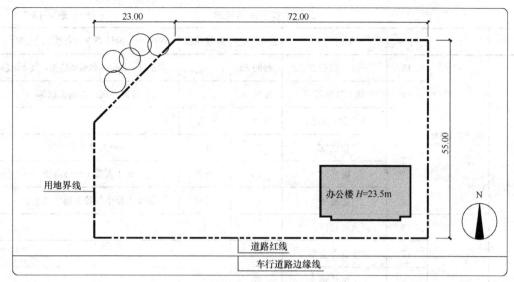

图 6-12-1　场地总图

一层建筑房间组成表　　　　　　　表 6-12-1

层数	分区	序号	房间名称	面积(m²)	数量(间)	设计要求及备注
一层	公共活动区	01	门厅	100	1	
		02	公共宣传教育	60	1	宜直接对外
		03	体能训练室	65	1	
		04	餐厅、厨房,包括:	共110		
			餐厅	65	1	宜设单独出入口
			厨房	30	1	
			主食库	7.5	1	
			副食库	7.5	1	
		05	男卫生间	10		洗手池、小便器和蹲位各1个
	消防车库区	06	消防车库,包括:	共400		
			特勤消防车库		2	进深/开间/层高 15.4m×5.4m×5.4m
			普通消防车库		4	进深/开间/层高 12.5m×5.4m×5.4m
		07	通信室,包括:	共60		与消防车库相邻相通
			通信室	30	1	
			通信值班室	15	1	
			干部值班室	15	1	
		08	训练器材库	45	1	设防火门宜通消防车库
		09	执勤器材库	45	1	设防火门宜通消防车库
		10	器材修理间	25	1	设防火门宜通消防车库
		11	呼吸充气站	25	1	设防火门宜通消防车库
		12	配电间	15	1	设防火门宜通消防车库
	本层小计			965		未计走道及楼梯间面积

层数	分区	序号	房间名称	面积(m²)	数量(间)	设计要求及备注
二层	战士生活区	13	战士班宿舍	每间50	4	每间1班，每班8名男消防员，共4个班
		14	战士班学习室	每间30	4	每班专用，与宿舍相邻
		15	卫生间，包括：	每套55	2套	
			盥洗室	25	每套	每两人设1个手盆
			淋浴间	15	每套	每4人设1个淋浴位
			男厕所	15	每套	每4人设小便器和蹲位各1个
	管理服务区	16	灭火救援研讨室	50	1	
		17	干部办公室	50	1	
		18	干部值班室	25	1	
		19	荣誉室	60	1	
		20	医务室	30	1	
		21	理发室	30	1	
本层小计				675		未计走道及楼梯间面积

注：1. 房间面积均按轴线计算，允许误差±10%；

　　2. 消防站的以下功能用房不属于本题考试内容：司务长室、战士俱乐部、其他会议室、储藏室、洗衣烘干房和锅炉房等。

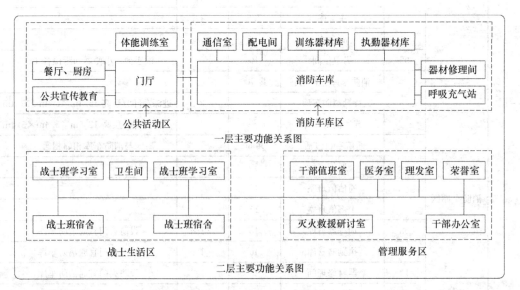

图 6-12-2 消防站气泡图

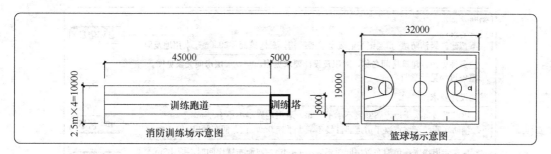

图 6-12-3 消防训练场及篮球场图例

（3）建筑走道净宽：单面布置房间时不应小于 1.4m，双面布置房间时不应小于 2m。

（4）楼梯梯段净宽不应小于 1.4m，两侧应设扶手。

（5）消防车进出库不得碾压训练场。

（三）作图要求

（1）合并绘制总平面图及一层平面图，并布置消防训练场和篮球场，标注建筑总长度，建筑与相邻建筑的最近距离、建筑外墙至用地界限的最近距离，以及消防车库门至道路红线的最近距离。

（2）绘制二层平面图。

（3）要求绘出墙体（双实线表示）、柱、门、窗、楼梯、台阶、坡道等，并标注开间、进深尺寸，注明防火门窗及等级，卫生间要求详细布置。

（4）注明楼梯间长度、梯段净宽。

（5）设计完成后，填写各层建筑面积：

一层为_____ m²，二层为_____ m²，总计_____ m²。

二、解析

（一）读题与信息分类（图 6-12-4）

总体信息：消防站：面积 2000m²，二层，一层层高 5.4m；

用地信息：道路：南侧为城市次干道；

退线：退道路红线不小于 5m，退用地界限不小于 3m；

消防车库门至城市次干道道路红线不应小于 15m；

场地信息：消防车进出库不得碾压训练场；

分区信息：详见气泡图及面积表；

量化信息：依据消防车的车位，可确定车位处柱网为 5.4m×7.8m，北侧柱网依据辅助房间面积，确定为 5.4m×6m；公共活动区的房间面积数据特征为 60、30，可确定柱网为 7.8m×7.8m；

细化信息：单面布置房间时，走道净宽不应小于 1.4m；

双面布置房间时，走道净宽不应小于 2m；

楼梯梯段净宽不应小于 1.4m，两侧应设扶手。

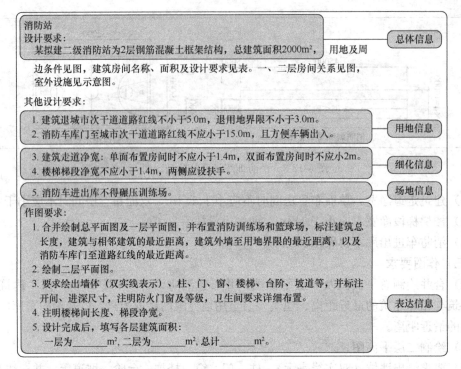

消防站

设计要求：
　　某拟建二级消防站为2层钢筋混凝土框架结构，总建筑面积2000m²，用地及周边条件见图，建筑房间名称、面积及设计要求见表。一、二层房间关系见图，室外设施见示意图。

其他设计要求：
　　1. 建筑退城市次干道道路红线不小于5.0m，退用地界限不小于3.0m。
　　2. 消防车库门至城市次干道道路红线不应小于15.0m，且方便车辆出入。

　　3. 建筑走道净宽：单面布置房间时不应小于1.4m，双面布置房间时不应小2m。
　　4. 楼梯梯段净宽不应小于1.4m，两侧应设扶手。

　　5. 消防车进出库不得碾压训练场。

作图要求：
　　1. 合并绘制总平面图及一层平面图，并布置消防训练场和篮球场，标注建筑总长度，建筑与相邻建筑的最近距离，建筑外墙至用地界限的最近距离，以及消防车库门至道路红线的最近距离。
　　2. 绘制二层平面图。
　　3. 要求绘出墙体（双实线表示）、柱、门、窗、楼梯、台阶、坡道等，并标注开间、进深尺寸，注明防火门窗及等级，卫生间要求详细布置。
　　4. 注明楼梯间长度、梯段净宽。
　　5. 设计完成后，填写各层建筑面积：
　　　　一层为＿＿＿＿m²，二层为＿＿＿＿m²，总计＿＿＿＿m²。

> 总体信息
> 用地信息
> 细化信息
> 场地信息
> 表达信息

图 6-12-4　读题与信息分类

（二）场地分析与气泡图深化（图 6-12-5、图 6-12-6）

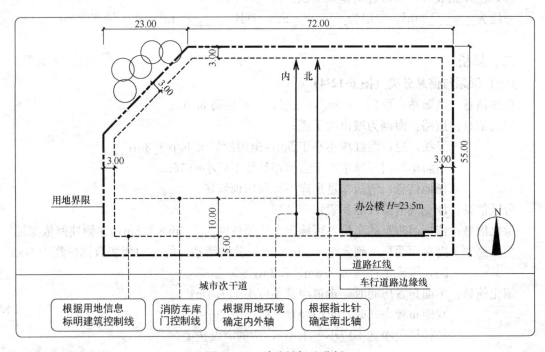

图 6-12-5　消防站场地分析

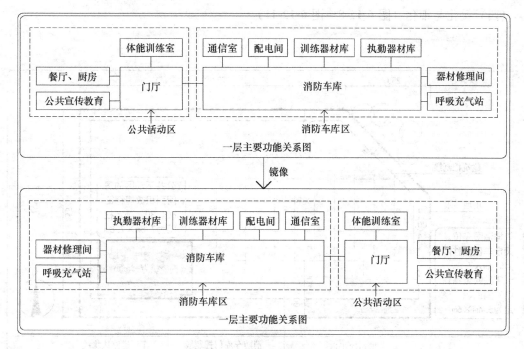

图 6-12-6　消防站气泡图深化

（三）环境对接及场地草图（图 6-12-7）

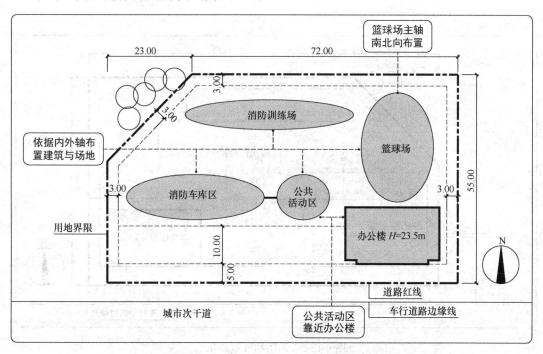

图 6-12-7　消防站环境对接与场地草图

(四）量化与细化（图6-12-8～图6-12-11）

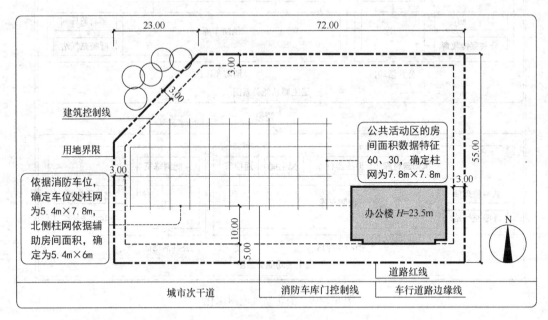

图 6-12-8 消防站基本网格

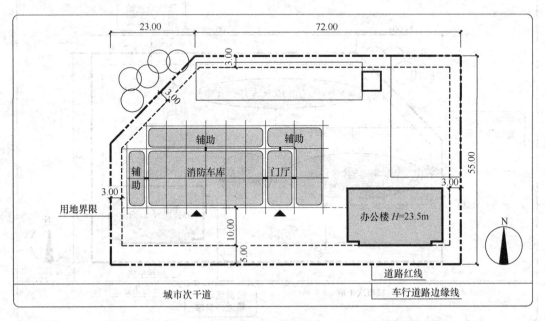

图 6-12-9 消防站气泡量化

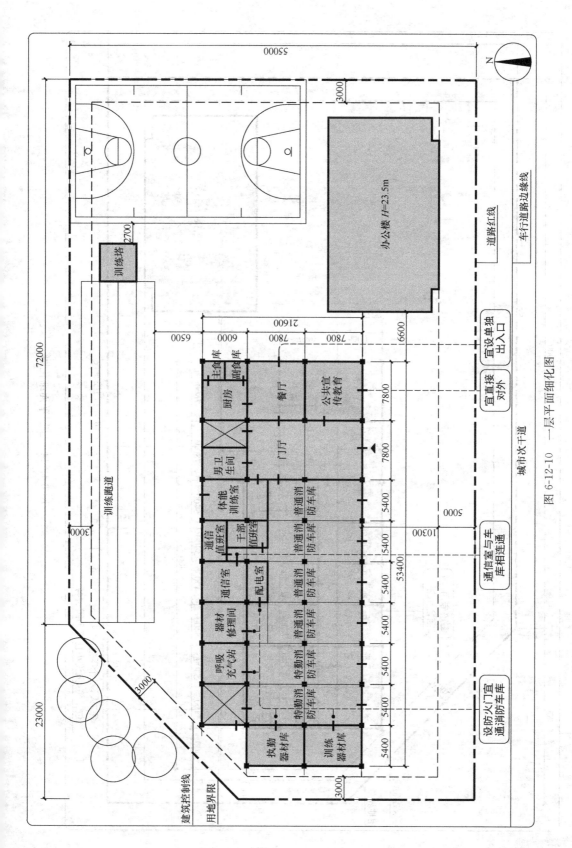

图 6-12-10 一层平面细化图

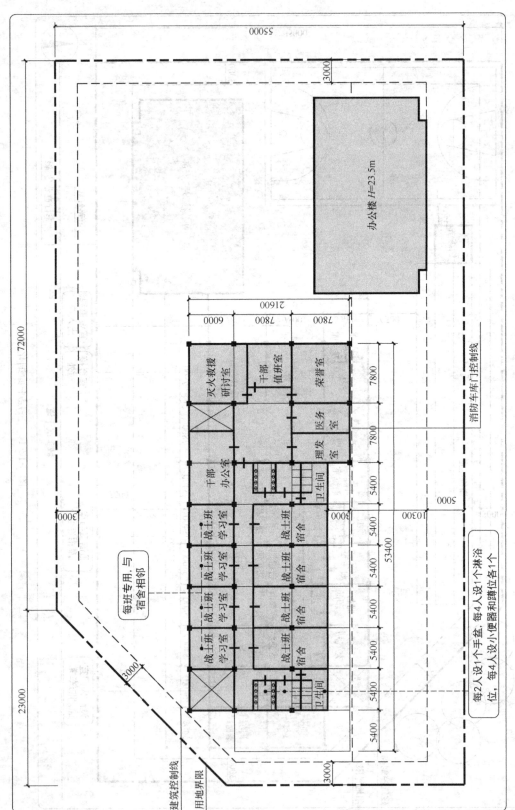

图 6-12-11 二层平面细化图

第十三节　社区服务综合楼（2017 年）

一、题目

为完善社区公共服务功能，拟在用地内新建一栋社区服务综合楼，用地西侧、南侧临城市支路，用地内已建成一栋养老公寓及活动中心（图 6-13-1）。

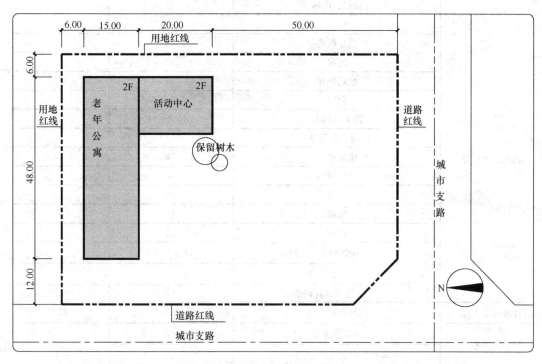

图 6-13-1　总平面图

（一）设计要求

社区服务综合楼为二层钢筋混凝土框架结构建筑，总建筑面积 1950m²，一层设置社区卫生服务。社区办事大厅及社区警务等功能，二层设置社会保障服务及社区办公等功能，其功能关系见图 6-13-2，房间名称、面积见表 6-13-1、表 6-13-2。

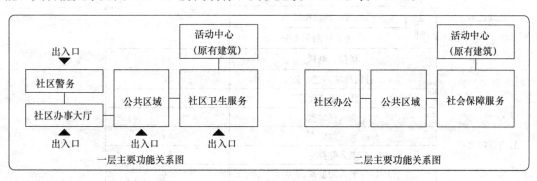

图 6-13-2　气泡图

一层房间组成及建筑面积表（975m²）

表 6-13-1

功能区域	房间名称		面积（m²）	小计（m²）
公共区域	公共门厅		70	160
	卫生间	男：厕位2个、小便斗2个	45	
		女：厕位按规范		
		无障碍厕所1个		
	楼梯、电梯		45	
社区卫生服务	门厅		36	
	挂号收费		18	
	药房		18	
	取药等候		36	
	化验		18	
	诊室（3间）		18×3＝54	
	走廊（含候诊）		48	
	康复理疗		18	
	计生咨询		18	
	输液		36	
	配液		18	
	治疗		18	
	中医科	中医诊室（2间）	18×2＝36	
		针灸室	18	
		走廊（含候诊）	27	
社区办事大厅	社区办事大厅		250	250
社区警务	社区警务室		48	66
	警务值班室（含卫生间）		18	
其他部分	交通辅助部分		82	82

二层房间组成及建筑面积表（975m²）

表 6-13-2

功能区域	房间名称		面积（m²）	小计（m²）
公共区域	公共大厅		70	160
	卫生间	男：厕位2个、小便斗2个	45	
		女：厕位按规范		
		无障碍厕所1个		
	楼梯、电梯		45	
社会保障服务	社区居家养老办公		36	405
	社区志愿者办公		36	
	老人棋牌室		36×2＝72	
	老人舞蹈室		54	
	老人健身室		54	
	老人阅览室		36	
	老人书画室		36	
	走廊（含展览）		81	

功能区域	房间名称	面积（m²）	小计（m²）
社区办公	办公室	36×5=180	270
	值班室（含卫生间）	18	
	会议室	72	
其他部分	交通辅助部分	140	140

社区服务综合楼其他设计要求如下：

（1）建筑退道路红线不小于8m，退用地红线不小于6m。

（2）建筑日照计算高度为9.8m，当地养老公寓的建筑日照间距系数为2.0。

（3）与活动中心保持不小于18.0m的卫生间距。

（4）与活动中心用连廊联系（不计入建筑面积）。

场地机动车停车位设计要求如下：

在用地内设置：1个警务用车专用室外停车位、3个养老公寓专用室外停车位（含1个无障碍停车位）、12个社会车辆室外停车位（含2个无障碍停车位）。

本设计应符合国家的规范和标准要求。

（二）作图要求

（1）在第3页绘制总平面及一层平面图，标注社区服务综合楼与养老公寓及活动中心间距，退道路红线及用地红线距离；根据用地内交通，景观要求绘制停车位、道路、绿化等，标示出停车位名称。

（2）在第4页绘制二层平面图。

（3）绘出结构柱、墙体（双实线表示）、门、窗、楼梯、台阶、坡道等，标注柱网及主要墙体轴线尺寸、房间名称，卫生间应布置卫生洁具。

（4）在总平面及一层平面中，标注总建筑面积，建筑面积按轴线计算，允许误差±10%。

（三）图例（图6-13-3）

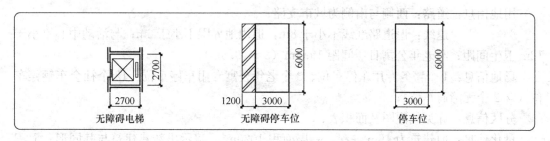

图6-13-3　图例

二、解析

（一）读题与信息分类（图6-13-4）

总体信息：社区服务综合楼：面积1950m²，一层975 m²，二层975m²；层数：二层；

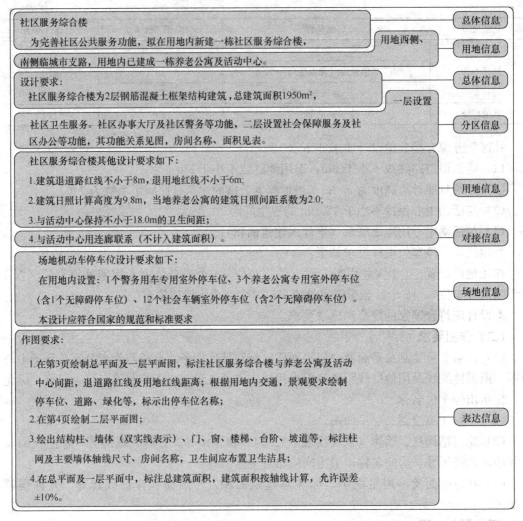

图 6-13-4　读题与信息分类

用地信息：道路：西侧与南侧为城市支路；

退线：退道路红线不小于8m，退用地界限不小于6m；与活动中心不小于18m卫生间距；与老年公寓日照间距19.6m（2×9.8m）；

场地信息：1个警务专用车停车位、3个老年公寓专用车停车位、12个社会车辆停车位（含2个无障碍车位）；

分区信息：详见气泡图及面积表；

量化信息：原建筑为15m进深，一层面积1020m²，暗示出新建建筑与其同形，面积表数字特征为18、36、54；可以确定柱网为6m×6m及6m×9m的混合柱网，房间量化信息详见面积表。

（二）场地分析与气泡图深化

本题类似于场地作图的考题，先确定可建范围再进行分析（图6-13-5）。

气泡图深化：将气泡图旋转90°以更加适应场地（图6-13-6）。

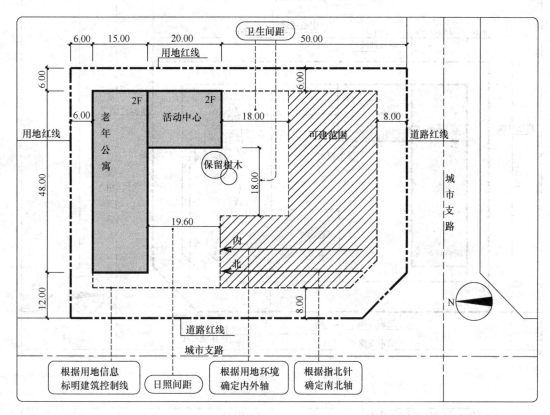

图 6-13-5　场地分析

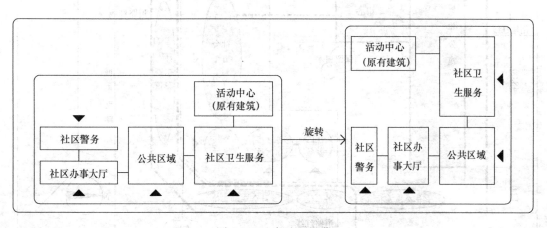

图 6-13-6　气泡图深化

（三）环境对接及总图草图（图 6-13-7、图 6-13-8）

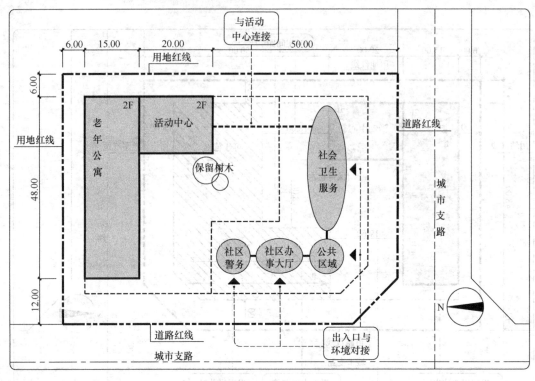

图 6-13-7　环境对接

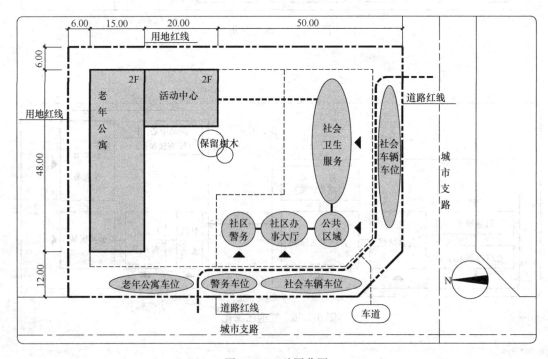

图 6-13-8　总图草图

(四) 量化与细化 (图 6-13-9～图 6-13-12)

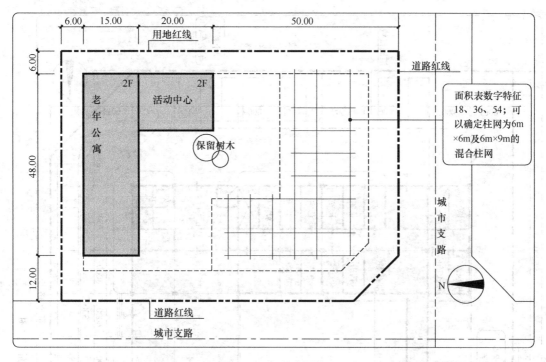

图 6-13-9　基本网格

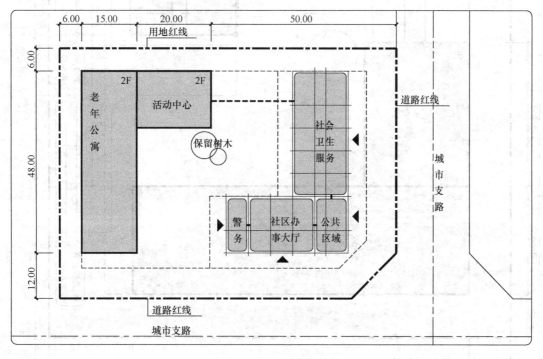

图 6-13-10　气泡图量化

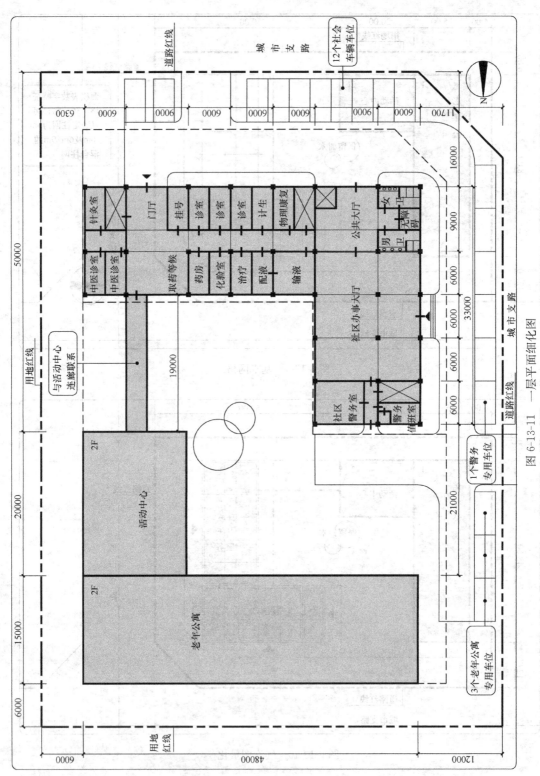

图 6-13-11　一层平面细化图

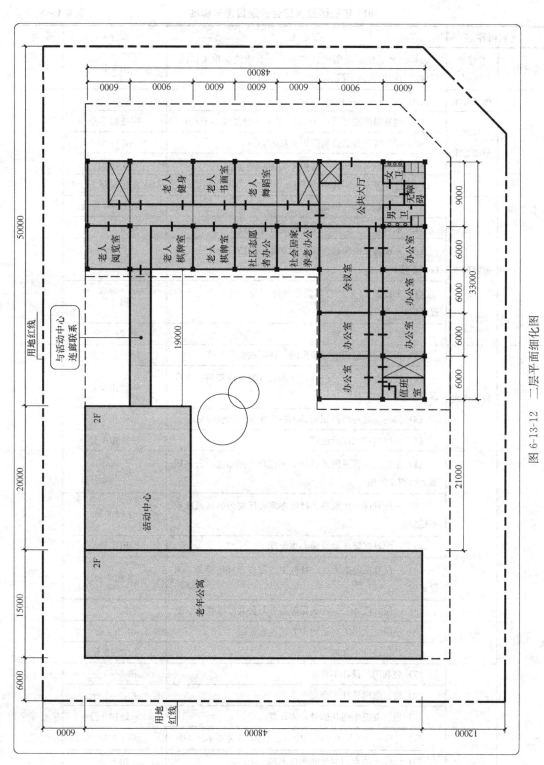

图 6-13-12　二层平面细化图

三、评分标准（表6-13-3）

2017 年社区服务综合楼题目评分标准

表 6-13-3

考核内容		扣分点	扣分值	分值
建筑指标	总建筑面积	2145m² ＜总建筑面积＜1755m²，或总建筑面积未标注，或标注与图纸明显不符	扣5分	5
总平面设计	用地要求	占用保留树木及原有建筑范围	扣10分	20
	距离要求	(1) 建筑退道路红线小于8m，或退用地红线小于6m	每处扣5分	
		(2) 综合楼与养老公寓间距不足19.6m	扣10分	
		(3) 综合楼与活动中心间距小于18.0m	扣10分	
		(4) 设置停车场距建筑小于6m	扣5分	
	道路停车	(1) 未绘制道路、绿化	扣5~8分	
		(2) 未设置1个警务用车专用室外停车位	扣2分	
		(3) 未设置3个养老公寓专用室外停车位（含1个无障碍停车位）	扣2分	
		(4) 未设置12个社会车辆室外停车位（含2个无障碍停车位）	扣2分	
		(5) 其他设计不合理	扣2~5分	
房间组成		(1) 未按房间组成表设置房间，缺项或数量不符	每处扣2分	10
		(2) 社区办事大厅、公共门厅和社区警务面积超过允许误差10%（共三项）	每处扣2分	
		(3) 其他功能房间面积明显不符合建筑面积表的要求	每处扣2分	
		(4) 房间名称未注或注错	每处扣1分	
功能关系		(1) 未按功能关系图及设计要求进行功能布置，公共区域无法独立使用	扣15分	25
		(2) 一层社区卫生服务、社区办事大厅与公共区域联系不便	扣10分	
		(3) 一层社区警务与社区办事大厅	扣5分	
		(4) 一层社区办事大厅、社区卫生服务及社区警务，未设置独立出入口	各扣5分	
		(5) 二层社区办公、社区保障服务与公共区域联系不便	扣5分	
		(6) 一层、二层未与活动中心用连廊连接	各扣5分	
		(7) 其他设计不合理	扣2~5分	
公共区域		(1) 公共门厅设计不合理	扣3~5分	15
		(2) 楼、电梯设计不合理	扣3~5分	
		(3) 男、女卫生间共四处，未设置	一处扣3分	
		(4) 已设置的男用卫生间厕位不足2个，小便斗不足2个	扣3分	
		(5) 已设置的女用卫生间厕位不足6个	扣3分	
		(6) 无障碍厕所，未设、未布置或布置不合理	扣2~5分	

考核内容	扣分点	扣分值	分值
社会卫生服务区	（7）挂号收费、药房未设等候区	每处扣2分	15
	（8）输液与配液无直接联系	扣2分	
	（9）中医科用房未集中布置	扣2分	
	（10）走廊（含候诊）的净宽度小于2.4m	扣2分	
其他区域	警务值班室、社区办公值班室未按要求设置卫生间	每处扣2分	
规范要求	（1）老年人公共建筑，通过式走道净宽小于1.8m	扣5分	12
	（2）疏散楼梯数量少于2个	扣10分	
	（3）与老年功能相关的疏散楼梯未采用封闭楼梯间	扣5分	
	（4）主要出入口（4个）未设置无障碍坡道或设置不合理，或出入口上方未设置雨篷	扣2~5分	
	（5）老年人使用的房间当建筑面积大于50m²时，未设或仅设一个疏散门	扣5分	
	（6）疏散距离不符合规范要求	扣5分	
	（7）其他不符合规范之处	每处扣2分	
其他	（1）除卫生间、库房等辅助房间外，其他主要功能房间不能直接采光通风	每间扣1分	8
	（2）房间长宽比例超过2:1	扣3分	
	（3）结构布置不合理，或上下不对位	扣3~5分	
	（4）门、窗未绘制	扣3~8分	
	（5）平面未标注尺寸	扣3~5分	
	（6）其他设计不合理	扣2~5分	
图面表达	（1）图面粗糙，或主要线条徒手绘制	扣2~5分	5
	（2）建筑平面绘制比例不一致，或比例错误	扣5分	

第十四节　某社区文体活动中心（2019年）

一、题目

某社区拟建一栋社区文体活动中心，用地南侧及东侧为城市支路，用地内已建有室外游泳池、雕塑区及景观绿地（见图6-14-3）。

（一）设计要求

社区文体活动中心采用钢筋混凝土框架结构，总建筑面积2150m²，一层、二层房间组成与面积要求见表6-14-1及表6-14-2，一层功能关系见图6-14-2。

其他设计要求如下：

（1）建筑南侧退道路红线不小于15m，东侧退道路红线不小于6m，西侧及北侧退用地红线不小于6m。

（2）保留现有游泳池、雕塑区及景观绿地，并将室外游泳池改建为室内游泳馆。

（3）公共门厅为局部两层通高的共享空间，并与室外现有雕塑建立良好的视线关系。

（4）室内游泳馆层高 8.4m，其他功能区域一、二层层高均为 4.2m。

（5）要求场地内布置 15 个公共停车位（含 2 个无障碍停车位），5 个内部停车位。

（6）建筑面积按轴线计算，允许误差±10%。

（二）作图要求

（1）在第 3 页绘制总平面及一层平面图，绘制道路、停车位、绿化等，标注机动车出入口、停车位名称与数量，标注建筑物尺寸、建筑物退道路红线及用地红线距离，注明总建筑面积。

（2）在第 4 页绘制二层平面图。

（3）平面图中绘出柱、墙体（双线或单粗线）、门（表示开启方向）、楼梯、台阶、坡道，窗、卫生洁具可不表示。

（4）标注建筑轴线尺寸、总尺寸，标注室内楼、地面及室外地面相对标高。

（5）注明房间名称。

（三）示意图（图 6-14-1）

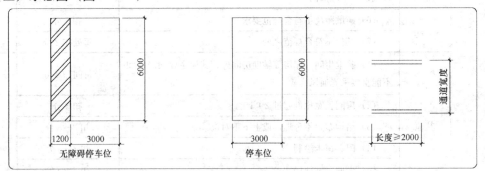

图 6-14-1 图例

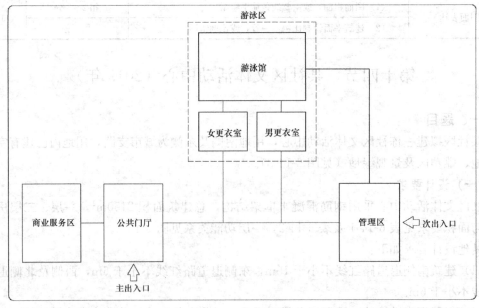

图 6-14-2 气泡图

表 6-14-1

一层房间组成及面积表（1470m²）

功能区域	房间名称			面积（m²）	小计（m²）
公共门厅	公共门厅（含总服务台）			216	216
商业服务区	咖啡厅			54	162
	茶室			36	
	便利店			36	
	体育用品店			36	
游泳区	游泳馆			576	576
	男更衣室	更衣		30	81
		淋浴12个		24	
		卫生间		9	
		浸脚消毒池及其他		18	
	女更衣室	更衣		30	81
		淋浴12个		24	
		卫生间		9	
		浸脚消毒池及其他		18	
管理区	救护室			18	72
	管理室			18×3=54	
其他部分	楼梯			36	282
	卫生间	男卫		18	
		女卫		18	
		无障碍卫生间		9	
	交通辅助部分			201	

表 6-14-2

二层房间组成及面积表（680m²）

功能区域	房间名称		面积（m²）	小计（m²）
活动区	美术室		36×2	324
	书法室		36	
	阅览室		54	
	健身房		81	
	乒乓球室		81	
管理区	管理室		36	36
其他部分	楼梯		18	320
	卫生间	男卫	18	
		女卫	18	
		储藏室	9	
	交通辅助部分		257	

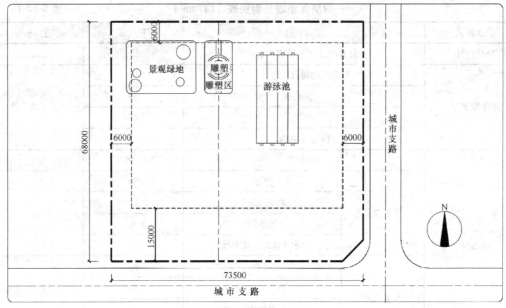

图 6-14-3　总平面图

二、解析
（一）读题与信息分类（图 6-14-4）

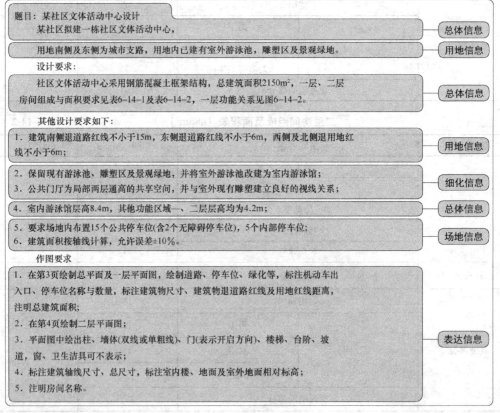

题目：某社区文体活动中心设计
　　某社区拟建一栋社区文体活动中心，〔总体信息〕

用地南侧及东侧为城市支路，用地内已建有室外游泳池，雕塑区及景观绿地。〔用地信息〕

设计要求：

　　社区文体活动中心采用钢筋混凝土框架结构，总建筑面积2150m²，一层、二层
房间组成与面积要求见表6-14-1及表6-14-2，一层功能关系见图6-14-2。〔总体信息〕

　　其他设计要求如下：

1．建筑南侧退道路红线不小于15m，东侧退道路红线不小于6m，西侧及北侧退用地红
线不小于6m；〔用地信息〕

2．保留现有游泳池、雕塑区及景观绿地，并将室外游泳池改建为室内游泳馆；〔细化信息〕
3．公共门厅为局部两层通高的共享空间，并与室外现有雕塑建立良好的视线关系；

4．室内游泳馆层高8.4m，其他功能区域一、二层层高均为4.2m；〔总体信息〕

5．要求场地内布置15个公共停车位(含2个无障碍停车位)，5个内部停车位；〔场地信息〕
6．建筑面积按轴线计算，允许误差±10%。

　　作图要求

1．在第3页绘制总平面图及一层平面图，绘制道路、停车位、绿化等，标注机动车出
入口、停车位名称与数量，标注建筑物尺寸、建筑物退道路红线及用地红线距离，
注明总建筑面积；

2．在第4页绘制二层平面图；

3．平面图中绘出柱、墙体(双线或单粗线)、门(表示开启方向)、楼梯、台阶、坡
道、窗、卫生洁具可不表示；〔表达信息〕

4．标注建筑轴线尺寸，总尺寸，标注室内楼、地面及室外地面相对标高；

5．注明房间名称。

图 6-14-4　读题与信息分类

（二）场地分析与气泡图深化（图 6-14-5）

场地分析：根据用地信息标明建筑控制线；

依据用地环境及指北针确定内外轴及南北轴。

气泡图深化：本题气泡图相对简单清楚，无需变换。

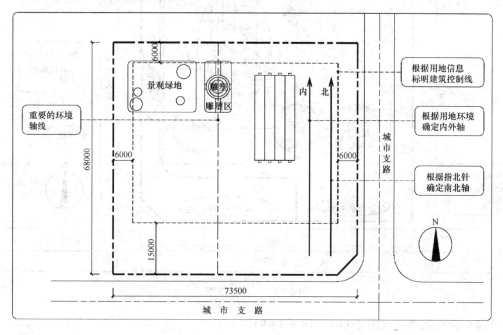

图 6-14-5　场地分析

（三）环境对接与总图草图（图 6-14-6、图 6-14-7）

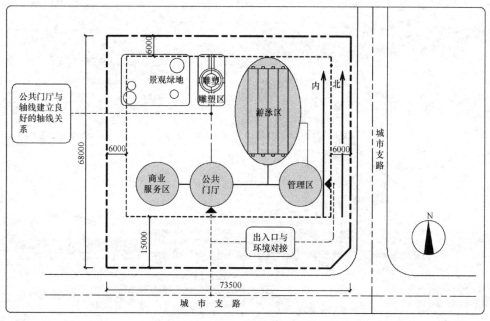

图 6-14-6　环境对接与气泡图固化

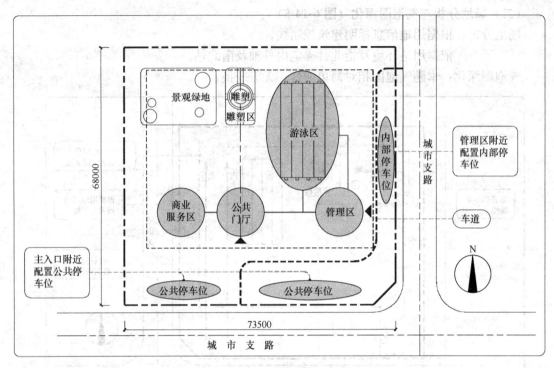

图 6-14-7　总图草图

（四）量化和细化（图 6-14-8、图 6-14-9）

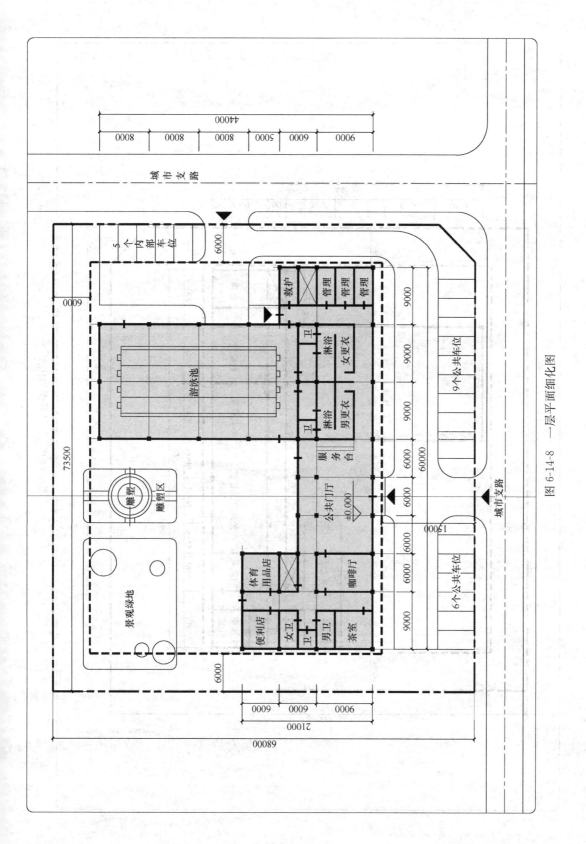

图 6-14-8　一层平面细化图

213

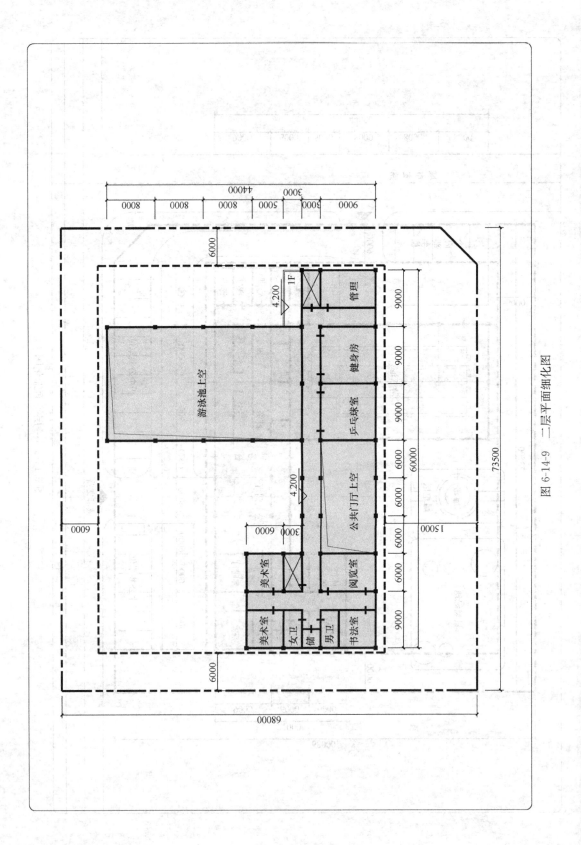

图 6-14-9 二层平面细化图

三、评分标准（表6-14-3）

2019 年建筑设计评分标准

表 6-14-3

序号	考核内容		扣分点	扣分值	分值
1	建筑指标 （5分）	指标 （5分）	不在 1935m² ＜建筑面积＜2365m² 范围内，或建筑面积未标注，或标注与图纸明显不符	扣5分	5分
2	总平面图 （15分）	布置 （15分）	① 建筑物南侧退道路红线小于 15m，东侧退道路红线小于 6m，北侧西侧退用地红线小于 6m	每处扣5分	15分
			② 建筑物退道路红线、退用地红线的距离未标注	每处扣1分	
			③ 未绘制基地出入口或无法判断	扣5分	
			④ 未绘制基地平面，未绘制机动车停车位	各扣5分	
			⑤ 20 个机动车停车位（3m×6m）数量不足或车位尺寸不符（与本栏④不重复扣分）	扣2分	
			⑥ 机动车停车位布置不合理（与本栏④不重复扣分）	扣2分	
			⑦ 道路、绿化设计不合理	扣3～5分	
			⑧ 占用保留的雕塑区或景观绿地	扣10分	
3	平面设计 （75分）	房间组成 （15分）	① 未按要求设置房间、缺项或数量不符	每处扣2分	15分
			② 游泳馆建筑面积不满足题目要求（518.4～633.6m²）	扣5分	
			③ 其他房间面积明显不满足题目要求	扣2～5分	
			④ 房间名称未注、注错或无法判断	每处扣1分	
		功能关系 （15分）	① 未按功能关系图及设计要求进行功能布置，公共区域无法独立使用	扣15分	15分
			② 商业服务区、管理区、游泳区与公共门厅联系不便	扣10分	
			③ 管理区未与游泳馆联系	扣5分	
			④ 其他设计不合理	扣1～3分	
		其他区域 （30分）	① 公共门厅未与雕塑区建立良好的视线关系	扣5分	30分
			② 公共门厅设计不合理或未作两层局部通高	扣5分	
			③ 公共门厅未设服务台	扣2分	
			④ 游泳馆内设置框架柱	扣10分	
			⑤ 游泳馆长宽比＞2	扣5分	
			⑥ 游泳馆男女淋浴各 12 个，不足或未布置	各扣2分	
			⑦ 游泳馆男女更衣未布置浸脚消毒池或无法判断	各扣2分	
			⑧ 游泳池改动或造假	扣5分	
			⑨ 一二层男、女卫生间未设置	每处扣2分	
			⑩ 无障碍卫生间未设或布置不合理	扣2分	
			⑪ 柱网设计不合理或上下不对位	扣5分	
			⑫ 其他设计不合理	扣1～3分	

序号	考核内容		扣分点	扣分值	分值
3	平面设计 （75分）	规范要求 （10分）	① 疏散楼梯少于2个	扣8分	10分
			② 疏散距离不满足规范要求	扣5分	
			③ 主要入口未设置无障碍坡道或设置不合理，或出入口上面未设置雨篷	扣2~5分	
			④ 游泳馆安全出口数量少于2个	扣3分	
			⑤ 其他不符合规范之处	每处扣2分	
		其他要求 （5分）	① 除储藏室和更衣室外其他功能房间不具备直接通风采光条件	每处扣2分	5分
			② 门未绘制或无法判断	扣2分	
			③ 平面未标注轴网尺寸	扣3分	
			④ 其他设计不合理	扣2~5分	
4	图面表达 （5分）		图面粗糙，或主要线条徒手绘制	扣2~5分	5分
			建筑平面图比例不一致，或比例错误	扣5分	
			室内外相对标高、楼层标高未注或注错	每处扣1分	
第二题小计分	第二题得分			小计分×0.8=	

第十五节　游客中心设计（2020年）

一、题目

某旅游景区拟建2层游客中心，其用地范围和景区入口规划见图6-15-1；游客须经游客中心，换乘景区摆渡车进入和离开景区。

游客中心一层为游客提供售（取）门票、检票、候乘车、导游以及购买商品、就餐等服务，二层为内部办公和员工宿舍。

（一）设计要求

（1）游客中心建筑面积1900m²（以轴线计算，允许±10%），功能房间面积要求见表6-15-1、表6-15-2。

（2）游客中心建筑退河道蓝线不小于15m。

（3）游客进入景区流线与离开景区流线应互不干扰。

（4）建筑采用集中布局，各功能房间应有自然采光、通风。

（5）候车厅、售票厅为二层通高的无柱空间。

（6）游客下摆渡车后，经游客中心专用通道离开景区，该通道净宽应不小于6m。

（7）场地中需布置摆渡车发车车位、落客车位各2个。

（二）作图要求

（1）在第3页上绘制总平面图及一层平面图，注明总建筑面积；在第4页上绘制二层平面图。

（2）总平面图中绘制绿化、入口广场和发车、落客车位，注明建筑各出入口名称。

（3）在平面图中绘出墙体（双线绘制）、门、楼梯、台阶、坡道、变形缝、公共卫生间洁具等，标注标高、相关尺寸，注明房间名称。

（4）在二层平面中绘出雨篷，并标注尺寸标高。

（三）提示

（1）游客中心功能关系图如图 6-15-2 所示。

（2）景区摆渡车发车、落客平台及雨篷示意如图 6-15-3 所示。

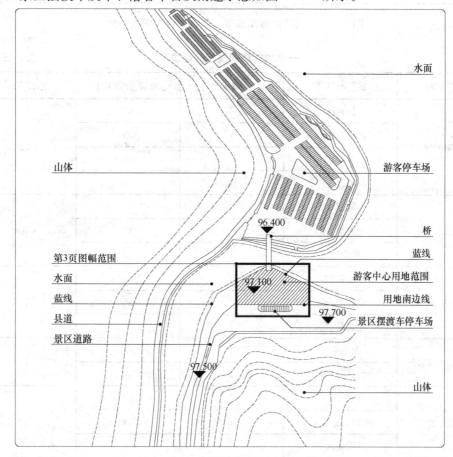

图 6-15-1　景区入口规划图

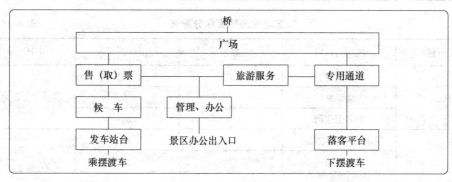

图 6-15-2　功能关系图

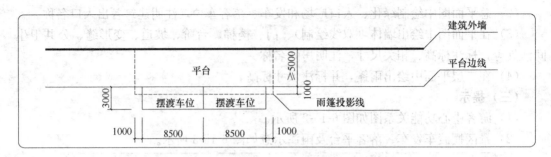

图 6-15-3　景区摆渡车发车、落客平台及雨篷示意

<table>
<tr><th colspan="2" align="center">一层功能房间面积分配表</th><th colspan="3" align="right">表 6-15-1</th></tr>
<tr><th>功能分区</th><th>房间与区域</th><th>数量</th><th>面积（m²/间）</th><th>小计（m²）</th></tr>
<tr><td rowspan="4">售（取）票</td><td>售票厅</td><td>1</td><td>150</td><td rowspan="4">222</td></tr>
<tr><td>问讯、售票</td><td>1</td><td>36</td></tr>
<tr><td>导游室</td><td>1</td><td>18</td></tr>
<tr><td>票务室</td><td>1</td><td>18</td></tr>
<tr><td rowspan="3">候车</td><td>候车厅</td><td>1</td><td>350</td><td rowspan="3">408</td></tr>
<tr><td>公共卫生间</td><td>—</td><td>40</td></tr>
<tr><td>检票员室</td><td>1</td><td>18</td></tr>
<tr><td rowspan="3">旅游服务</td><td>快餐厅</td><td>1</td><td>55</td><td rowspan="3">146</td></tr>
<tr><td>土特产商店</td><td>1</td><td>55</td></tr>
<tr><td>纪念品商店</td><td>1</td><td>36</td></tr>
<tr><td rowspan="2">游客离开景区部分</td><td>专用通道</td><td>1</td><td>110</td><td rowspan="2">150</td></tr>
<tr><td>公共卫生间</td><td>1</td><td>40</td></tr>
<tr><td rowspan="3">管理办公</td><td>内部门厅</td><td>1</td><td>18</td><td rowspan="3">54</td></tr>
<tr><td>安保、监控室</td><td>1</td><td>18</td></tr>
<tr><td>设备间</td><td>1</td><td>18</td></tr>
<tr><td>合计</td><td></td><td></td><td></td><td>980</td></tr>
</table>

<table>
<tr><th colspan="2" align="center">二层功能房间面积分配表</th><th colspan="3" align="right">表 6-15-2</th></tr>
<tr><th>功能分区</th><th>房间与区域</th><th>数量</th><th>面积（m²/间）</th><th>小计（m²）</th></tr>
<tr><td rowspan="3">办公</td><td>办公室</td><td>3</td><td>18</td><td rowspan="3">97</td></tr>
<tr><td>会议室</td><td>1</td><td>18</td></tr>
<tr><td>公共卫生间</td><td>—</td><td>25</td></tr>
<tr><td rowspan="2">员工宿舍</td><td>标准间（含卫生间）</td><td>14</td><td>25</td><td rowspan="2">375</td></tr>
<tr><td>学习室</td><td>1</td><td>25</td></tr>
<tr><td>合计</td><td></td><td></td><td></td><td>472</td></tr>
</table>

二、解析
(一) 读题与信息分类 (图 6-15-4)

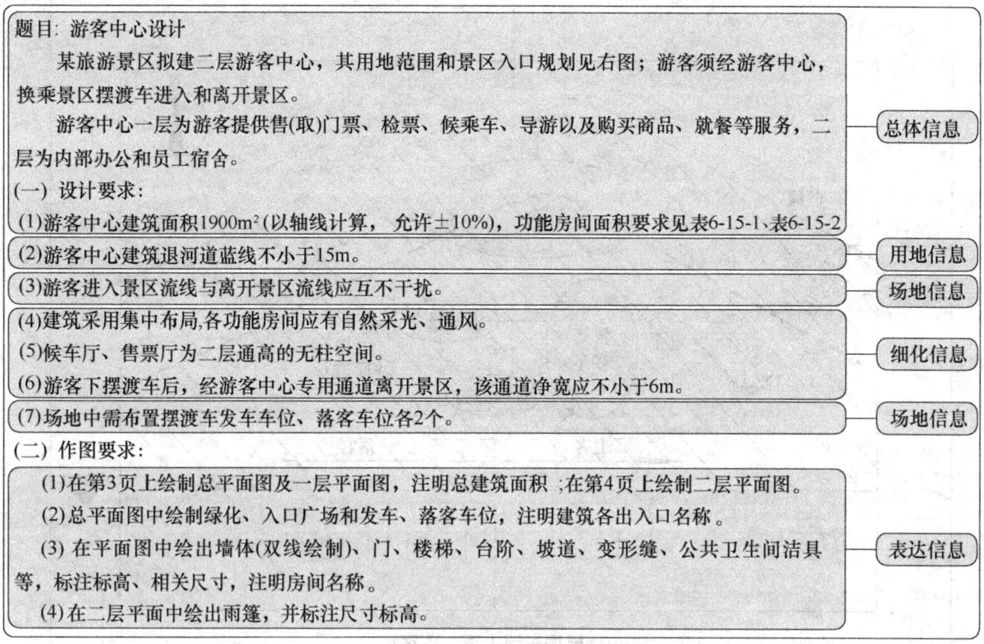

题目：游客中心设计

    某旅游景区拟建二层游客中心，其用地范围和景区入口规划见右图；游客须经游客中心，换乘景区摆渡车进入和离开景区。

    游客中心一层为游客提供售(取)门票、检票、候乘车、导游以及购买商品、就餐等服务，二层为内部办公和员工宿舍。 → **总体信息**

(一) 设计要求：

(1)游客中心建筑面积1900m²(以轴线计算，允许±10%)，功能房间面积要求见表6-15-1、表6-15-2

(2)游客中心建筑退河道蓝线不小于15m。 → **用地信息**

(3)游客进入景区流线与离开景区流线应互不干扰。 → **场地信息**

(4)建筑采用集中布局,各功能房间应有自然采光、通风。

(5)候车厅、售票厅为二层通高的无柱空间。 → **细化信息**

(6)游客下摆渡车后，经游客中心专用通道离开景区，该通道净宽应不小于6m。

(7)场地中需布置摆渡车发车车位、落客车位各2个。 → **场地信息**

(二) 作图要求：

(1)在第3页上绘制总平面图及一层平面图，注明总建筑面积；在第4页上绘制二层平面图。

(2)总平面图中绘制绿化、入口广场和发车、落客车位，注明建筑各出入口名称。

(3) 在平面图中绘出墙体(双线绘制)、门、楼梯、台阶、坡道、变形缝、公共卫生间洁具等，标注标高、相关尺寸，注明房间名称。 → **表达信息**

(4)在二层平面中绘出雨篷，并标注尺寸标高。

图 6-15-4　读题与信息分类

(二) 场地分析 (图 6-15-5)

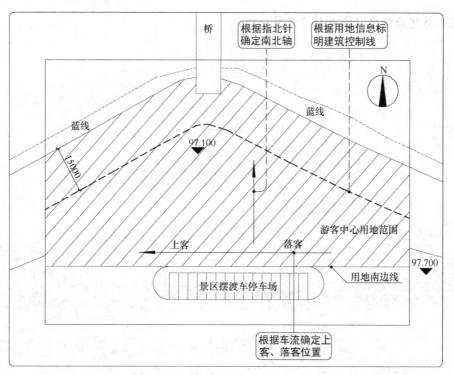

图 6-15-5　场地分析

（三）环境对接（图6-15-6）

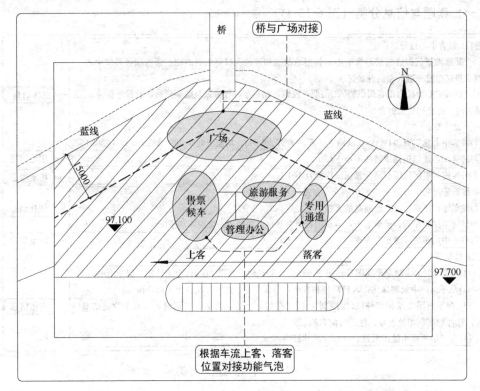

图 6-15-6　环境对接

（四）量化与细化（图6-15-7、图6-15-8）

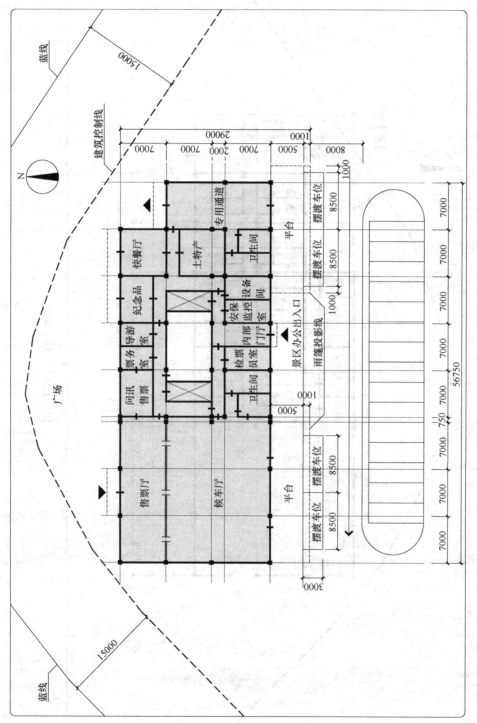

图 6-15-7 一层平面图

221

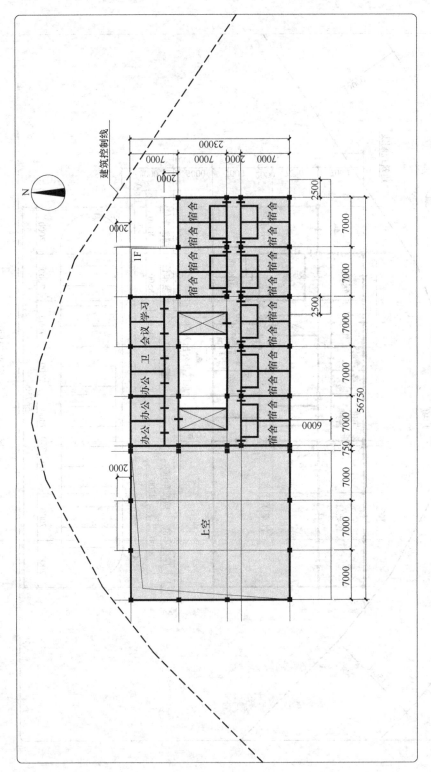

图 6-15-8　二层平面图

第十六节 模拟题练习

一、关于练习

(一) 练习的重要性

建筑设计是一项技能，不仅依赖于对其操作逻辑的理解，还要有大量的练习，以启动职业化直觉，这样才能在设计的过程中做到游刃有余，可以说场地与建筑设计的备考70%~80%依靠练习。

(二) 避免题海战术，以"一题四做"的方式进行深度练习

备考有一个核心的问题，就是要做多少习题（无论是真题还是模拟题）才能通过考试，这里就涉及两个概念，做题数量和做题质量，好的复习方法应该是尽量减少做题数量，最大限度地深化做题质量，即做透每道题，比如可采用4种做题方法，做到"一题四做"。

(1) 正做：这是最正常的考场上的做法，从题目条件到答案；

(2) 反做：这是出题人的做法，将答案拆解成碎片化的题目条件，也是一个抽象化的过程，如看到平面去抽象气泡图，是一个典型的反向练习方法；

(3) 分解做：将解题步骤中某个步骤拆分出来进行练习，这种方法在体育训练和乐器练习中常用，建筑设计也不例外，如从面积表的数据特征提炼基本网格信息，就是一个非常重要的分解小练习；

(4) 扩展做：同样也可以将上述的分解步骤进行扩展，对于从数据特征到提炼网格信息的这一步，可查阅历年真题（从 2003~2019 年）关于这一步的提炼方式，进行一个专题扩展总结，从而将这一步骤牢牢掌握。

当然还有题外扩展，在做完某类型建筑时，查阅一下《建筑设计资料集（第三版）》关于此类建筑的设计要点及相关实例，如做了 2018 年的婚庆餐厅改造题目，就可以查阅一下《建筑设计资料集（第三版）》中旅馆部分关于餐厅厨房部分的介绍，从而加深对该建筑类型的理解。

(三) 看题的必要性

并不是所有的习题都要深化去做，有时看题也很重要，比如历年真题，不一定需要全做，但是非常有必要将它们看完，尤其是结合着评分标准一起看，更好地理解题目的内在逻辑且精准地把握采分点。

(四) 关于模拟题

模拟题 1~3 可以看做是真题的简化版，对试卷四要素（文字、面积表、气泡图、总图）进行了抽象处理，从而将解题过程简化为空间块（房间或分区）的拼图过程，每个小练习一般在 15 分钟以内即可完成。

模拟题 4~6 在模拟题 1~3 的基础上，增加了更多的建筑属性，如功能、分区及一些细化要求，熟练的设计者应该在 1 小时内完成。

面积表

分区	格数
A	5
B	5
C	14
D	12
E	15
F	13
G	4

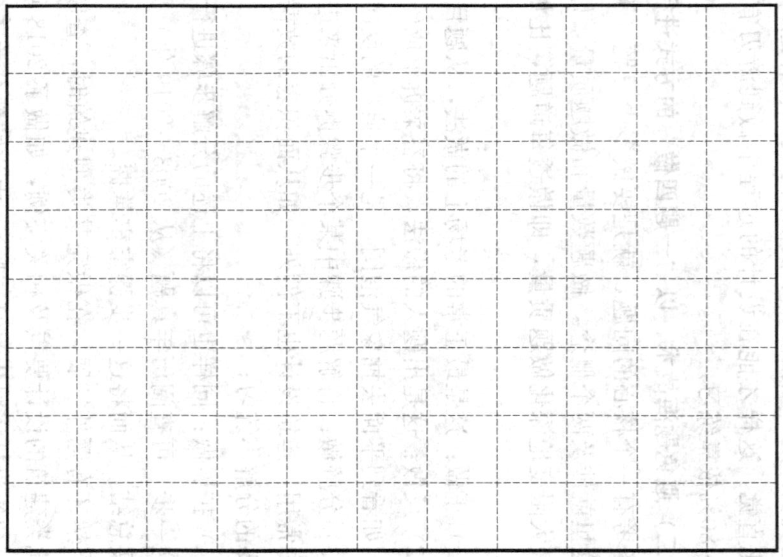

气泡图

图6-16-1 空间拼图-1

建筑外轮廓线及基本网格

二、模拟题

(一) 模拟题1——空间拼图-1 (图6-16-1)

1. 设计条件

本建筑共分为7个区，分区关系详见气泡图；

各分区面积详见面积表；

本建筑外轮廓及基本网格见图；

本建筑为对称结构。

2. 作图要求

将各分区轮廓画出；

标明分区联系及入口。

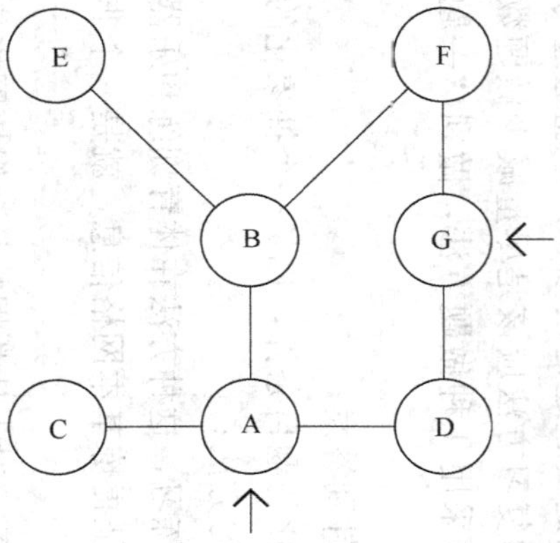

（二）模拟题 2——空间拼图-2（图 6-16-2）

1. 设计条件

本建筑共分为 8 个区，分区关系详见气泡图；

各分区面积详见面积表；

本建筑外轮廓及基本网格见图；

本建筑为对称结构。

2. 作图要求

将各分区轮廓画出；

标明分区联系及分区入口。

面积表	
分区	格数
A	9
B	5
C	14
D	12
E	11
F	6
G	3
H	4

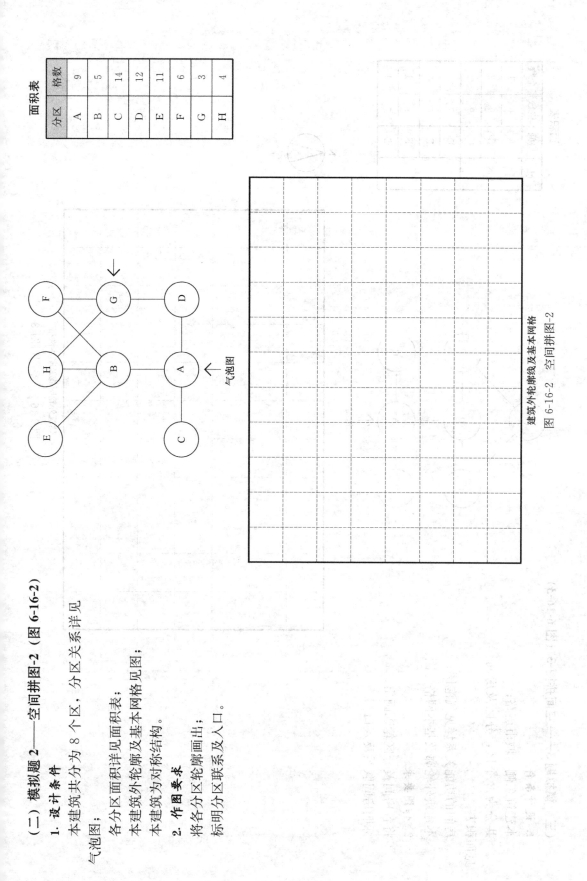

气泡图

建筑外轮廓线及基本网格

图 6-16-2　空间拼图-2

225

(三) 模拟题 3——空间拼图-3（图 6-16-3）

1. 设计条件

本建筑东侧为城市道路；

共分为 2 个区，分区及房间详见面积表；

房间的功能关系详见气泡图；

本建筑外轮廓及基本网格见图。

2. 作图要求

将各房间及分区轮廓画出；

标明房间联系及入口。

面积表

分区	房间	格数	个数
1区	A	6	1
	B	9	2
	C	9	2
2区	D	7	1
	E	6	2
	F	9	1
	G	7	1

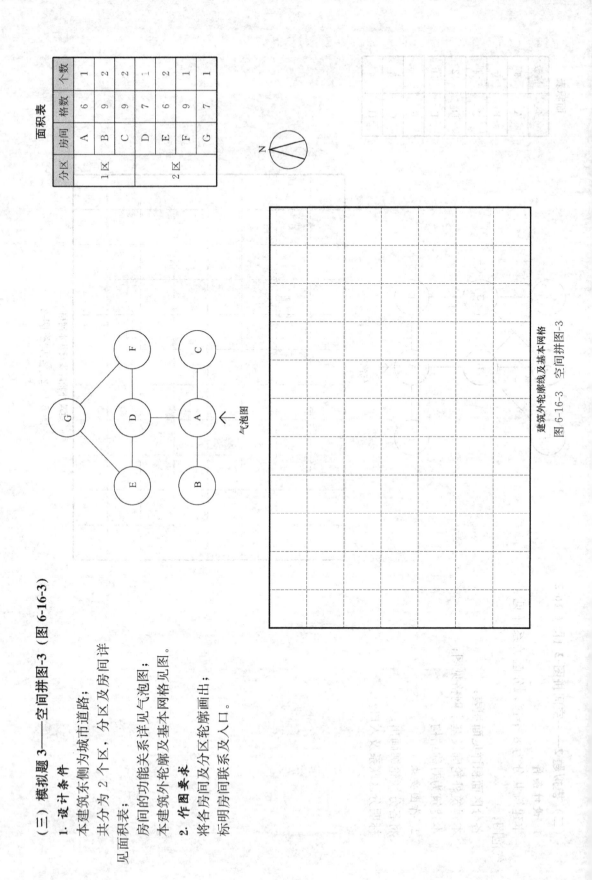

气泡图

图 6-16-3 空间拼图-3

建筑外轮廓线及基本网格

（四）模拟题 4——空间拼图-4 健身中心（图 6-16-4）

1. 设计条件

用地情况详见总图；

主入口设于南侧，办公入口设于东侧；

门厅及游泳馆上部挑空；

功能关系详见气泡图。

2. 作图要求

绘制一、二层平面；

注明房间名称、尺寸、楼梯、墙、柱、门。

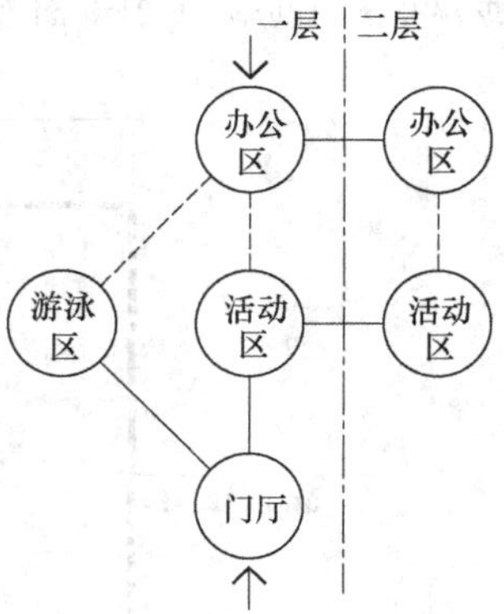

一层
二层
办公区
办公区
游泳区
活动区
活动区
门厅

气泡图

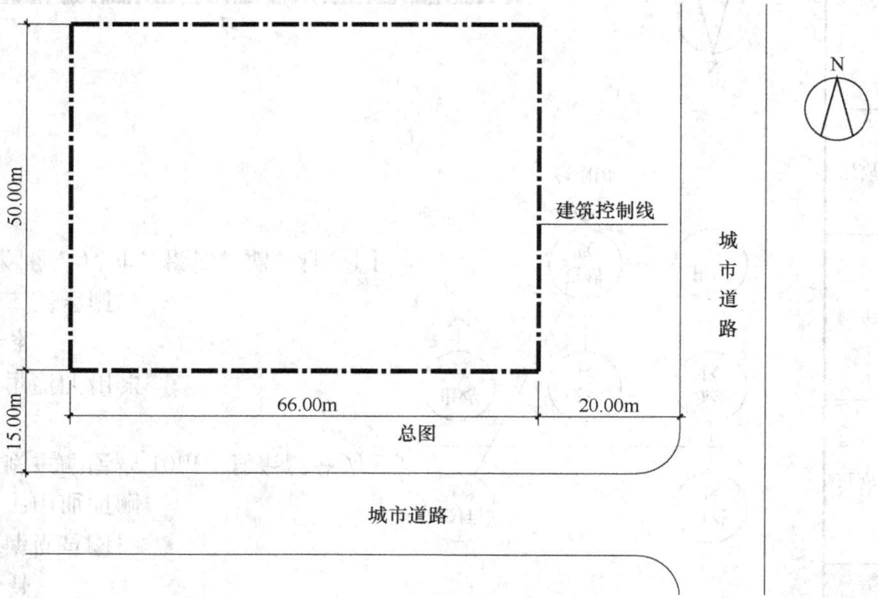

50.00m
15.00m
66.00m
20.00m
建筑控制线
城市道路
城市道路
N

总图

图 6-16-4　空间拼图-4 健身中心

一层面积表

分区	房间	面积
公共区	门厅	384
	商店	160
	接待	64
游泳区	游泳馆	768
	男更衣	64
	女更衣	64
活动区	健身房	480
	瑜伽室	320×2
	卫生间	64
办公区	门厅	32
	管理	64
总计	3072	

二层面积表

分区	房间	面积
活动区	篮球馆	640
	体操室	480
	库房	128
	卫生间	64
办公区	办公室 1	24×2
	办公室 2	48×4
	会议室	60×2
总计	2112	

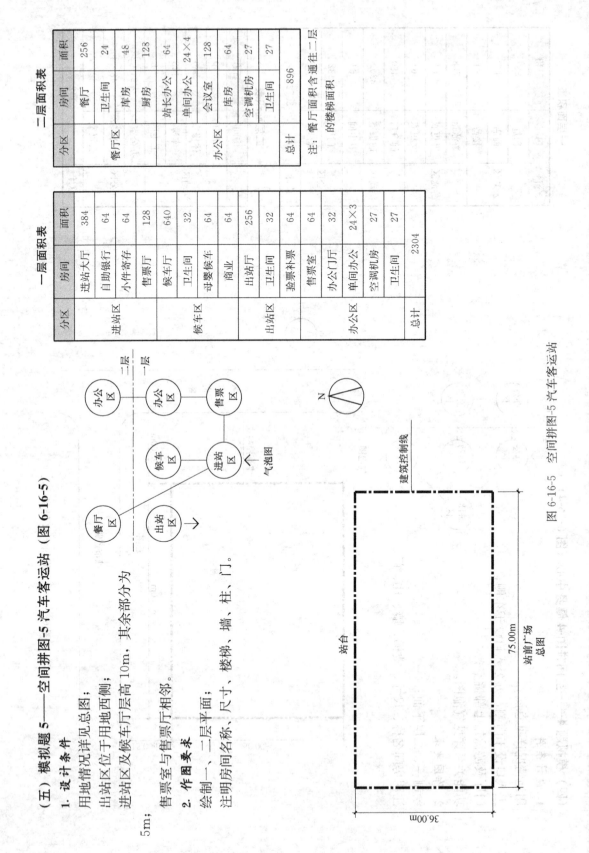

一层面积表

分区	房间	面积
进站区	进站大厅	384
	自助银行	64
	小件寄存	64
候车区	售票厅	128
	候车厅	640
	卫生间	32
	母婴候车	64
	商业	64
出站区	出站厅	256
	卫生间	32
	盘票补票	64
办公区	售票室	64
	办公门厅	32
	单间办公	24×3
	空调机房	27
	卫生间	27
总计		2304

二层面积表

分区	房间	面积
餐厅区	餐厅	256
	卫生间	24
	库房	48
	厨房	128
办公区	站长办公	64
	单间办公	24×4
	会议室	128
	库房	64
	空调机房	27
	卫生间	27
总计		896

注：餐厅面积含通往二层的楼梯面积

(五) 模拟题 5——空间拼图-5汽车客运站 (图6-16-5)

1. 设计条件

用地情况详见总图；

出站区位于用地西侧；

进站区及候车厅层高10m，其余部分为5m；

售票室与售票厅相邻。

2. 作图要求

绘制一、二层平面；

注明房间名称、尺寸、楼梯、墙、柱、门。

图6-16-5 空间拼图5汽车客运站

（六）模拟题6——空间拼图-6 文化宫（图6-16-6）

1. 设计条件

用地情况详见总图；

文化宫主入口设于东侧，办公入口设于西侧；

报告厅门可独立使用；

功能关系详见立气泡图。

2. 作图要求

绘制一、二层平面；

注明房间名称、尺寸、楼梯、墙、柱、门。

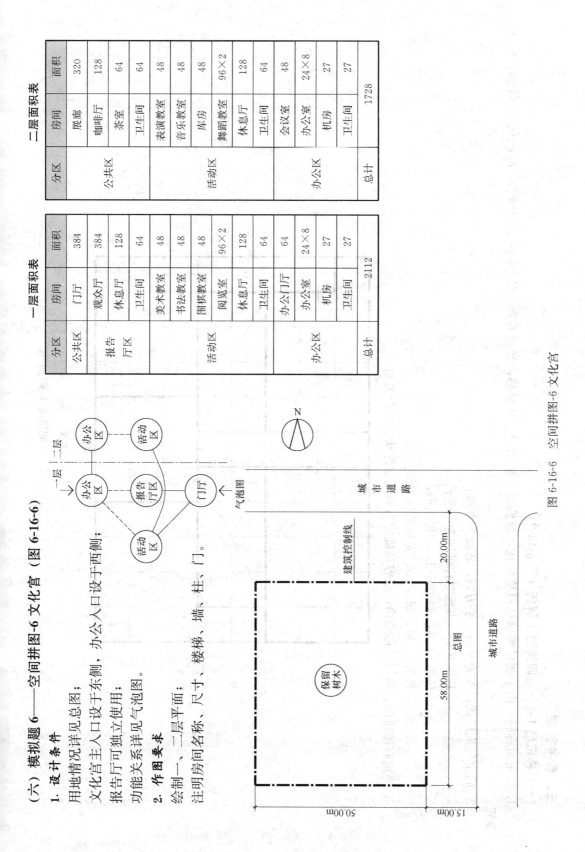

一层面积表

分区	房间	面积
公共区	门厅	384
报告厅区	观众厅	384
	休息厅	128
	卫生间	64
活动区	美术教室	48
	书法教室	48
	围棋教室	48
	阅览室	96×2
	休息厅	128
	卫生间	64
办公区	办公门厅	64
	办公室	24×8
	机房	27
	卫生间	27
总计		2112

二层面积表

分区	房间	面积
公共区	展廊	320
	咖啡厅	128
	茶室	64
	卫生间	64
活动区	表演教室	48
	音乐教室	48
	库房	48
	舞蹈教室	96×2
	休息厅	128
	卫生间	64
办公区	会议室	48
	办公室	24×8
	机房	27
	卫生间	27
总计		1728

图6-16-6 空间拼图-6 文化宫

229

三、参考答案

（一）模拟题1——空间拼图-1解析（图6-16-7）

1. 确定对称轴：由于题目要求是对称结构，故假设平面沿A、B对称，经过验算，C＋E＝D＋F＋G，故确认对称轴沿A、B设置。

2. 确定气泡形状：A为9格，平方数，假设为方形；

               B为5格，占满对称轴即为条形；

               C为14格，即12＋2，为加法形；

               E为15格，即3×5，完整的长方形。

3. 确定右侧拼图：依据对称结构，很容易确定右侧气泡形状及咬合关系。

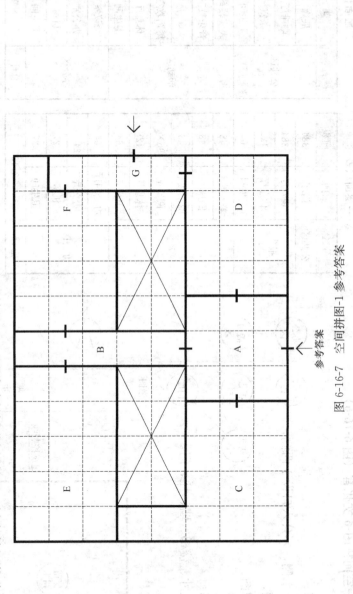

参考答案

图6-16-7 空间拼图-1参考答案

230

(二) 模拟题 2——空间拼图-2 解析（图 6-16-8）

1. 确定对称轴：延续上一题思路，假设平面沿 A、B 对称。经过验算，C+E=D+F+G+H，故确认对称轴沿 A、B，且 H 位于右侧。

2. 确定气泡形状：A 为 9 格，平方数，假设为方形；
   B 为 5 格，占满对称轴即为条形；
   C 为 14 格，即 12+2，为加法法形；
   E 为 11 格，即 15-4，为减法法形。

3. 确定右侧拼图：依据对称结构，很容易确定右侧气泡形状及咬合关系。

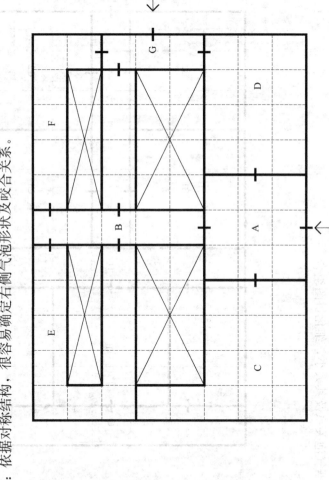

参考答案

图 6-16-8 空间拼图-2 参考答案

（三）模拟题 3——空间拼图-3 解析（图 6-16-9）

1. 确定主入口：由于东侧为城市道路。依据环境对接原则。主入口应设于东侧。
2. 确定分区：依据面积表分区信息，将气泡分为两组，同时将网格左右分开。
3. 细化拼图：依据气泡关系及其大小，细化拼图组合。

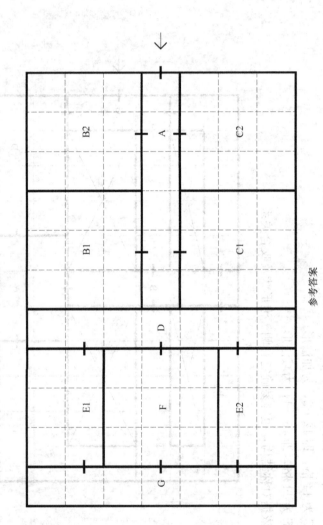

参考答案

图 6-16-9 空间拼图-3 参考答案

(四) 模拟题 4——空间拼图-4 健身中心解析 (图 6-16-10)

1. 确定柱网：依据面积表数据特征，确定柱网。确定柱网为 8m×8m。
2. 确定轮廓：依据网格单元面积 64m²，确定 8m×6m 的外轮廓。
3. 层间对位：依据面积表，确定健身房与体操室，瑜伽室与篮球馆，公共区与办公区的上下对位关系。
4. 空间细化：确定合理的大空间形状（依据泳道、篮球场），对其进行四角布置，对位协调至定案。

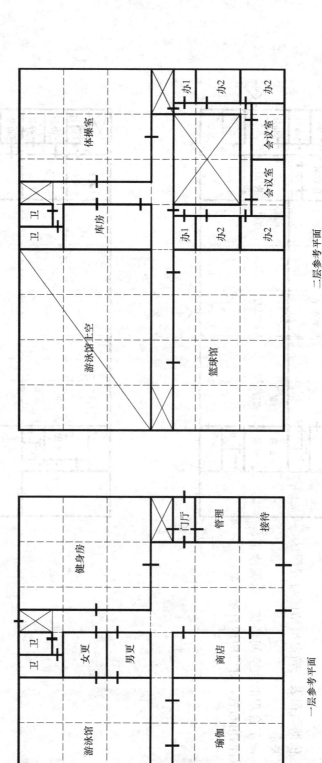

二层参考平面

一层参考平面

图 6-16-10　空间拼图-4 参考答案

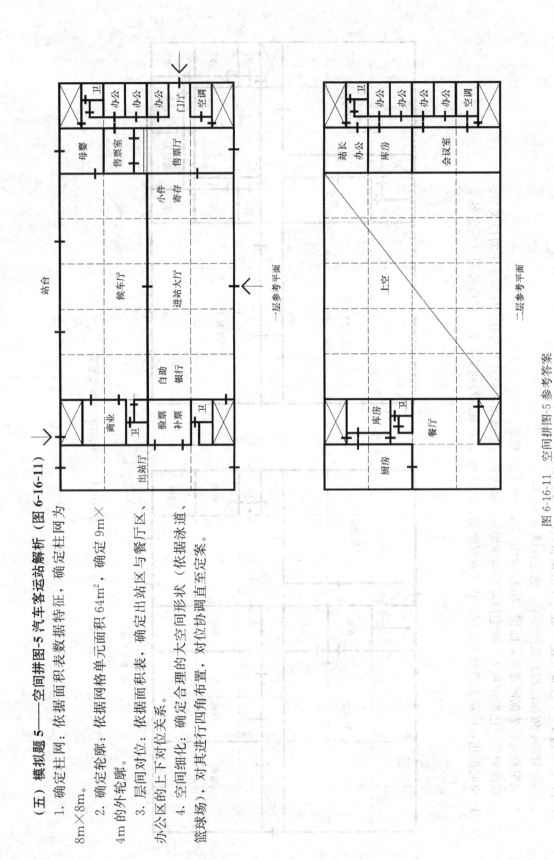

（五）模拟题 5——空间拼图-5 汽车客运站解析（图 6-16-11）

1. 确定柱网：依据面积表数据表特征，确定柱网为 8m×8m。

2. 确定轮廓：依据网格单元面积 64m²，确定 9m×4m 的外轮廓。

3. 层间对位：依据面积表，确定出站区与餐厅区、办公区的上下对位关系。

4. 空间细化：确定合理的大空间形状（依据冰道、篮球场），对其进行四角布置，对位协调直至定案。

一层参考平面

二层参考平面

图 6-16-11 空间拼图 5 参考答案

234

（六）模拟题 6——空间拼图-6 文化宫解析（图 6-16-12）

1. 确定柱网：依据面积表数据表特征，确定柱网。确定柱网为 8m×8m。
2. 确定轮廓：依据网格单元表面积 64m² 及用地形状，确定 7m×6m 的建筑外轮廓。
3. 层间对位：依据面积表，确定公共区、活动区及办公区的上下对位关系。
4. 分区定位：依据外中内区分布及环境状况，确定分区位置。
5. 空间细化：根据面积表房间配置，细化各空间。

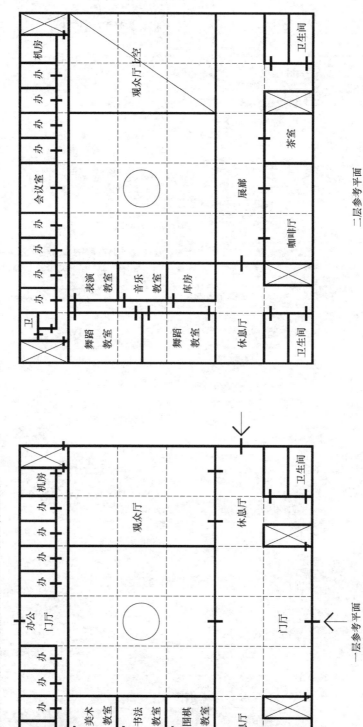

二层参考平面

一层参考平面

空间拼图-6 参考答案

图 6-16-12 空间拼图-6 参考答案

235

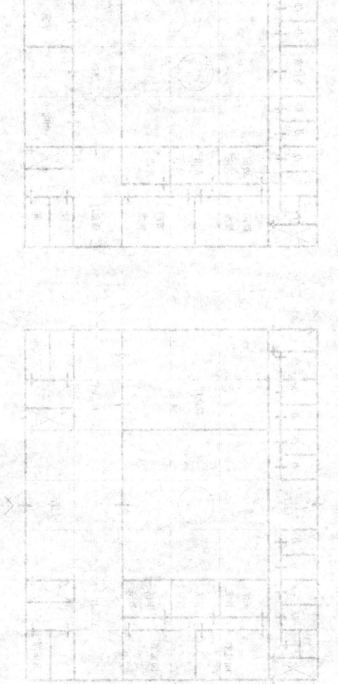

第三篇　建筑构造与详图（作图）

第七章　题目类型与要点综述

二级注册建筑师考试建筑构造与详图科目的考试时间为 3.5 小时，完成 3 道作图题，包括建筑构造、综合作图及安全设施，共计 100 分，及格分数线为 60 分，题型采用主观题的形式（无选择题）。

考试大纲对这一科目的总体要求是："应试者应正确理解低、多层住宅，宿舍及一般中小型公共建筑的建筑技术，常用节点构造及其涉及的相关专业理论与技术知识，建筑安全防护设施等，并具有绘图表达能力。"可以看到，大纲对考核的建筑规模与相关内容进行了限定，下面将依据考核内容分别进行详述。

第一节　建　筑　构　造

大纲中关于建筑构造部分的叙述如下："熟悉低、多层住宅，宿舍及一般中小型公共建筑的房屋构造；掌握建筑重点部位的节点内容、构造措施及用料做法；掌握常用建筑构配件详图构造；了解与相关专业的配合条件，并能正确绘图表达。"其中的关键词是"建筑重点部位"，可以此为起点进行展开。

一、建筑的构造组成

对建筑进行设计操作的前提是建筑分解，就如同要进行建筑平面设计，首先要将其分解为房间与分区；同样地要详细理解建筑构造，就要将建筑按部位进行分解。以中小型建筑的代表：别墅为例，建筑的构造组成包括：基础、地下室、楼地面、屋面、墙柱、楼梯及坡道、门窗、饰面装修共八类（图 7-1-1）。

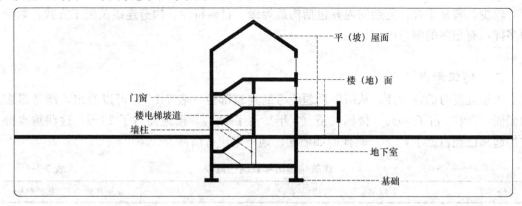

图 7-1-1　建筑的构造组成

每个建筑部位对应着相对稳定的环境特征及使用方式，因而其功能要求就是确定的，所选用的建筑材料、相应的构造策略和做法就有模式化的可能。

以屋面为例，其环境特征是分隔顶层空间与外部空间的界面，承受着风霜雨雪的侵袭及太阳辐射的影响，上人屋面还需满足荷载及使用上的要求。由此可知屋面主要有三方面的功能要求：承载、防水排水、保温隔热。承载是结构问题，建筑构造处理上主要满足的是防排水与保温、隔热问题；屋面的构造策略就是通过构造层次来解决，于是有了正置式屋面和倒置式屋面的模式化处理方式，结合材料特性及相应的构造处理方式，屋面的构造做法得以确定下来。当然建筑的分级与构造做法也是相关的，依据建筑等级的不同，可确定防水层是一道还是两道。

从建筑的构造组成与分类分级到具体的构造做法的逻辑链条如图 7-1-2 所示，这也是对各部分构造进行叙述的框架。

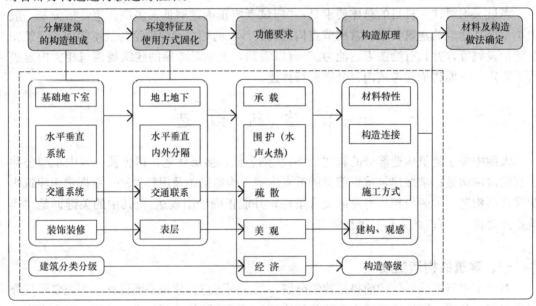

图 7-1-2　建筑构造的逻辑主线

可以看到，建筑的构造组成、环境特征与使用方式固化、功能要求及构造原理的内容相对较少，容易掌握。复杂的内容包括构造等级、材料特性、构造连接及施工方式，繁杂而多样，有很多的细节内容。

二、历年考点

为加强复习的针对性，从历年真题所考的建筑部位（表 7-1-1）可以看出，所考最多的屋面（7 年）占了 50%，楼梯坡道（3 年）占了 20%，楼地面占了 14%，这些重点部位加起来已经占据了 84%，其他的如墙面、地下室也有所涉及。

建筑构造历年真题一览表
表 7-1-1

年份	考核内容	建筑部位	真题解析
2003	坡屋面檐口天沟处做法、上人平屋面及泛水做法、上人平屋面及伸缩缝防水构造做法	屋面	
2004	种植屋面构造	屋面	有
2005	散水勒脚节点	墙面	有

年份	考核内容	建筑部位	真题解析
2006	同层排水楼面	楼地面	有
2007	坡道剖面及节点	坡道	有
2008	坡屋面烟囱高度设计	屋面	有
2009	坡屋面构造设计构造	屋面	有
2010	平屋面：保温隔热不上人屋面、保温隔热隔汽不上人屋面、保温隔热隔汽上人屋面、保温隔热架空屋面	屋面	
2011	剪刀楼梯剖面	楼梯	有
2012	地下室构造节点	地下室	有
2013	屋面变形缝节点（等高、高低）、出屋面门口节点	屋面	有
2014	屋面变形缝节点、外挑排水檐沟节点	屋面	有
2017	地下车库坡道	坡道	有
2018	楼板变形缝	楼地面	有
2019	平屋面构造	屋面	有
2020	平屋面防水改造	屋面	有

除了重点建筑部位（屋面、楼梯坡道及楼地面），还可以看到，变形缝作为重要的节点内容也是在考题中经常出现的，包括屋面的变形缝、楼面变形缝、散水的变形缝等。通常情况下，变形缝处的构造做法是最复杂的，断开的同时还要保证防水、防火的连续性及保温的封闭性，因而是要重点掌握的内容。

复习中对于重点的建筑部位及其重要的节点应予以重点关注，这才能发挥历年考点统计所带来的重要指示作用，下面将依据考试权重对重点建筑部位进行分述。

三、屋面层

（一）环境特点及使用方式

屋面是分隔顶层空间与外部空间的界面，承受着风霜雨雪的侵袭及太阳辐射的影响，上人屋面还需满足荷载及使用上的要求。

（二）功能要求

屋面主要有三方面的功能要求：承载、防水排水、保温隔热；承载是结构探讨的问题，建筑构造上主要满足的是防水排水与保温隔热问题；防水可分为Ⅰ级和Ⅱ级，Ⅰ级用于重要建筑和高层建筑，两道防水设防，Ⅱ级用于一般建筑，一道防水设防。屋面的描述就可以根据防水等级、是否上人、有无保温进行分类，如上人一级保温屋面。

（三）构造措施

依据屋面的功能要求，构造上将以复合的构造层次来应对，于是有了正置式与倒置式两种屋面形式（图7-1-3）。还有一些特殊的屋面，如2004年考的种植屋面，其构造层次有一定的特殊性，复习时对其层次组成应适当关注。

（四）构造要点

（1）防水等级：分为两级，Ⅰ级两道防水设防，Ⅱ级一道防水设防（《屋面工程技术规范》GB 50345—2012第3.0.5条）。

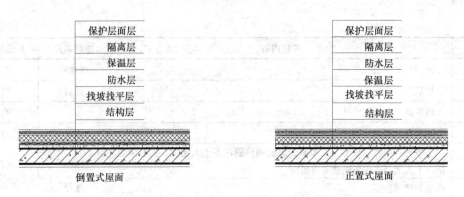

保护层面层		保护层面层
隔离层		隔离层
保温层		防水层
防水层		保温层
找坡找平层		找坡找平层
结构层		结构层

倒置式屋面 　　　　　　　　　正置式屋面

图 7-1-3　屋面的构造层次

（2）防水层：转折处设附加防水层，延伸 250mm 以上，无论是屋面还是地下室，这都是重要的考核点。

（3）保温层：倒置式屋面保温层选用挤塑板（XPS），憎水又耐压。

（4）隔汽层：湿度大的房间（泳池、浴室、开水间、厨房）应设，隔汽层要高出保温层 150mm。

（5）隔离层：用以协调保护层与防水层的关系，一般用 10mm 厚低强度等级的砂浆。

（6）保护层：块体材料、细石混凝土保护层与女儿墙或山墙之间应预留宽度为 30mm 的缝隙；细石混凝土保护层应设分格缝，纵横间距不大于 6m，缝宽 20mm，所有缝内要用密封胶封严。

（五）规范图集

屋面的规范及图集包括《屋面工程技术规范》GB 50345—2012、《平屋面建筑构造》12J201、《坡屋面工程技术规范》GB 50693—2011、《坡屋面建筑构造（一）》09J 202—1、《种植屋面工程技术规程》JGJ 155—2013、《种植屋面建筑构造》14J 206、《倒置式屋面工程技术规程》JGJ 230—2010，可结合着一起复习。

四、楼梯坡道

楼梯和坡道是建筑的竖向交通设施，其相关要点与安全疏散密切相关，因而部分内容（疏散楼梯、轮椅坡道）将在安全设施的部分予以详述，其一般性的要点在《民用建筑设计统一标准》GB 50352—2019（以下简称《统一标准》）中有专门叙述。建筑中的坡道通常为汽车及坐轮椅者设置，其要点在相关的专业规范中有详细论述。

（一）楼梯

2011 年所考的商场剪刀楼梯，是商业建筑解决疏散宽度的经典设计方式（在 2013 年一级注册建筑师考试超市的方案设计标答中也有所应用），该楼梯剖面是规范要点的充分体现。现叙述如下：

（1）净高：楼梯平台上部及下部过道处净高不应小于 2m，梯段净高不宜小于 2.2m。其关键点在于梯段净高为自踏步前缘（包括最低和最高一级踏步前缘线以外 0.30m 范围内）量至上方突出物下缘间的垂直高度（《统一标准》第 6.8.6 条）。

由此可以得出一个重要的推论，四跑楼梯及商场的剪刀楼梯只有在层高大于等于 5.1m 时才能实现。

（2）踏步最小宽度与最大高度：这两个数据的确定与楼梯的使用人员、使用频率、楼梯类型等均有关系，楼梯踏步的高宽比应符合表7-1-2（《统一标准》第6.8.10条），这些数据应牢记。

楼梯踏步最小宽度和最大高度　　　　　　　　　　表 7-1-2

楼梯类别	最小宽度（m）	最大高度（m）
住宅公共楼梯	0.26	0.175
幼儿园、托儿所楼梯	0.26	0.13
小学校楼梯	0.26	0.15
人员密集且竖向交通繁忙的建筑和大、中学校楼梯	0.28	0.165
其他建筑楼梯	0.26	0.175

注：表格根据《统一标准》表6.8.10内容结合考试大纲改编。

（3）其他：每个梯段的踏步不应超过18级，亦不应少于3级；平台宽度不应小于梯段宽度且不小于1.20m（《统一标准》第6.8.4条、6.8.5条）。

（二）车库坡道

2007年及2017年的建筑构造部分均考的是车库坡道剖面，关于车库坡道的要点详见两本规范，《车库建筑设计规范》（以下简称《车库规范》）JGJ 100—2015 和《汽车库、修车库、停车场设计防火规范》GB 50067—2014，其中的几个最关键的点包括：

（1）坡道的最大坡度：对于小型车，直线坡道15%，曲线坡道12%（《车库规范》4.1.7条）。

（2）缓坡的设置方法：车道纵向坡度>10%时，坡道上下两端均应设缓坡，其直线缓坡段的水平长度不应小于3.6m，缓坡坡度应为坡道坡度的1/2（《车库规范》4.1.7条）。

（3）坡道宽度：汽车疏散坡道的净宽度，单车道不应小于3.0m，双车道不应小于5.5m（《车库规范》6.0.13条）。

（4）坡道的最小高度：小型车汽车库室内最小净高为2.2m，那么对于小型车来说，坡道最小净高也是2.2m（《车库规范》4.1.13条）。

相关图示详见图7-1-4。

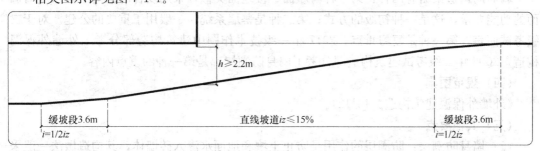

图 7-1-4　小型汽车坡道剖面设计要点

五、楼地层

（一）环境特点及使用方式

楼板既是承重构件又是水平分隔楼层空间的围护构件，地坪层是底层空间与地基之间的分隔构件，它们都承受着楼面活荷载。

（二）功能要求

楼地面主要有两方面的功能要求：承载、防水防潮，如卫生间的防水，地面的防潮处理等。

（三）构造措施

同屋面类似，楼地面也采用复合的构造层次来应对功能要求（图 7-1-5）。

图 7-1-5　楼地面的构造层次

（四）规范图集：《楼地面建筑构造》12J304

2006 年考了卫生间的同层排水楼面构造，要设防水层及水泥焦渣垫层；2018 年考了楼面变形缝，要设防水层及防火封堵。这些都算是稍微复杂些的楼面构造，因而除了掌握楼地面的基本构造层次，这些特殊的部位（尤其是变形缝）的做法也要予以重点关注。

六、墙面

（一）环境特征

墙体是分隔空间的重要构件，外墙分内外空间，内墙分隔室内空间。由于外墙的环境特征比内墙复杂得多，因此本书以外墙作为重点进行叙述。

（二）功能要求

外墙在砌体结构中承担着承载作用，在框架结构中承担着围护的作用，保温、防火是其功能要求的重点，同时作为外观的主界面，其美观要求也是十分重要的。

（三）构造措施

墙面的构造策略有两种：第一种与屋面、楼地面类似，采用复合的构造层次来应对墙面的功能要求，这是一种初级的方式；第二种是幕墙系统，一般用于重要的公建。对于二级考试而言，第一种是复习重点，2017 年一级技术作图中建筑构造部分考了外墙外保温构造，2005 年二级考试建筑构造部分考了墙身防潮层都是第一种的重点内容。

（四）规范图集

《外墙外保温建筑构造》10J121。

（五）其他要点

（1）墙身防潮层：防潮层的作用是防止土壤和地面水渗入砖墙体，其构造做法一般采用 20mm 厚 1∶2 水泥砂浆掺 5% 的防水粉，具体位置可参考 2005 年的建筑构造真题解析。

（2）散水变形缝：散水的伸缩缝在 2013 年的建筑构造考题中出现，对此《建筑地面工程施工质量验收规范》GB 50209—2010 有明确规定："第 3.0.15 条　水泥混凝土散水、明沟设置伸缩缝，其延长米间距不得大于 10m，对日晒强烈且昼夜温差超过 15℃的地区，其延长米间距宜为 4~6m。水泥混凝土散水、明沟和台阶等与建筑物连接处及房屋转角处应设缝处理。上述缝宽度应为 15~20mm，缝内应填嵌柔性密封材料。"

七、地下室

（一）环境特征

处于土壤中的地下室可以说是长期处于压力与潮湿环境之中。

（二）功能要求

承载与防水是整个地下室的重点要求，相对于屋面要简单得多。

（三）构造措施

地下室的构造与屋面、楼地面及墙面相同，以复合的构造层次来应对其功能要求。首先要确定的是防水等级，与屋面不同，地下室建筑防水设防分为四级。技术规范中对每级的防水标准及适用范围有详细论述，确定了防水等级后可以确定相应的防水措施，如一、二级的要求地下室主体结构的钢筋混凝土要防水，再添加一道防水层，地板、侧墙及顶板的构造层次不复杂。具体详见 2012 年的真题解析部分，更多的细节（如施工缝的处理）详见国标图集。

（四）规范图集

《地下工程防水技术规范》GB 50108—2008、《地下建筑防水构造图集》10J301。

第二节 综 合 作 图

大纲中关于综合作图部分的叙述如下："熟悉低、多层住宅，宿舍及一般中小型公共建筑中有关结构、设备、电气等专业的系统与设施的基本知识，掌握其与建筑布局的综合关系并能正确绘图表达。"可以看出，综合作图考核的是结构及设备电气专业的基础知识及与平面图相关内容，如结构体系的平面布置、给排水平面图及照明平面图等。

一、建筑结构

（一）历年考点

从历年真题统计（表 7-2-1）中可以看出，二级注册建筑师结构设计主要考了两种结构形式：砌体结构及框架结构，这也契合了大纲对中小型建筑规模的要求。砌体结构考的是构造柱的布置及其结构构造，如拉结钢筋的设置、圈梁的配筋等；框架结构考的是梁板柱的结构布置、变形缝的设置及楼板悬挑与开洞的设置等要点。其他是一些局部的结构问题，如楼梯的结构、雨篷的结构等，下面将分别予以论述。

建筑结构历年真题一览表 表 7-2-1

年份	考核内容	考核点	真题解析
2004	楼板布置及楼面梁设计	框架结构	
2005	办公楼结构平面布置	框架结构布置及局部结构平面	有
2006	结构及暖通综合作图	框架结构布置及局部结构剖面	有
2007	板式楼梯配筋	板式楼梯配筋要求	有
2008	结构梁尺寸估算	框架结构	
2009	条形基础	基础	
2010	住宅构造柱设置	砌体结构加强措施	
2011	雨篷结构设计	局部结构配筋图	

年份	考核内容	考核点	真题解析
2012	农村住宅构造柱设置及圈梁配筋	砌体结构加强措施	有
2013	楼梯结构设计	局部结构	有
2014	厂房变形缝及楼板洞口设置	框架结构	有
2017	某厂房夹层结构设计	框架结构的梁板柱结构布置	有
2018	布置拉结钢筋	砌体结构填充墙构造	有
2019	布置梁配筋	构件配筋	有
2020	楼梯间梁、柱布置	楼梯结构布置	有

（二）砌体结构

（1）砌体结构构成：由块体和砂浆砌筑而成的墙、柱作为建筑物主要受力构件的结构，是砖砌体结构、砌块砌体和石砌体结构的统称。

（2）砌体结构特性：砌体结构材料分布广泛、施工方便、造价经济，因此适合于多层及以下建筑。由于砌体结构的材料一般都属于脆性材料，抗压强度能满足承载要求，抗拉、抗弯、抗剪的强度都很低，材料性能的局限性使其承受水平荷载时极易破坏。加之砌体材料规格尺寸较小，砌筑砂浆粘结性有限，造成砌体结构整体刚度及稳定性很弱，抗震性能较差。

（3）抗震加强措施：二级注册建筑师考试中，对砌体结构的考核主要在构造柱与圈梁的设置上，构造柱与圈梁的设置就是为了加强砌体结构的整体刚度，提高抗震性能，因而其设置要求在《建筑抗震设计规范》GB 50011—2010（2016年版）中。

构造柱一般设于楼电梯间四角、楼梯斜梯段上下端对应的墙体处、外墙四角和对应转角、错层部位横墙与外纵墙交接处、大房间内外墙交接处、较大洞口两侧（《建筑抗震设计规范》第7.3.1条）。

圈梁除个别情况外一般是层层设置。

（4）规范图集：《砌体结构设计规范》GB 50003—2011、《砌体结构设计与构造》12SG620、《砌体填充墙结构构造》12G614-1。

（三）框架结构

从柯布西耶提出多米诺体系，到萨伏伊别墅、马赛公寓这种宣言式建筑的建成，框架结构以其广泛的适用性及高度的灵活性走向全球化，如今它已是最为普遍的结构体系，同样也是注册考试的重点内容，其要点其实比砌体结构简单得多。

（1）梁板柱的布置：钢筋混凝土结构的柱网通常在6～9m之间较为经济，梁高为跨距的1/8～1/12，板厚为跨度的1/35～1/45。

（2）悬挑结构处理：在外廊及楼板开洞的位置，通常要用到悬挑结构，出挑的距离一般控制在柱跨的1/2，如8m的柱网悬挑4m以内较为合理。在2005年及2014年建筑结构的试题中均涉及这部分的内容。

（3）变形缝的设置：一般钢筋混凝土框架结构楼体长于55m时需设置变形缝，变形缝处采用双柱的处理方式。

（四）局部结构

2009、2011及2013年的考题为局部结构的内容，考的是楼梯的梁板柱布置、楼梯梁的配筋、雨篷配筋等问题，2012 年及 2018 年同样考了局部构件的配筋问题，这些也是考试的重点考核内容，相关要点可查阅《砌体结构设计与构造》12SG620 及《砌体填充墙结构构造》12G614-1。

配筋的要点是要搞清楚构件的受力、变形方式及其钢筋配置的关系，如哪里受拉、哪里受压、哪里需要抗扭，受拉区域配置主筋，其他区域配置分布钢筋防止裂缝等，可以将梁、板、柱、楼梯坡道、雨篷、刚性基础这些最常用的建筑构件的配筋图，定性地掌握其配筋组成即可。

二、建筑设备、电气

（一）建筑的系统构成

以系统的视角来看，建筑是个复合系统，与人体的八大系统相类似。建筑的空间系统（建筑）相当于人体的肌肉系统，承载系统（结构）与人体骨骼系统相类似，设备电气系统中的给排水系统、电气系统及通风系统（设备、电气）就可以类比为人体的循环系统、神经系统及呼吸系统。建筑与结构系统有一个较为单一的内容核心（空间与承载），而设备电气系统的内容则较为繁多。

建筑设备、电气所涉及的内容广泛。建筑设备系统包括：给水系统、排水系统、供暖系统、通风系统、空调系统，与消防相关的防烟系统、排烟系统、消火栓系统、自动喷水灭火系统。建筑电气系统包括一般照明系统、与消防相关的应急照明系统及火灾自动报警系统。

建筑系统的复合性指的是每个系统既要保证各自专业系统的合理性，符合相应的规范、标准及技术规程要求（专业合理性），又要与其他系统相综合，比如协调设备占空、延伸及隐蔽的问题（空间合理性），至于消防更是一个紧急状态下的综合联动系统（消防联动性）。

概括地说，建筑设备、电气的内容可以用"水电暖通＋消防"几个字来表达，当然它们并不是并列的，用图解来表达它们的关系会更直观（图 7-2-1）。

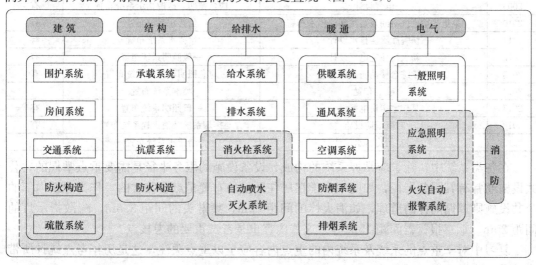

图 7-2-1　建筑复合系统

建筑设备、电气的大部分内容要点来自于规范，由于规范经常更新，因而要经常跟进最新规范的内容调整，重要的规范包括：

《建筑设计防火规范》GB 50016—2014（2018年版）

《火灾自动报警系统设计规范》GB 50116—2013

《民用建筑电气设计标准》GB 51348—2019

《住宅建筑电气设计规范》JGJ 242—2011

《建筑照明设计标准》GB 50034—2013

《建筑给水排水设计标准》GB 50015—2019

《民用建筑供暖通风与空调设计规范》GB 50736—2012

《自动喷水灭火系统设计规范》GB 50084—2017

《消防给水及消火栓系统技术规范》GB 50974—2014

《建筑防烟排烟系统技术标准》GB 51251—2017

（二）历年考点

对历年真题的统计（表7-2-2）中可以看出，综合作图设备与电气部分的内容中，消防设施、给排水系统及一般照明系统布置占了很大的比重，消防设施的内容包括消火栓、应急照明、疏散指示标志及喷淋的布置，给排水系统通常是厨房、卫生间、浴室及盥洗室等场所的给排水平面布置，一般照明系统布置即布置灯具、插座及其线路连接。至于采暖系统、空调系统及防排烟及火灾自动报警系统则很少涉及。

建筑设备、电气历年真题一览表 表7-2-2

年份	考核内容	考核点	真题解析
2003	消防布置	消火栓、喷淋系统设置	
2004	某学校宿舍盥洗室与卫生间设备平面布置	给排水、照明系统布置	有
2005	消火栓、卫生间给排水布置	给排水、消火栓系统布置	有
2006	结构与暖通综合作图	结构与空调系统关系	有
2007	设备管线布置	给排水、燃气管线布置	有
2008	卫生间给排水系统布置	给排水系统布置	有
2009	电气设计	应急照明、疏散指示系统布置	有
2010	某集体宿舍洗浴间及盥洗间给排水布置	给排水系统布置	有
2011	快餐厅厨房排水设计	给排水系统布置	有
2012	新农村住宅电气设计	一般照明系统布置	有
2013	教学综合楼消防设施布置	应急照明消火栓系统布置	有
2014	喷淋布置	喷淋系统布置	
2017	某住宅厨房电气设计	一般照明系统布置	有
2018	布置消防设施	排烟系统及消火栓系统布置	有
2019	浴室厨房排水设计	给排水系统布置	

在各类系统中，除了应掌握系统的构成，设备设施的服务半径是需要重点掌握的。公共设施通常有其服务半径，如同中小学在居住区里的布置是点覆盖式的，作为建筑内部的公共设施则遵循同样的道理，如消火栓的间距30m，喷淋头的间距3.6m，疏散指示灯的间距20m，烟感报警器间距15m等。这些内容也是考试重要的考核点。

复习中对于重点的系统及系统内的重点内容应予以重点关注，这是历年考点统计所带来的重要指示作用。

（三）建筑设备

1. 给排水系统

给排水系统通常分为室外给排水系统及室内给排水系统，考试一般考的是给排水平面布置，主要包括如下要点：

（1）熟悉常用的用水器具的构成与要求，如卫生器具、洗衣机等。

（2）立管、地漏设置：排水立管设于隐蔽部位，通常设置在靠近外墙的墙角处；有水的房间均应设置地漏，给水立管相对自由一些，方便连接用水器具且适当隐蔽即可。

（3）横管连接：给水管比排水管细一些，排水横管是有坡度的，作图时要用箭头标识坡向。

（4）室外排水设施：包括隔油池、化粪池及检查井。公共厨房加工间的废水需经隔油池处理，卫生间的污水需经化粪池处理方能排入市政管网，检查井一般设于管道交汇处、转弯处。在2011年的快餐厅厨房排水布置的真题中，这些要点均有所体现。

2. 消火栓系统

2013年的考题中考了消火栓的布置，相关要点在《消防给水及消火栓系统技术规范》GB 50974—2014有详细的规定。现摘录如下：

（1）消火栓布置位置：应设置在易于取用之处，设置室内消火栓的建筑，包括设备层在内的各层均应设置消火栓（第7.4.3条）。

（2）消火栓布置要求：室内消火栓的布置应满足同一平面有2支消防水枪的2股充实水柱同时达到任何部位的要求。但当建筑高度小于等于24.0m且体积小于等于5000m³多层仓库，可采用1支水枪充实水柱到达室内任何部位（第7.4.6条）。

（3）消火栓布置距离：室内消火栓宜按行走距离计算其布置间距，并应符合下列规定（图7-2-2）：

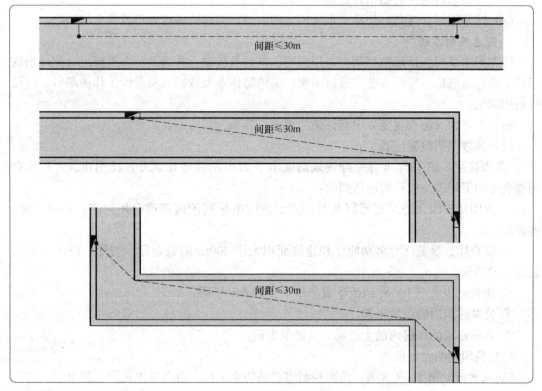

图7-2-2　消火栓设置要点

消火栓按 2 支消防水枪的 2 股充实水柱布置的高层建筑、高架仓库、甲乙类工业厂房等场所，消火栓的布置间距不应大于 30m。

消火栓按 1 支消防水枪的 1 股充实水柱布置建筑物，消火栓的布置间距不应大于 50m。（第 7.4.10 条）

3. 自动喷水灭火系统

自动喷水灭火系统的要点包括：

（1）设置场所：一类高层全设，二类高层部分场所设置，所有楼梯间均不设，具体细节很多，可详见《建筑设计防火规范》GB 50016—2014（2018 年版）（以下简称《防火规范》）的相关部分内容。

（2）喷头间距：小于 3.6m，大于 2.4m，端部小于 1.8m。

（四）建筑电气

从表 7-2-2 中可以看出，2012 年及 2017 年考的是一般照明系统，2013 年考的是应急照明系统，下面将分别叙述其要点。

1. 一般照明系统

作图题考的是电气平面布置图，一般照明系统主要包括灯具、开关及其线路的布置与敷设，用电设备（主要是插座）及其线路的布置与敷设。

（1）灯具布置：需均匀布置以保证照明均匀度。二级考试无需计算，适当布置即可。

（2）插座布置：与用电器具位置有关，其布置数量在《住宅设计规范》中有相应的规定，不过考试题目条件会给出设置数量，无需记忆。

（3）线路连接：灯具、插座要形成独立的回路，空调插座也要形成独立的回路。

2. 应急照明系统

应急照明系统包括疏散照明和备用照明，供人员疏散，并为消防人员撤离火灾现场的场所应设置疏散指示照明和疏散通道照明；供消防作业及救援人员继续工作的场所，应设置备用照明。

相关要点在《防火规范》中有详细的规定：

（1）疏散照明设置位置

《防火规范》第 10.3.1 条：除建筑高度小于 27m 的住宅建筑外，民用建筑、厂房和丙类仓库的下列部位应设置疏散照明：

① 封闭楼梯间、防烟楼梯间及其前室、消防电梯间的前室或合用前室、避难走道、避难层（间）。

② 观众厅、展览厅、多功能厅和建筑面积大于 200m² 的营业厅、餐厅、演播室等人员密集的场所。

③ 建筑面积大于 100m² 的地下或半地下公共活动场所。

④ 公共建筑内的疏散走道。

⑤ 人员密集的厂房内的生产场所及疏散走道。

（2）备用照明设置位置

《防火规范》第 10.3.3 条：消防控制室、消防水泵房、自备发电机房、配电室、防排烟机房以及发生火灾时仍需正常工作的消防设备房应设置备用照明，其作业面的最低照度不应低于正常照明的照度。

（3）疏散指示标志的设置

《防火规范》第 10.3.5 条：公共建筑、建筑高度大于 54m 的住宅建筑、高层厂房（库房）和甲、乙、丙类单、多层厂房，应设置灯光疏散指示标志，并应符合下列规定：

① 应设置在安全出口和人员密集的场所的疏散门的正上方。

② 应设置在疏散走道及其转角处距地面高度 1.0m 以下的墙面或地面上。灯光疏散指示标志的间距不应大于 20m；对于袋形走道，不应大于 10m；在走道转角处，不应大于 1.0m（图 7-2-3、图 7-2-4）。

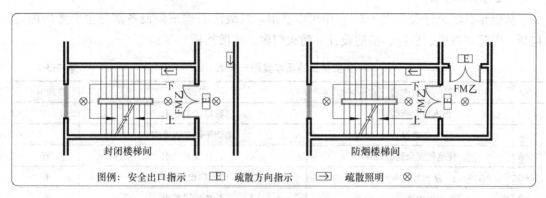

图 7-2-3　楼梯间的疏散照明及疏散指示标志的设置

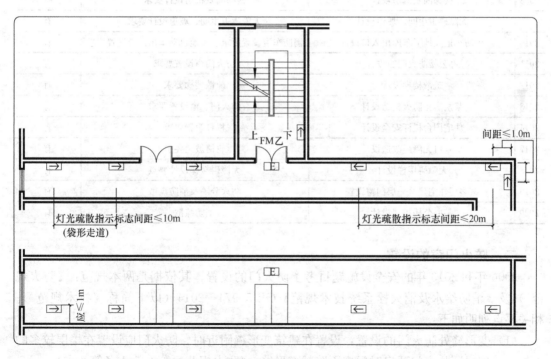

图 7-2-4　疏散走道设置疏散指示标志要点

第三节 安 全 设 施

大纲中关于安全设施部分的叙述如下："掌握建筑法规中一般建筑的安全防护规定及其针对儿童、老年人、残疾人的特殊防护要求。掌握一般建筑防火构造措施，并能正确绘图表达。"可以看出安全设施主要包括无障碍设施及防火设计两部分重点内容。

一、历年考点

从历年真题统计表（表7-3-1）中可以看出，二级注册建筑师设备部分主要考的内容包括：无障碍坡道、栏杆、消防设计（防火门窗、疏散楼梯）等。

安全设施历年真题一览表

表 7-3-1

年份	考核内容	考核点	真题解析
2003	出入口无障碍设计	轮椅坡道要求	
2004	消防设计	消防平面布置要求	
2005	住宅的安全防护设计	栏杆设置要求	有
2006	防火构造设计	防火门设置要求	有
2007	观光台阶无障碍坡道设计	轮椅坡道要求	有
2008	楼梯间及机房设计	楼梯间及机房设计要求	有
2009	无障碍卫生间、坡道设计	无障碍卫生间、坡道设计要求	有
2010	消防车道及地下车库出入口设计	消防车道设置要求、场地机动车出入口设置要求	有
2011	办公楼防火门窗设计	防火门窗设置要求	有
2012	疏散楼梯设计	疏散楼梯要求	有
2013	某病房楼防火构造设计	防火门、窗设置要求	有
2014	住宅阳台栏杆安全设计	栏杆设置要求	有
2017	出入口无障碍改造设计	轮椅坡道要求	有
2018	无障碍楼梯设计	无障碍楼梯设计要点	有
2019	某多层住宅建筑一层门窗设置	防火分隔及消防疏散	有
2020	某办公楼扩建设计	消防疏散	有

二、防火门窗的设置

2006年和2013年的安全设施题目考了防火门的设置，其依据是两本规范：《防火规范》及《消防给水及消火栓系统技术规范》GB 50974—2014（以下简称《技术规范》）。相关要点列明如下：

（1）变形缝处防火门的设置：设置在建筑变形缝附近时，防火门应设置在楼层较多的一侧，并应保证防火门开启时门扇不跨越变形缝（《防火规范》第6.5.1条第5点）。

（2）甲级防火门的设置：防火分区处（《防火规范》第6.1.5条）、消防电梯机房（《防火规范》第7.3.6条）、锅炉房（《防火规范》第5.4.12条）、柴油发电机房及储油间（《防火规范》第5.4.13条）、通风机房、空调机房及变配电室（《防火规范》第6.2.7

条）；消防水泵房（《技术规范》第 5.5.12 条）。

（3）乙级防火门的设置：消防控制室及灭火设备室（《防火规范》第 6.2.7 条）、封闭楼梯间（《防火规范》第 6.4.2 条）、防烟楼梯间及其前室（《防火规范》第 6.4.3 条）歌舞娱乐放映游艺房间（《防火规范》第 5.4.9 条）、排烟管道井检修门（《建筑防烟排烟系统技术标准》GB 51251—2017 第 4.4.11 条）。

（4）丙级防火门的设置：管井门（《防火规范》第 6.2.9 条排烟管道井除外）、变电所直通室外的疏散门，不低于丙级防火门（《统一标准》第 8.3.2 条）。

三、疏散楼梯设计要点

（1）疏散楼梯间的地下与地上分隔：建筑的地下或半地下部分与地上不应共用楼梯间，确需共用楼梯间时，应在首层采用耐火极限不低于 2.0h 防火隔墙和乙级防火门将地下或半地下部分与地上部分的联通部位完全分隔，并应设置明显的标志（《防火规范》第 6.4.4 条）。

（2）防烟楼梯间：前室及楼梯要设置防烟设施，门为乙级防火门，前室面积详见防火规范。

（3）室外疏散梯要点：疏散门不应正对梯段；除疏散门外，楼梯周围 2m 内的墙面上不应设置门、窗、洞口；门采用乙级防火门，并应向外开启；扶手高度不应小于 1.1m；楼梯净宽不应小于 0.9m；倾斜角度不应大于 45°（《防火规范》第 6.4.5 条）。

四、轮椅坡道

2007 年及 2017 年考了轮椅坡道，其设计要点可查阅规范《无障碍设计规范》GB 50763—2012 及《统一标准》，其中有部分矛盾之处应以最新的《无障碍设计规范》为准，以下各点为《无障碍设计规范》的相关规定。

（1）净宽：不应小于 1.0m，无障碍出入口的轮椅坡道净宽度不应小于 1.2m（第 3.4.2 条）。

（2）坡度：轮椅坡道最大高度与水平长度应符合表 7-3-2 的规定（第 3.4.4 条）。

轮椅坡道的最大高度与水平长度   表 7-3-2

坡度	1：20	1：16	1：12	1：10	1：8
最大高度（m）	1.20	0.90	0.75	0.60	0.30
水平长度（m）	24.00	14.40	9.00	6.00	2.40

（3）扶手：高度超过 300mm 且坡度大于 1：20，应在两侧设置扶手，坡道与休息平台扶手保持连贯，起点和终点处水平延伸不小于 300mm，单层扶手高度为 850～900mm（第 3.4.3 条、第 3.8.2 条）。

（4）休息平台：水平长度不小于 1.5m（第 3.4.6 条）。

五、栏杆

2005 年及 2014 年的安全设施部分均考的是栏杆高度，其要点详见两本规范，《统一标准》和《住宅设计规范》GB 50096—2011（以下简称《住规》），还有 1 本图集，《〈住宅设计规范〉图示》13J815。其中的几个最关键的点包括：

（1）栏杆高度：栏杆临空高度为 24m 以下时，栏杆高度不应低于 1.05m，栏杆临空高度为 24m 及以上时不应低于 1.1m，上人屋面和交通、商业、旅馆、医院、学校等建筑临开敞中庭的栏杆高度不应小于 1.2m。（《统一标准》第 6.7.3 条）住宅六层及以下的阳台栏杆高度不应低于 1.05m，七层及以上的不应低于 1.1m（《住规》第 6.1.3 条）。

（2）可踏部位：高度≤0.45m，宽度≥0.22m，为可踏部位，栏杆高度应从其顶面算起（《统一标准》第 6.7.3 条）。

（3）垂直杆件净距：不应大于 0.11m（《统一标准》第 6.7.4 条、《住规》第 6.1.3 条）。幼儿园场所不应大于 0.09m［《托儿所、幼儿园建筑设计规范》JGJ 39—2016（2019 年版）第 4.1.12 条］。

（4）临空外窗防护：内容引自《统一标准》。

6.11.6　窗的设置应符合下列规定：

1　窗扇的开启形式应方便使用、安全和易于维修、清洗；

2　公共走道的窗扇开启时不得影响人员通行，其底面距走道地面高度不应低于 2.0m；

3　公共建筑临空外窗的窗台距楼地面净高不得低于 0.8m，否则应设置防护设施，防护设施的高度由地面起算不应低于 0.8m；

4　居住建筑临空外窗的窗台距楼地面净高不得低于 0.9m，否则应设置防护设施，防护设施的高度由地面起算不应低于 0.9m；

5　当防火墙上必须开设窗洞口时，应按现行国家标准《建筑设计防火规范》GB 50016 执行。

6.11.7　当凸窗窗台高度低于或等于 0.45m 时，其防护高度从窗台面起算不应低于 0.9m；当凸窗窗台高度高于 0.45m 时，其防护高度从窗台面起算不应低于 0.6m。

第八章 真题解析

第一节 建 筑 构 造

一、种植屋面构造（2004年）

（一）题目

1. 设计条件

某3层建筑平屋面为种植屋面（屋顶花园），屋面防水等级为Ⅱ级，屋面排水由结构找坡，其屋面平面图如图8-1-1-1所示。

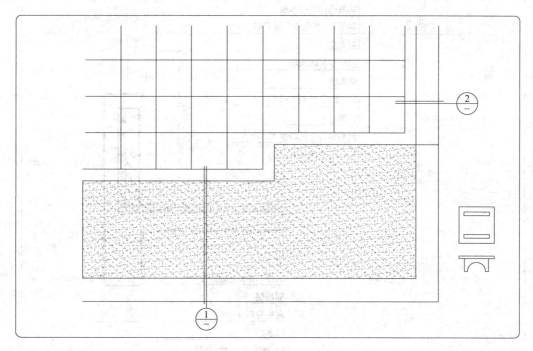

图 8-1-1-1　种植屋面平面图

2. 作图要求

绘制种植屋面节点构造详图，使之满足种植及安全防护要求。注明构造层次、做法、图样、厚度及主要尺寸。

3. 提示

种植土层厚度300～500mm。

（二）解析（图 8-1-1-2）

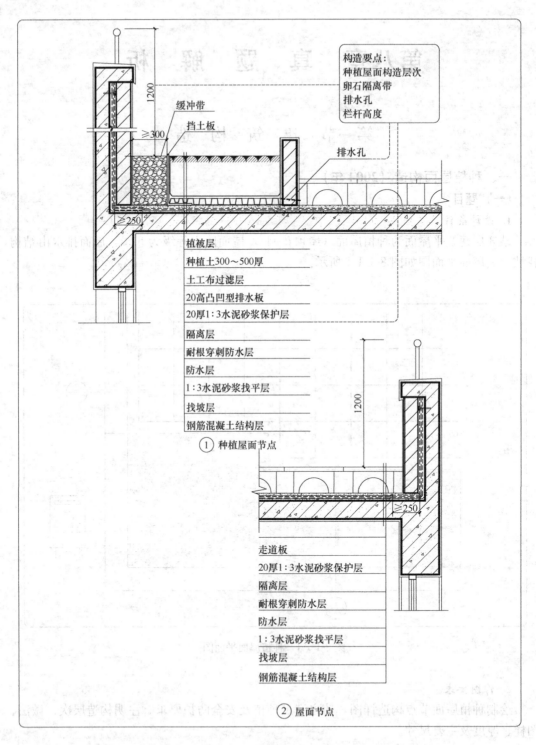

图 8-1-1-2　种植屋面节点详图

二、墙身防潮层构造（2005年）

（一）题目

设计要求：在图 8-1-2-1 的三个节点中分别绘出墙身防潮层的位置，并标注标高及采用的材料和厚度。

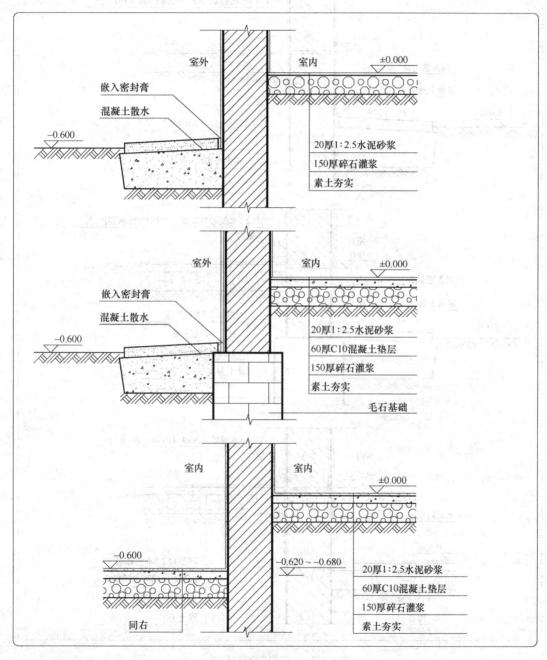

图 8-1-2-1 墙身节点详图

（二）解析（图 8-1-2-2）

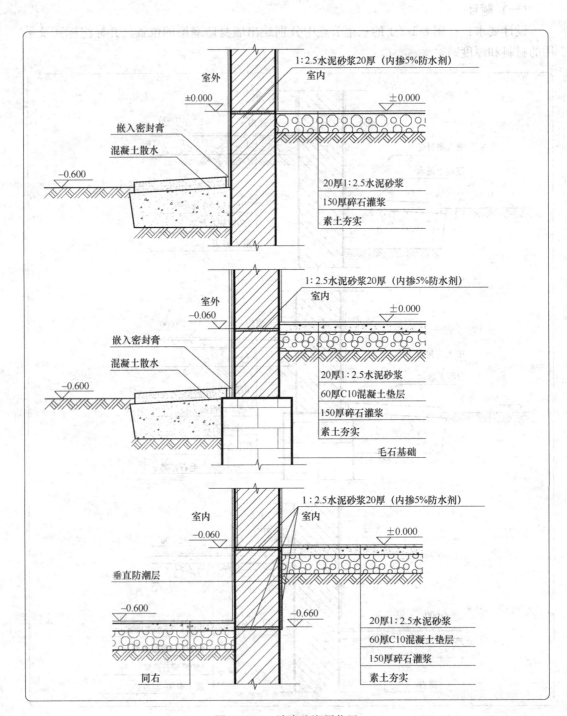

图 8-1-2-2　墙身防潮层位置

三、住宅卫生间同层排水楼面构造（2006年）

（一）题目

1. 设计条件

某多层住宅卫生间采用"同层排水"方式，卫生间与卧室相接处未完成的构造详图见图 8-1-3-1。

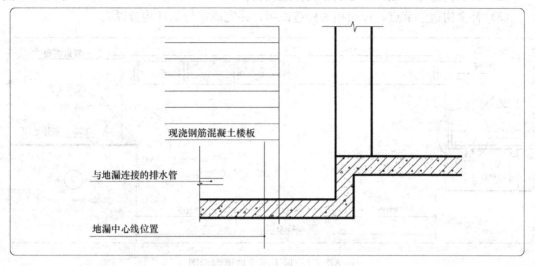

图 8-1-3-1　卫生间构造详图

2. 作图要求

（1）绘制完成该处构造详图（应绘出地漏剖面）。

（2）注明构造层次、做法、用料、厚度及相关尺寸。

3. 提示

"同层排水"是指本层所有排水管均不穿过楼板，只在本层接入排水立管。

（二）解析（图 8-1-3-2）

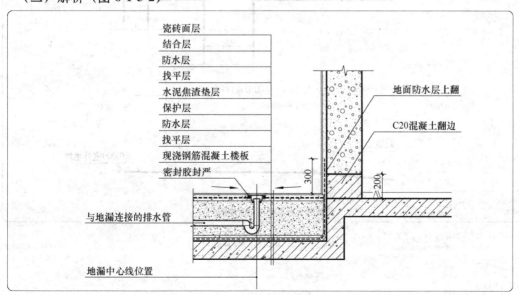

图 8-1-3-2　同层排水楼面构造详图

四、地下车库坡道剖面及节点设计（2007 年）

（一）题目

设计任务与要求（图 8-1-4-1、图 8-1-4-2）：

（1）某新建地下车库坡道，画出最短坡道，并标注坡度、坡长及其相关尺寸。

（2）补全构造①节点，并标明相关构造说明。

（3）补全构造②节点，标明相关构造说明，并完成室外地坪构造说明。

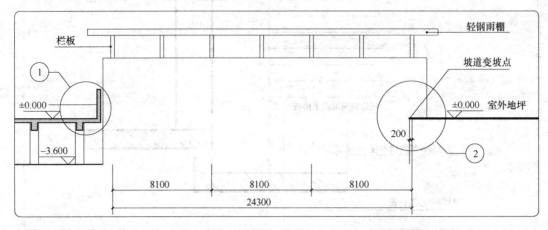

图 8-1-4-1　地下车库坡道剖面图

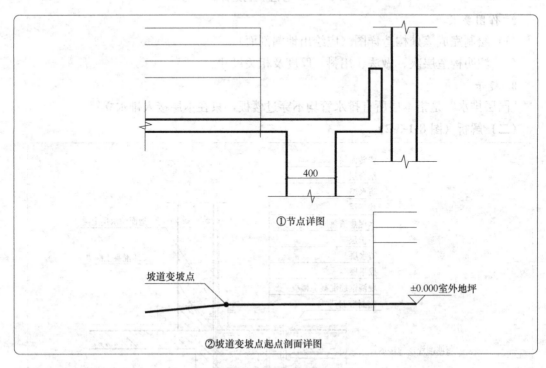

图 8-1-4-2　地下车库节点详图

（二）解析（图 8-1-4-3、图 8-1-4-4）

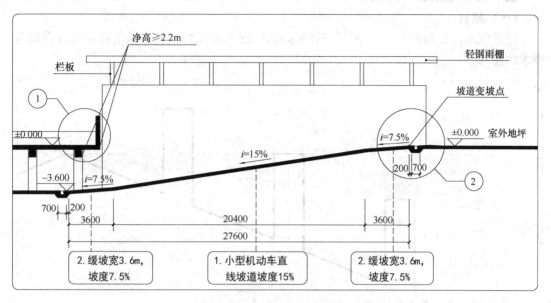

图 8-1-4-3　地下车库坡道剖面图解析要点

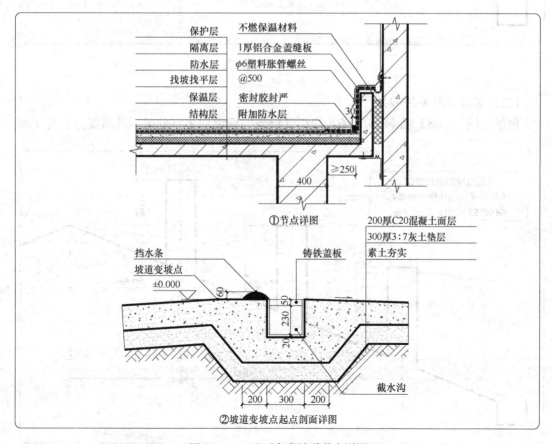

图 8-1-4-4　地下车库坡道节点详图

五、坡屋面烟囱高度设计（2008 年）

（一）题目

任务要求：根据图 8-1-5-1 所示三种不同的烟囱出屋面的位置，标出各部分符合规范要求的尺寸。

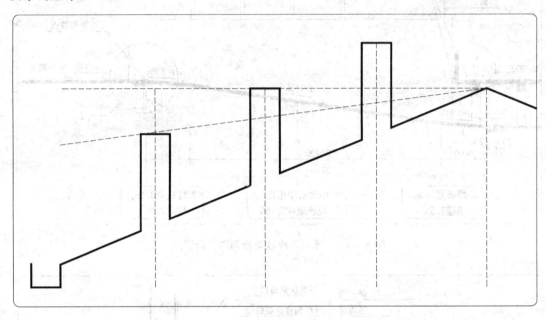

图 8-1-5-1　坡屋顶屋面烟囱布置

（二）解析（图 8-1-5-2）

根据《统一标准》第 6.16.4 条，当用气设备的烟道伸出室外时，其高度应符合下列

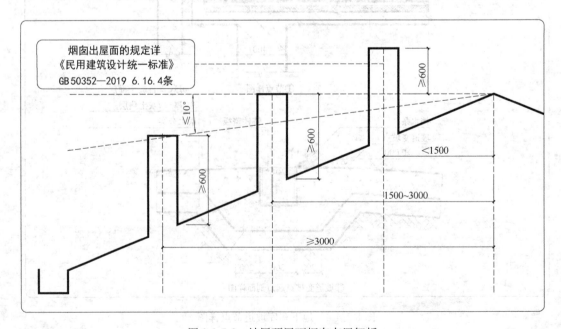

图 8-1-5-2　坡屋顶屋面烟囱布置解析

要求:

(1) 当烟囱离屋脊小于 1.5m 时（水平距离），应高出屋脊 0.6m。

(2) 当烟囱离屋脊 1.5～3.0m 时（水平距离），烟囱可与屋脊等高。

(3) 当烟囱离屋脊的距离大于 3.0m 时（水平距离），烟囱应在屋脊水平线下 10°的直线下。

(4) 在任何情况下，烟囱应高出屋面 0.6m。

(5) 当烟囱的位置临近高层建筑时，烟囱应高出沿高层建筑物 45°的阴影线。

六、坡屋面构造设计（2009 年）

（一）题目

1. 设计条件

如图 8-1-6-1 所示檐口、屋脊、变形缝、天沟部位。

2. 作图要求

根据所给的檐口、屋脊、变形缝、天沟部位画出其做法，标注屋面构造层次做法，注明附加防水层宽度。

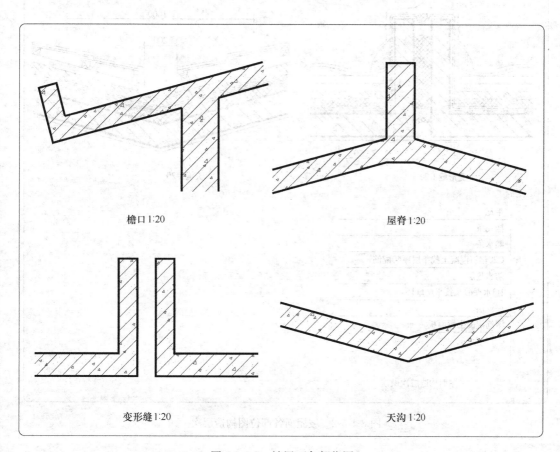

檐口 1:20 　　　　屋脊 1:20

变形缝 1:20 　　　　天沟 1:20

图 8-1-6-1　坡屋面各部位图

(二) 解析 (图 8-1-6-2)

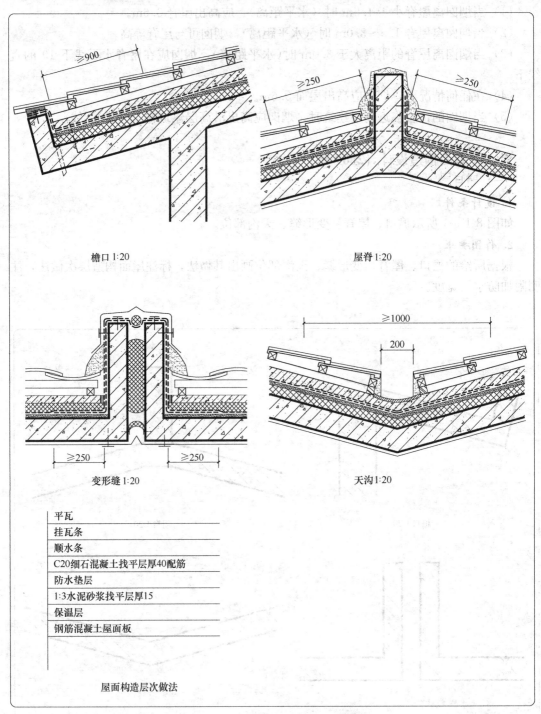

檐口 1:20　　　　　　　　　　屋脊 1:20

变形缝 1:20　　　　　　　　　　天沟 1:20

| 平瓦 |
| 挂瓦条 |
| 顺水条 |
| C20细石混凝土找平层厚40配筋 |
| 防水垫层 |
| 1:3水泥砂浆找平层15 |
| 保温层 |
| 钢筋混凝土屋面板 |

屋面构造层次做法

图 8-1-6-2　坡屋面各部位图构造层次

七、剪刀楼梯剖面（2011年）

（一）题目

1. 设计条件

图为某多层商场未完成的楼梯间二、三层平面图和 A-A 局部剖面图，其中楼梯梯段与其楼层平台及中间休息平台未绘出。层高 5.1m，其他已知条件如图 8-1-7-1 所示。

2. 作图要求

（1）根据相关规范要求设计剪刀楼梯，在①～②轴间补充绘制剪刀楼梯的二、三层平面图和 A-A 局部剖面图，剖面图上的栏杆无需绘制。

（2）在平面图和剖面图中分别标明楼梯梯段的相关尺寸，注明楼梯踏步的宽度、高度和踏步数。

（3）绘制楼梯间疏散门与开启方向。

（4）在平面图中绘出两个楼梯梯段之间的 200mm 厚防火隔墙。

3. 回答问题

（1）规范要求楼梯梯段最小净宽为____ m。

（2）规范要求楼梯梯段间最小净高为____ m。

（3）规范要求楼梯平台处最小净高为____ m。

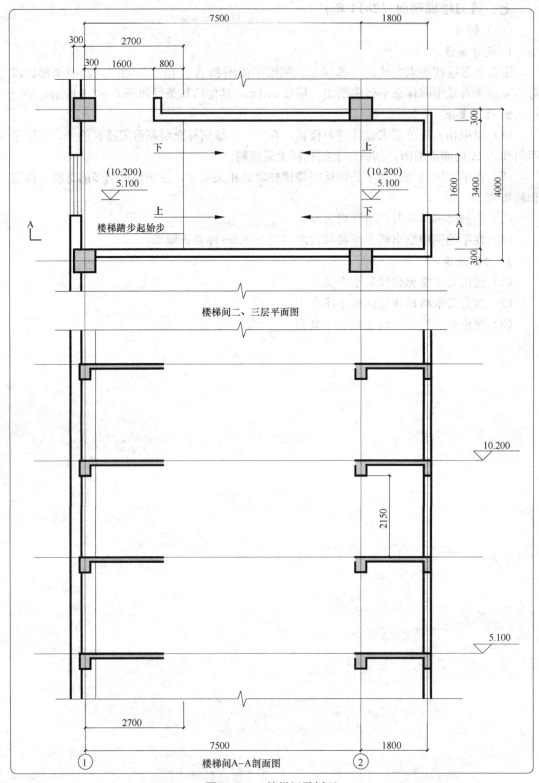

图 8-1-7-1 楼梯间平剖面

266

（二）解析（图 8-1-7-2）

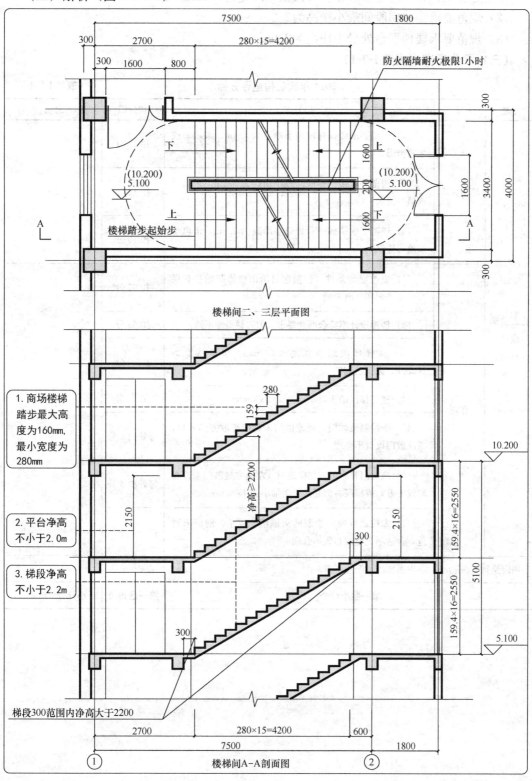

图 8-1-7-2　楼梯间平剖面要点解析

填空题答案：(1) 规范要求楼梯梯段最小净宽为1.4m。

(2) 规范要求楼梯梯段间最小净高为2.2m。

(3) 规范要求楼梯平台处最小净高为2.0m。

(三) 评分标准 (表 8-1-7-1)

2011 年建筑构造评分标准

表 8-1-7-1

考题	考核点	扣分点	扣分值	总值
剪刀楼梯设计 (95分)	填写内容	(1) 规范要求楼梯梯段最小净宽为 1.4m，未填写或填写错误	扣 10 分	30
		(2) 规范要求楼梯梯段间最小净高为 2.2m，未填写或填写错误	扣 10 分	
		(3) 规范要求楼梯平台处最小净高为 2.0m，未填写或填写错误	扣 10 分	
	作图	(1) 更改设计条件（包括题目给出楼梯起始步和层高）或平面和剖面未画	扣 65 分	65
		(2) 楼梯设计不符合题意要求（剪刀梯概念不清）	扣 65 分	
		(3) 楼梯梯段踏步宽度＜280mm，踏步高度＞160mm，或无法判断	扣 20 分	
		(4) 楼梯梯段踏步口距梁边缘＜300mm	扣 20 分	
		(5) 未绘制疏散门，或疏散门未朝向疏散方向开启，或疏散门设置不合理	每处扣 5 分	
		(6) 疏散门开启位置妨碍疏散（左上方疏散门未设在轴线上方，或梯段右侧起始步距轴小于 450mm）	每处扣 3 分	
		(7) 未按题目要求绘制防火隔墙，或平、剖面未对应，表达不完整或布置不合理	扣 5~10 分	
图面绘制 (5分)		图面粗糙或图注不符	扣 2~5 分	5
第一题小计分			第一题得分	小计分×0.4＝

八、地下室构造（2012 年）

(一) 题目

1. 设计条件

某多层住宅钢筋混凝土结构地下车库局部剖面见图 8-1-8-1，地下室底板、侧墙、顶板均采用防水混凝土，防水等级为 Ⅱ 级，不设置保温层。

2. 作图要求

(1) 绘出底板、侧墙、顶板的防水构造，并在引出线上分层注明材料、做法、厚度。

(2) 完整绘出阴阳转角处大样①、②、③的防水构造，并标注材料、做法、厚度及控制宽度。

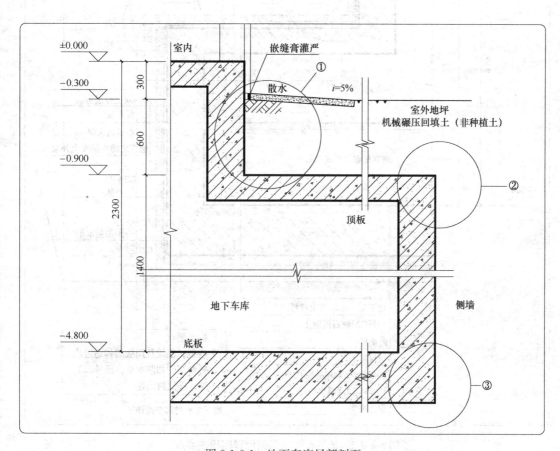

图 8-1-8-1　地下车库局部剖面

（二）解析（图 8-1-8-2）

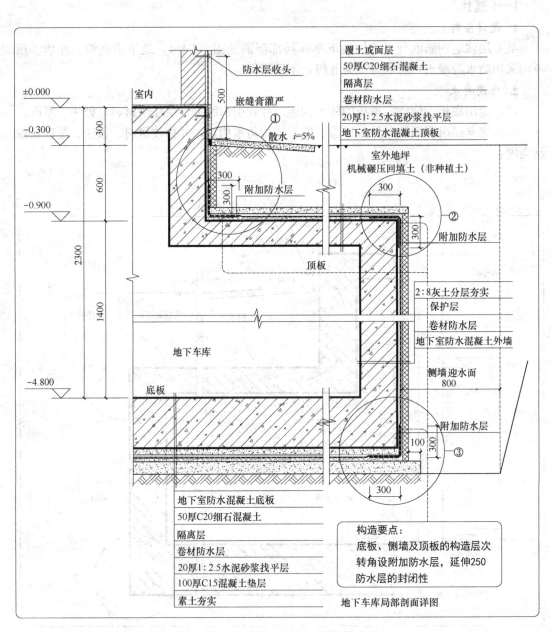

图 8-1-8-2　地下车库局部剖面详图构造要点

覆土或面层
50厚C20细石混凝土
隔离层
卷材防水层
20厚1:2.5水泥砂浆找平层
地下室防水混凝土顶板

防水层收头
嵌缝膏灌严
散水 $i=5\%$
附加防水层

室内
±0.000
-0.300
-0.900
-4.800

室外地坪
机械碾压回填土（非种植土）

附加防水层

顶板

地下车库

底板

2:8灰土分层夯实
保护层
卷材防水层
地下室防水混凝土外墙

侧墙迎水面
800

附加防水层

地下室防水混凝土底板
50厚C20细石混凝土
隔离层
卷材防水层
20厚1:2.5水泥砂浆找平层
100厚C15混凝土垫层
素土夯实

构造要点：
底板、侧墙及顶板的构造层次
转角设附加防水层，延伸250
防水层的封闭性

地下车库局部剖面详图

270

九、屋面变形缝、散水及伸缩缝构造 (2013 年)

(一) 题目: 屋面变形缝

1. 设计条件

图 8-1-9-1 为①、②、③分别为三处未完成的屋面变形缝节点图, 防水材料均采用高聚物改性沥青防水卷材。缝两侧屋面构造做法已确定。

2. 作图要求

根据各变形缝节点的构造要求, 完成构造设计, 并注明必要的材料及相关尺寸。

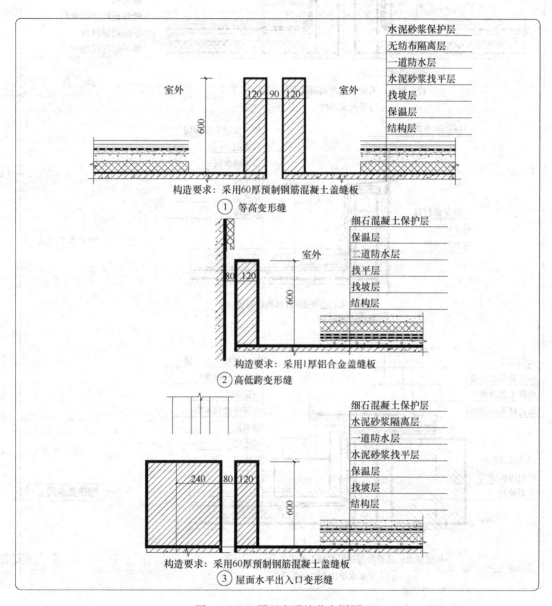

图 8-1-9-1 屋面变形缝节点详图

（二）解析（图 8-1-9-2）

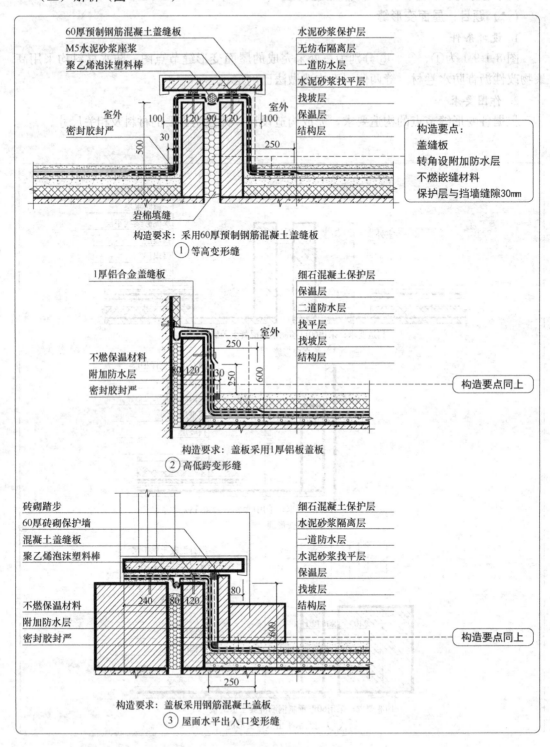

60厚预制钢筋混凝土盖缝板
M5水泥砂浆座浆
聚乙烯泡沫塑料棒

水泥砂浆保护层
无纺布隔离层
一道防水层
水泥砂浆找平层
找坡层
保温层
结构层

室外
密封胶封严
100　120　90　120　100
30
500
250

室外

构造要点：
盖缝板
转角设附加防水层
不燃嵌缝材料
保护层与挡墙缝隙30mm

岩棉填缝

构造要求：采用60厚预制钢筋混凝土盖缝板
① 等高变形缝

1厚铝合金盖缝板

细石混凝土保护层
保温层
二道防水层
找平层
找坡层
结构层

250　室外
600
不燃保温材料
80　120　30
250
附加防水层
密封胶封严

构造要点同上

构造要求：盖板采用1厚铝板盖板
② 高低跨变形缝

砖砌踏步
60厚砖砌保护墙
混凝土盖缝板
聚乙烯泡沫塑料棒

细石混凝土保护层
水泥砂浆隔离层
一道防水层
水泥砂浆找平层
保温层
找坡层
结构层

240　80　120　80
不燃保温材料
附加防水层
密封胶封严
600
250

构造要点同上

构造要求：盖板采用钢筋混凝土盖板
③ 屋面水平出入口变形缝

图 8-1-9-2　屋面变形缝节点详图解析

(三) 题目：散水及其伸缩缝设计

1. 设计条件

图 8-1-9-3 为某学校教学楼首层平面图，该建筑所在地区日晒不强烈且昼夜温差小于 15℃。

2. 作图要求

(1) 绘出 1m 宽度的散水及其伸缩缝。

(2) 标注伸缩缝的间距。

(3) 填空：伸缩缝的缝宽为(　　)mm。

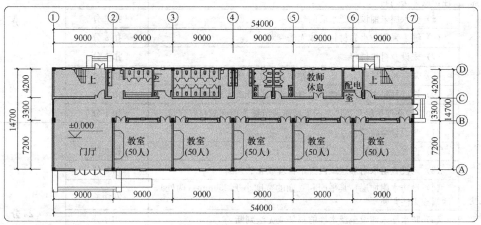

图 8-1-9-3　教学综合楼首层平面图

(四) 解析

根据《建筑地面工程施工质量验收规范》GB 50209—2010 第 3.0.15 条：水泥混凝土散水、明沟应设置伸缩缝，其延长米间距不得大于 10m，对日晒强烈且昼夜温差超过 15℃的地区，其延长米间距宜为 4~6m。水泥混凝土散水、明沟和台阶等与建筑物连接处及房屋转角处应设缝处理。上述缝的宽度应为 15~20mm，缝内应填嵌柔性密封材料 (图 8-1-9-4)。

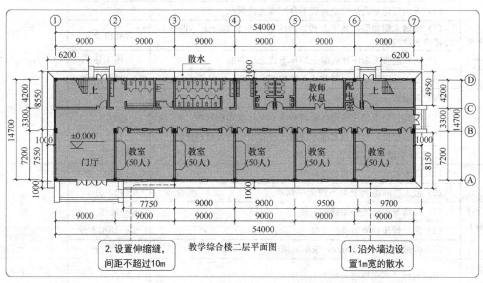

图 8-1-9-4　散水变形缝构造解析

填空题答案：伸缩缝的缝宽为 (20) mm。

（五）评分标准（表 8-1-9-1）

2013 年建筑构造评分标准

表 8-1-9-1

考核点	扣分点	扣分值	总值
等高变形缝 (25分)	（1）未设置混凝土盖板	扣5分	25分
	（2）设置混凝土盖板但不合理	扣2分	
	（3）未设置防水附加层或设置不合理或无法判断	扣5分	
	（4）设防水附加层，其平面和立面的宽度小于250mm（两处），注错或无法判断	每处扣2分	
	（5）防水层未铺设至泛水墙的顶部或无法判断	扣3分	
	（6）缝未采用防水卷材封盖或无法判断	扣3分	
	（7）未设置衬垫材料	扣1分	
	（8）未在衬垫材料上干铺一层卷材或无法判断	扣3分	
	（9）填缝材料未使用不燃保温材料或未设计或无法判断	扣3分	
	（10）屋面保护层与挡墙之间未留缝或留缝未用密封材料嵌填	扣1分	
高低变形缝 (25分)	（1）未设置金属盖板	扣5分	25分
	（2）设置金属盖板但不合理	扣2分	
	（3）未设置防水附加层或设置不合理或无法判断	扣5分	
	（4）设防水附加层，其平面和立面的宽度小于250mm（两处），注错或无法判断	每处扣2分	
	（5）防水层未铺设至泛水墙的顶部或无法判断	扣3分	
	（6）挡墙未增设保温材料	扣3分	
	（7）缝未采用防水卷材封盖或无法判断	扣3分	
	（8）填缝材料未使用不燃保温材料或未设计或无法判断	扣3分	
	（9）屋面保护层与挡墙之间未留缝或留缝未用密封材料嵌填	扣1分	
屋面水平出入口变形缝 (25分)	（1）未设置混凝土盖板	扣5分	25分
	（2）设置混凝土盖板但不合理	扣2分	
	（3）未设置防水附加层或设置不合理或无法判断	扣5分	
	（4）设防水附加层，其平面和立面的宽度小于250mm（两处），注错或无法判断	每处扣2分	
	（5）防水层收头未压在混凝土踏步下或无法判断	扣3分	
	（6）缝未采用防水卷材封盖或无法判断	扣3分	
	（7）未设置保护墙	扣1分	
	（8）填缝材料未使用不燃保温材料或未设计或无法判断	扣3分	
	（9）屋面保护层与挡墙之间未留缝或留缝未用密封材料嵌填	扣1分	
	（10）未画踏步或踏步设计不合理	扣1～3分	
散水坡伸缩缝设计 (20分)	（1）散水坡未设计（共四边）	每边扣5分	20
	（2）散水缝间距大于10m或无法判断	扣5分	
	（3）与墙身连接处伸缩缝共7处	少一处扣1分	
	（4）房屋转角处伸缩缝共3处（不含左下角）	少一处扣1分	
	（5）伸缩缝宽15～20mm，未填或填错	扣3分	
图面绘制 (5分)	图面粗糙、不完整或未按图示表达	扣2～5分	5
第一题小计分		第一题得分	小计分×0.4=

十、屋面等高变形缝、屋顶外挑排水檐沟构造（2014年）

（一）题目

1. 设计条件

图 8-1-10-1 为屋顶外挑排水檐沟剖面图和屋面等高变形缝节点。屋面防水等级为 Ⅱ 级，防水材料均采用高聚物改性沥青防水卷材。

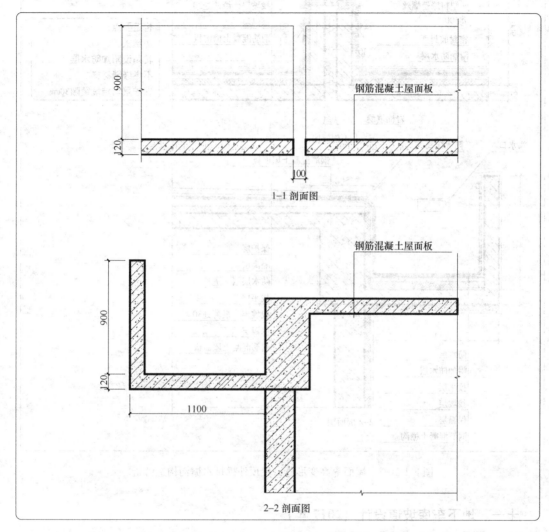

图 8-1-10-1　屋面等高变形缝、屋顶外挑排水檐沟构造

2. 作图要求

（1）根据变形缝节点的构造要求，完成构造设计。

（2）注明必要的材料和尺寸。

（3）在檐沟合理位置，绘制一处溢水口。

（二）解析

本题的重要考核点是屋面的层次、转弯处的 250mm 宽附加防水层、保护层与挡墙的 30mm 缝隙（油膏嵌缝）及不燃的嵌缝材料（《防火规范》中第 6.3.4 条规定，变形缝内的填充材料和变形缝的构造基层应采用不燃材料）（图 8-1-10-2）。

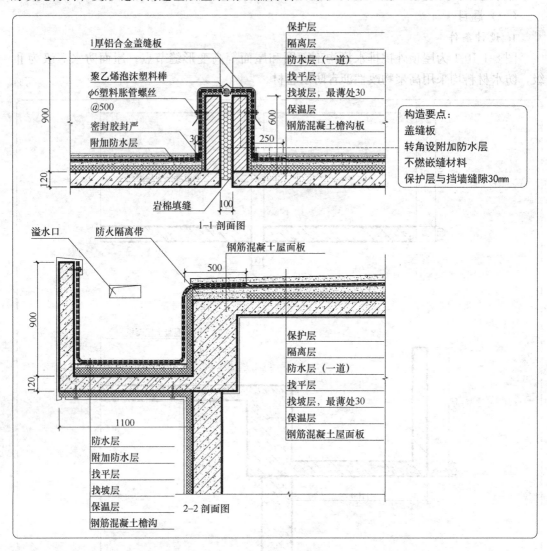

图 8-1-10-2　屋面等高变形缝、屋顶外挑排水檐沟构造解析

十一、地下车库坡道设计（2017 年）

（一）题目

1. 设计条件

某建筑附建有小型机动车地下车库，其出入口的坡道平面、剖面及相关尺寸如图 8-1-11-1。

2. 设计要求

按照规范允许的坡道最大纵向坡度，完成地下车库出入口的直线坡道设计，坡道起始线距排水沟边缘不小于 600mm。

3. 作图要求

在坡道平面、剖面图中，按照规范要求在两个排水沟之间绘出坡道的平面和剖面。

（1）采用直线缓坡方式，绘出并注明坡道各段的坡度变化转折线及其标高，注明坡道各段水平长度和坡度。

（2）在《车库建筑设计规范》中，规定的小型车出入口及坡道的最小净高为____m。

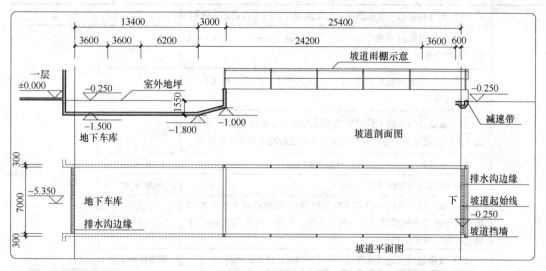

图 8-1-11-1　小型机动车地下车库坡道平剖面

（二）解析（图 8-1-11-2）

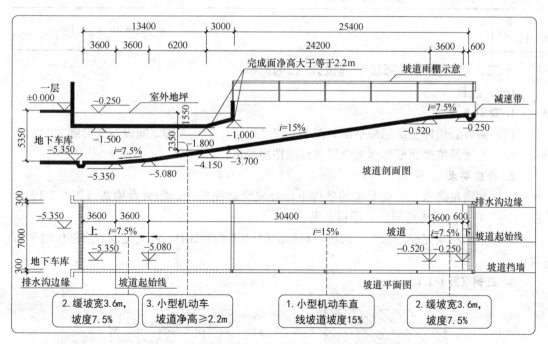

图 8-1-11-2　小型机动车地下车库坡道平剖面解析

2017年建筑构造评分标准 表8-1-11-1

考核点	扣分点	扣分值	总值
	（1）未绘制坡道平面和剖面，按图面标注无法实现或正常使用	本题为0分	
	（1）主坡道纵向坡度不是15%（或比值1∶6.67）或无法判断，不符合题意	15分	
	（2）主坡道纵向坡度大于15%（或比值1∶6.67）或无法判断，违反规范	30分	
	（3）坡道任何一段未设缓坡或无法判断（两端坡度大于10%、大于主坡道坡度的变坡以及中间所出现的变坡均不认定为缓坡）	每端各扣20分	75分
	（4）缓坡坡度不是主坡道设计坡度的1/2	每端各扣5分	
	（5）所设缓坡长度小于3.6m	每端各扣5分	
	（6）坡道转折线标高（直线坡道两端）、坡道各段水平长度和坡度（坡道和两侧缓坡共计三段）未注、注错、标注与实际尺寸误差较大，或无法判断	5~10分	
	（7）坡道起始线距排水沟边缘小于600mm或无法判断	每端各扣5分	
坡道净高	（1）小型车出入口及坡道的最小净高填空未填或数值不是2.2m	20分	20分
	（2）实际作图中经判断无法满足2.2m最小净高要求	10分	
图面绘制	图面粗糙、不完整或未按图示表达	2~5分	5分
第一题小计分		第一题得分	小计分×0.4＝

十二、楼面变形缝部位构造设计（2018年）

（一）题目

1. 设计条件

（1）某办公楼标准层局部平面如图8-1-12-2所示，④—⑤轴之间设有变形缝。

（2）走廊部位楼面变形缝为金属盖板型楼面变形缝。

2. 作图要求

（1）在满足防水、防火要求的条件下，补充绘制完成①、②节点构造（图8-1-12-3、图8-1-12-4），注明构造层次、用料及做法。

（2）根据绘制完成的②节点构造，在标准层局部平面图中，补充完成对应部位的平面设计。

3. 图例（图8-1-12-1）

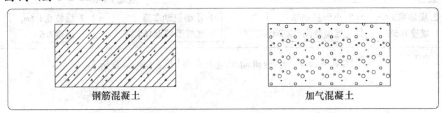

钢筋混凝土　　　　　　　加气混凝土

图8-1-12-1　图例

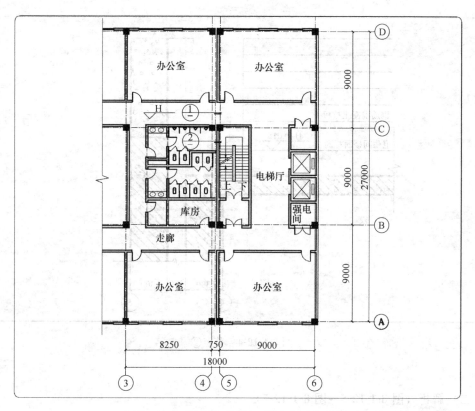

图 8-1-12-2 某办公楼标准层局部平面图

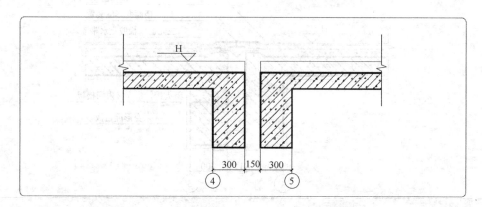

图 8-1-12-3 节点①

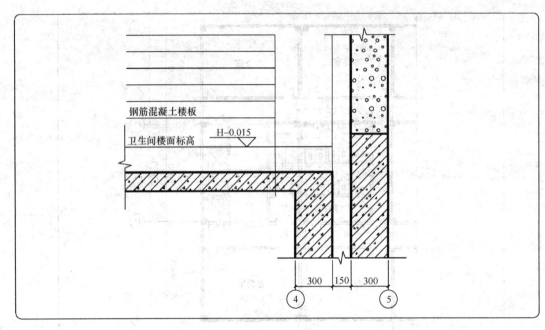

图 8-1-12-4 节点②

（二）解析（图 8-1-12-5～图 8-1-12-7）

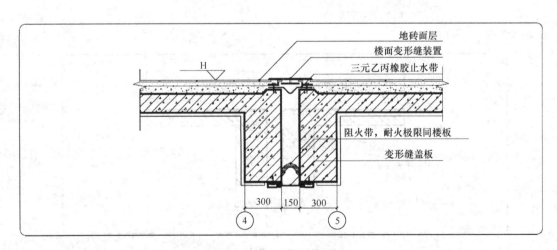

图 8-1-12-5 节点①解析

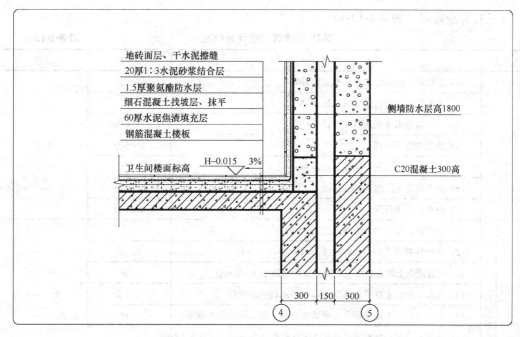

地砖面层、干水泥擦缝
20厚1:3水泥砂浆结合层
1.5厚聚氨酯防水层
细石混凝土找坡层、抹平
60厚水泥焦渣填充层
钢筋混凝土楼板

卫生间楼面标高 H−0.015 3%

侧墙防水层高1800

C20混凝土300高

300 150 300

④ ⑤

图 8-1-12-6　节点②解析

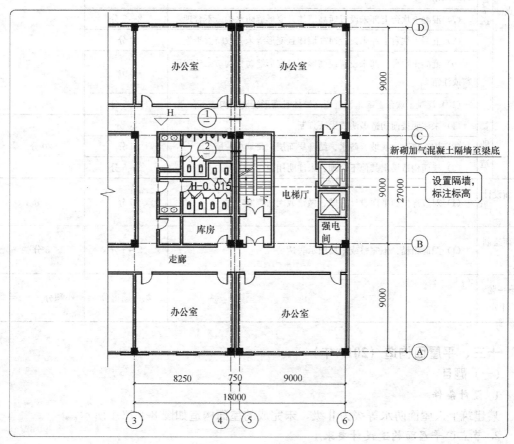

办公室　办公室

H ①

② 新砌加气混凝土隔墙至梁底

设置隔墙，标注标高

H−0.015

电梯厅

库房

强电间

走廊

办公室　办公室

9000
9000 27000
9000

8250 750 9000
18000

③ ④ ⑤ ⑥

D
C
B
A

图 8-1-12-7　平面图解析

（三）评分标准（表 8-1-12-1）

2018 年建筑构造评分标准

表 8-1-12-1

考核点		扣分点	扣分值	总值
节点 1 （40 分）		（1）未绘制、变形缝未处理或无法判断	40 分	40 分
		（2）未绘制防水构造设计或无法判断	20 分	
		（3）防水构造未注明用料或注错	3～6 分	
		（4）防水构造不合理	3～6 分	
		（5）未绘制防火构造设计或无法判断	20 分	
		（6）防火构造未注明用料或注错	3～6 分	
		（7）防火构造不合理	3～6 分	
节点 2 （50 分）	混凝土坎及变形缝	（1）未绘制、变形缝未处理或无法判断	30 分	30 分
		（2）未设计混凝土防水坎台或无法判断	20 分	
		（3）设置混凝土坎台，距卫生间完成面净高小于 150mm	5 分	
		（4）混凝土坎台上部设置通高墙体但防水构造不合理	2～5 分	
		（5）混凝土坎台上部未设置通高墙体且变形缝未采取防水措施	8 分	
		（6）混凝土坎台上部未设置通高墙体且变形缝防水构造未注明用料或注错	3 分	
		（7）混凝土坎台上部未设置通高墙体且变形缝防水构造不合理	2～5 分	
		（8）混凝土坎台上部未设置通高墙体且变形缝未采取防火措施	8 分	
		（9）混凝土坎台上部未设置通高墙体且变形缝防火构造未注明用料或注错	3 分	
		（10）混凝土坎台上部未设置通高墙体且变形缝防火构造不合理	2～5 分	
	楼面构造	（1）未注明楼面构造做法或无法判断	20 分	20 分
		（2）构造层次（找坡、防水、结合层面层）每缺少一层	4 分	
		（3）楼面构造层次其他不合理、未注明用料	2～5 分	
平面设计 （5 分）		（1）对应部位的平面设计未做、做错或无法判断	5 分	5 分
图面绘制 （5 分）		（1）图面粗糙、不完整或未按图示表达	2～5 分	5 分
第一题 小计分：			第一题得分	小积分×0.4＝

十三、平屋面构造（2019 年）

（一）题目

1. 设计条件

某建筑上人屋面防水等级为Ⅱ级，未完成的屋面构造如图 8-1-13-1 所示。

2. 节点①平屋面构造设计要求

按照现行规范要求，完成屋面构造详图设计。

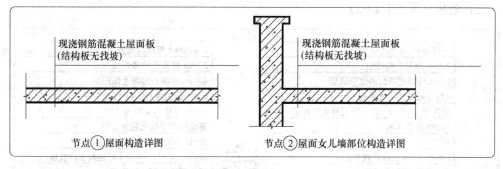

图 8-1-13-1　屋面节点详图

(1) 采用非倒置式卷材防水屋面做法。

(2) 要求有隔汽层、低强度隔离层。

(3) 从表 8-1-13-1 中选择设计所需材料。

备 选 材 料

表 8-1-13-1

序号	备选材料
1	LC5.0 轻集料混凝土
2	C15 混凝土
3	80mm 厚聚苯板
4	铺 8～10mm 厚地砖
5	1:3 水泥砂浆
6	1:4 干硬性水泥砂浆
7	聚氨酯防水涂料
8	S 型聚氨乙烯卷材

3. 节点①作图要求

(1) 在屋面构造详图中，给出各构造层，注明所选材料及厚度。

(2) 其中找坡层：最薄_____ mm，坡度为_____%。

4. 节点②女儿墙构造设计要求

按照现行规范要求，完成屋面女儿墙构造详图设计，并满足下列条件：

(1) 采用倒置式屋面做法。

(2) 防水屋面采用高聚物改性沥青防水卷材。

(3) 屋面保温层为 50mm 厚挤塑聚苯板。

(4) 墙体（女儿墙）采用外墙外保温做法，保温层为 50mm 厚岩棉板。

5. 节点②作图要求

在屋面女儿墙部位构造详图中：

(1) 绘出倒置式屋面的各构造层，注明材料厚度及相关要求。

(2) 绘出女儿墙部位卷材、顶面坡向、滴水等细部构造，注明材料厚度及相关要求。

（二）解析（图8-1-13-2）

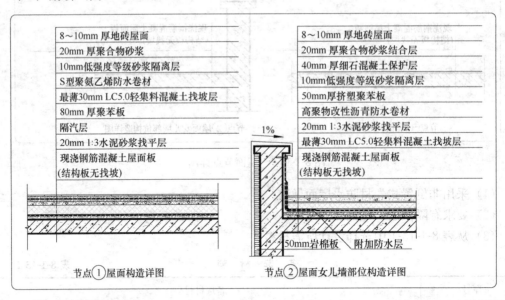

节点①屋面构造详图

节点②屋面女儿墙部位构造详图

左侧（节点①）:
- 8～10mm厚地砖屋面
- 20mm厚聚合物砂浆
- 10mm低强度等级砂浆隔离层
- S型聚氯乙烯防水卷材
- 最薄30mm LC5.0轻集料混凝土找坡层
- 80mm厚聚苯板
- 隔汽层
- 20mm 1:3水泥砂浆找平层
- 现浇钢筋混凝土屋面板（结构板无找坡）

右侧（节点②）:
- 8～10mm厚地砖屋面
- 20mm厚聚合物砂浆结合层
- 40mm厚细石混凝土保护层
- 10mm低强度等级砂浆隔离层
- 50mm厚挤塑苯板
- 高聚物改性沥青防水卷材
- 20mm 1:3水泥砂浆找平层
- 最薄30mm LC5.0轻集料混凝土找坡层
- 现浇钢筋混凝土屋面板（结构板无找坡）
- 1%
- 50mm岩棉板　附加防水层

图8-1-13-2　解析

十四、平屋面防水构造（2020年）

（一）题目

1. 设计条件

某6层办公楼第六层平面图和电梯机房层平面图（图8-1-14-1）。建筑概况如下：每层建筑面积均为816.25m²，层高均为3.6m；电梯机房层建筑面积55.80m²，层高为3m，总建筑面积为4953.30m²。

结构为钢筋混凝土框架结构，内外填充墙均为200mm，屋面为卷材防水上人平屋面，防水等级Ⅱ级，雨水排放为有组织外排水；外墙外保温，外墙及屋面保温系统材料均为B1级，耐火等级为二级，内设机械排烟设施。

2. 作图要求

以图8-1-14-2为办公楼屋面构造节点大样图。

（1）在以下备选图名中，为大样①、②、③选择并填入最准确的图名，

女儿墙栏杆安装大样　　　屋面立墙泛水及水簸箕　　　屋面女儿墙雨水口
屋面女儿墙泛水　　　　　屋面雨水管安装大样　　　　屋面排水沟构造大样
屋面女儿墙泄水口。

（2）在屋面构造节点大样图及索引图方框内（共8处）标注构造做法或构件名称。

（3）在屋面构造节点大样图括号内（共10处）填写相关数值。

（4）根据图8-1-14-1中"电梯机房层平面图"的信息，绘制完成以下大样图④，并标注相关尺寸，注明构造做法。

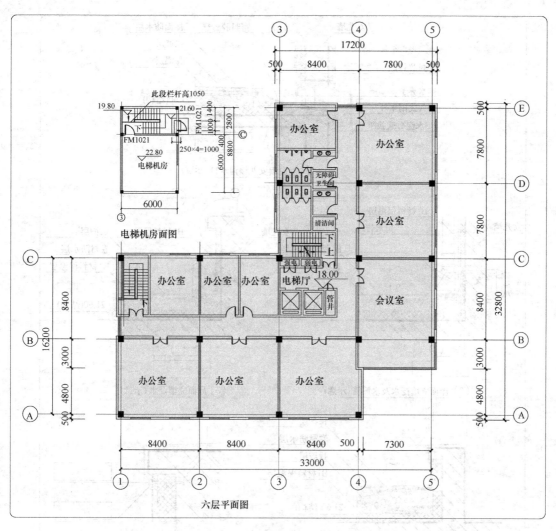

图 8-1-14-1　某办公楼六层及电梯机房平面

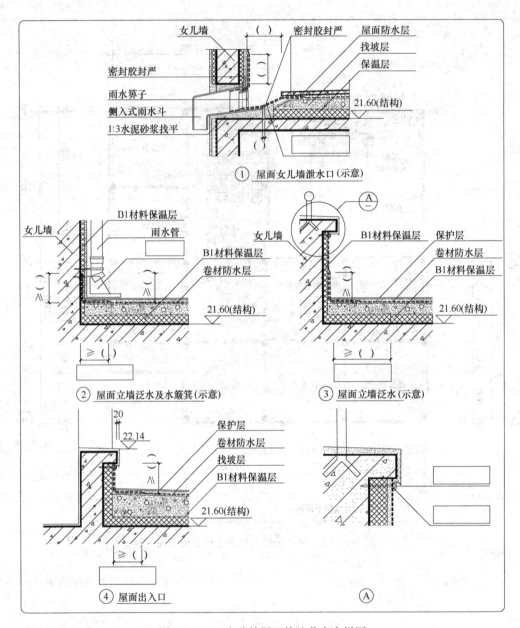

图 8-1-14-2 办公楼屋面构造节点大样图

（二）解析（图 8-1-14-3）

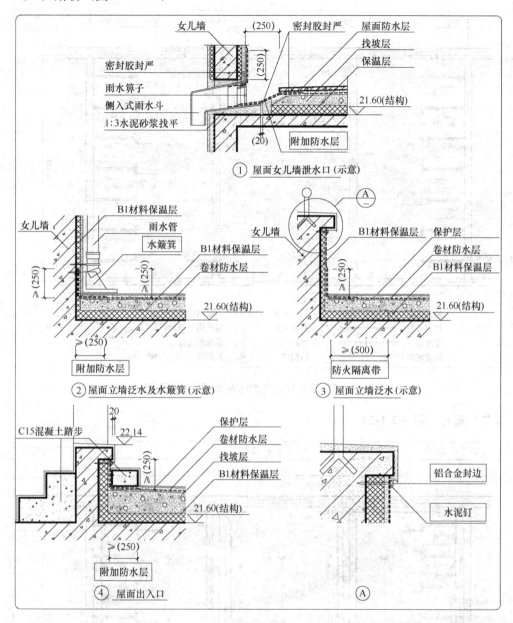

图 8-1-14-3　解析

第二节　综　合　作　图

一、某学校宿舍盥洗室及卫生间设备平面布置（2004 年）

（一）题目

某学校宿舍盥洗室及卫生间平面如图 8-2-1-1 所示，根据建筑物用途，在图上用图例所示符号分别绘出给水、排水立管和水平管布置图、室内灯具照明图、开关位置、线路布置图。

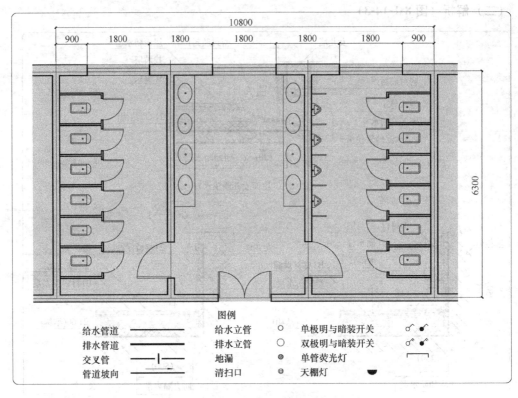

图例

给水管道	——	给水立管	○	单极明与暗装开关
排水管道	——	排水立管	○	双极明与暗装开关
交叉管	—|—	地漏	◎	单管荧光灯
管道坡向	——→	清扫口	⊕	天棚灯

图 8-2-1-1　某学校宿舍盥洗室及卫生间平面图

（二）解析（图 8-2-1-2）

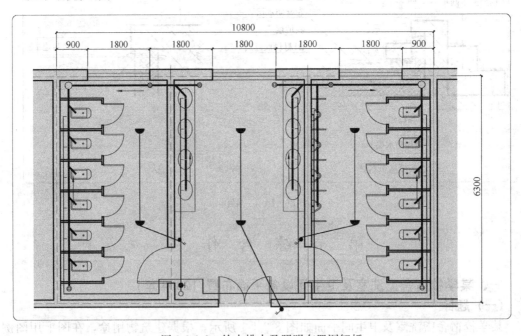

图 8-2-1-2　给水排水及照明布置图解析

二、办公楼结构平面布置及消火栓、卫生间给水排水布置（2005 年）

1. 设计条件

（1）在两栋建筑之间拟建一办公楼，并与两侧已有建筑贴邻（两栋已有建筑的结构体系和基础形式见图 8-2-2-1、图 8-2-2-2 中说明）。

（2）拟建办公楼为 3 层，总高 19m，标准层层高 3.5m，现浇钢筋混凝土框架结构，抗震烈度 7 度。柱断面尺寸 600mm×600mm，独立柱基础的基底尺寸为 2400mm×2400mm。

（3）拟建办公楼框架内，外填充墙均采用陶粒混凝土空心砌块，其墙体厚度分别为 200mm 和 300mm，要求走廊墙与柱平齐。

（4）拟建办公楼走廊吊顶内布置有 300mm 高空调风道，吊顶下皮至风道底尺寸为 100mm；要求走廊净高不小于 2.4m。

2. 作图要求

（1）在标准层平面中布置结构柱，并注明相关尺寸。

（2）根据右侧局部放大平面绘制该局部的结构平面图，注明梁、板断面尺寸。

（3）在标准层平面中布置消火栓（不必绘立管、水平管）。

（4）在右侧局部放大平面中完成给水排水布置。

3. 提示

（1）消火栓箱规格为 800mm×1000mm×200mm（宽×高×厚），每箱均为单支水龙带。

（2）图例见图示。

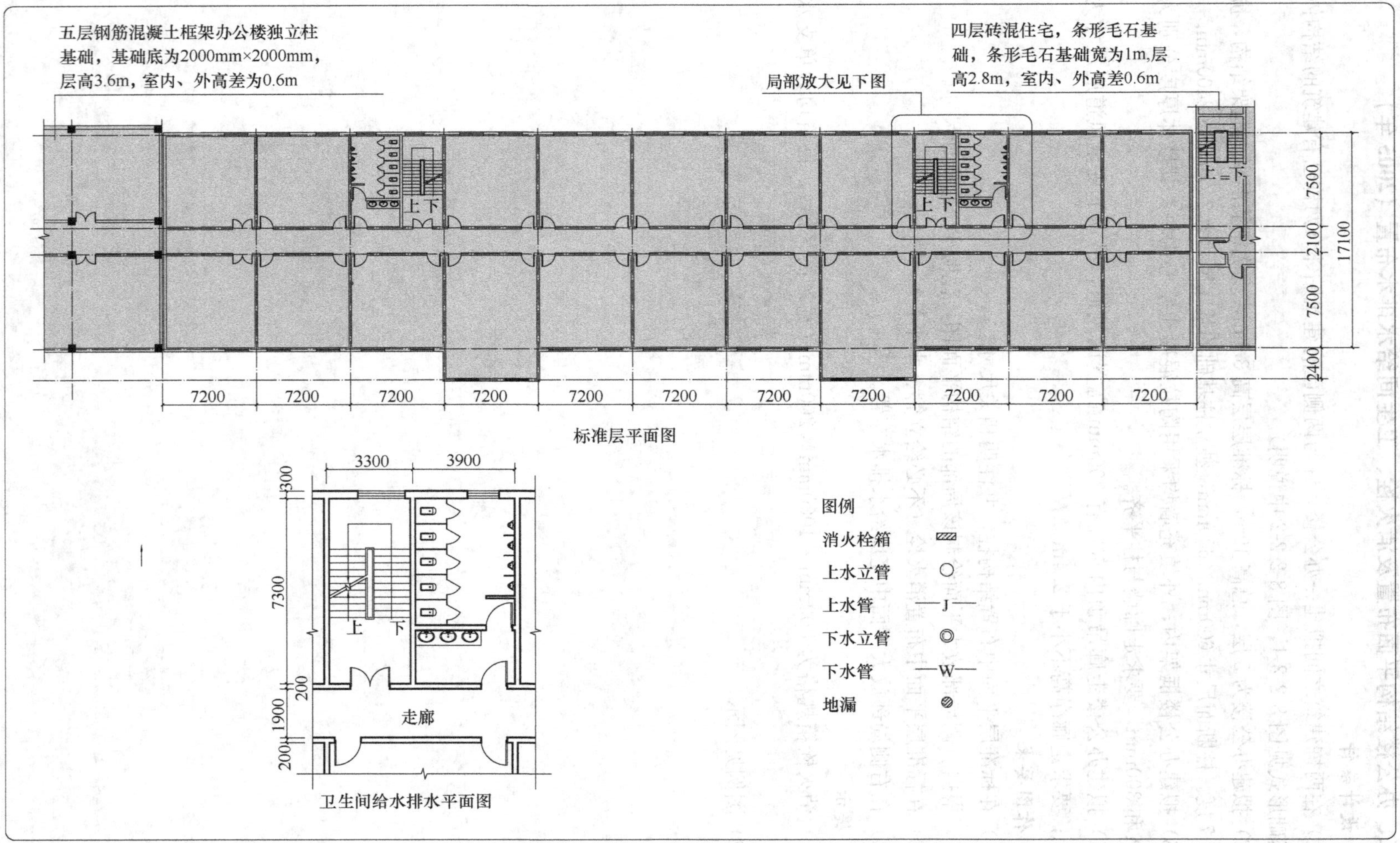

五层钢筋混凝土框架办公楼独立柱基础，基础底为2000mm×2000mm，层高3.6m，室内、室外高差为0.6m

四层砖混住宅，条形毛石基础，条形毛石基础宽为1m，层高2.8m，室内、室外高差0.6m

局部放大见下图

标准层平面图

图例

消火栓箱	▨
上水立管	○
上水管	—J—
下水立管	◎
下水管	—W—
地漏	◉

卫生间给水排水平面图

走廊

图8-2-2-1 平面图与局部平面详图

290

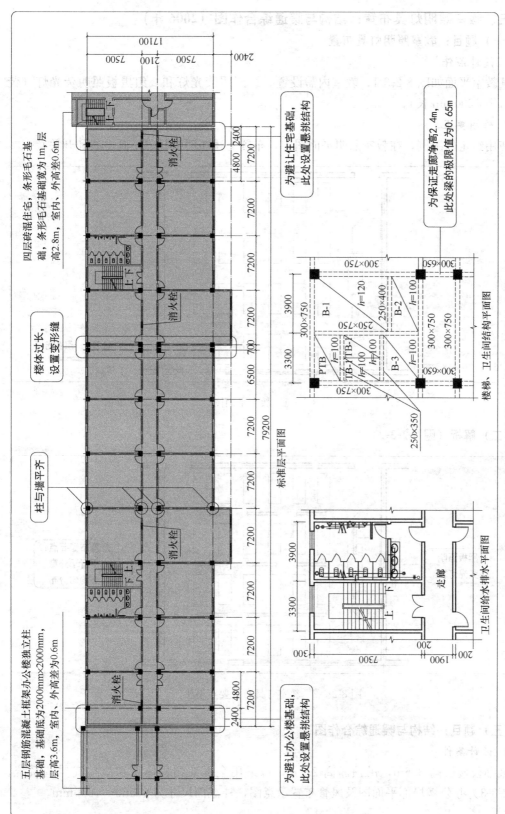

四层砖混住宅，条形毛石基础，条形毛石基础宽为1m，层高2.8m，室内、条形毛石基础外高差0.6m

为避让住宅基础，此处设置悬挑结构

楼体过长，设置变形缝

为保证走廊净高2.4m，此处梁的极限值为0.65m

柱与墙平齐

五层钢筋混凝土框架办公楼独立柱基础，基础底为2000mm×2000mm，层高3.6m，室内、外高差为0.6m

为避让办公楼基础，此处设置悬挑结构

标准层平面图

楼梯、卫生间结构平面图

卫生间给水排水平面图

图 8-2-2-2　结构平面布置图与局部结构、给排水布置图

291

三、教室照明灯具布置；结构与暖通综合作图（2006 年）

（一）题目：教室照明灯具布置

1. 设计条件

某教室平面如图 8-2-3-1；教室内需设置 9 组照明荧光灯和 2 组黑板照明荧光灯（荧光灯每组 1200mm 长）。

2. 作图要求

使用给定的图例，在教室照明平面图中，布置上述照明灯具（不画电线和开关）。

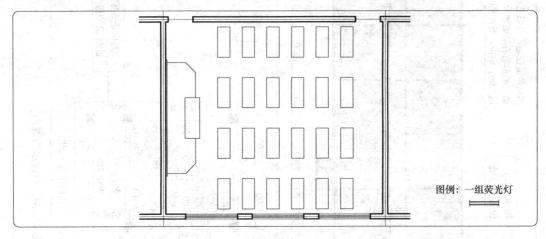

图 8-2-3-1　教室平面图

（二）解析（图 8-2-3-2）

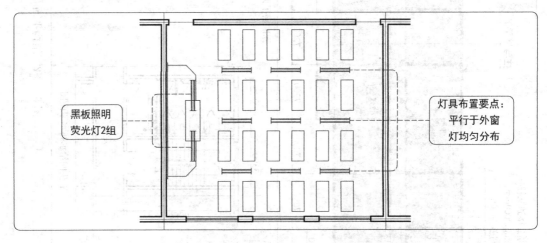

图 8-2-3-2　教室灯具布置要点解析

（三）题目：结构与暖通综合作图

1. 设计条件

某办公楼层高 3.6m，吊顶净高 2.7m，拟采用全框架结构体系和全空气空调系统。图 8-2-3-3 为办公楼局部平面图及风管布置示意图，柱截面尺寸为 600mm×600mm。

2. 作图要求

（1）在办公楼局部平面图中，绘制框架柱，并注明轴线尺寸。

（2）在 A-A 剖面图中，绘出相关的结构梁（包括梁投影线），按照图例绘出送风主管道、支管道和回风主管道、支管道，并注明相关尺寸。

3. 提示

（1）梁跨大于等于 6m，梁高按跨度 1/12 计算；其他情况下，梁高按跨度 1/10 计算。

（2）给定管道高度为计算高度，其他细部尺寸忽略不计。

（3）吊顶构造高度应予考虑。

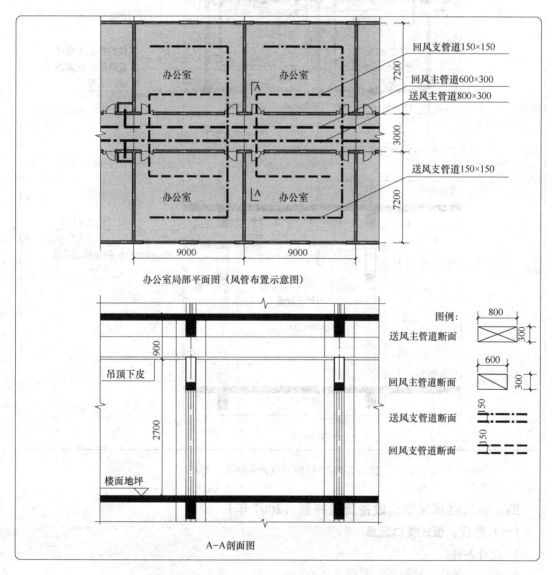

图 8-2-3-3　办公室局部平、剖面图

(四）解析（图 8-2-3-4）

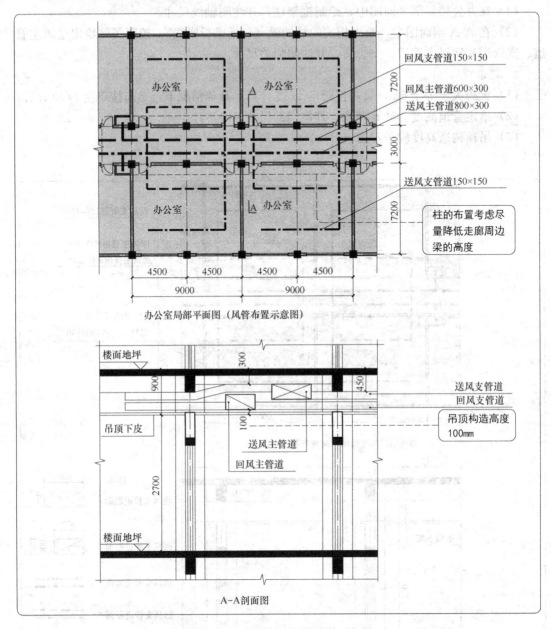

图 8-2-3-4　结构与空调管线关系解析

四、板式楼梯配筋；设备管线布置（2007 年）

（一）题目：板式楼梯配筋

1. 设计条件

楼梯平面图及楼梯剖面，见图 8-2-4-1。

2. 作图要求

在所给钢筋中选出四种钢筋完成楼梯配筋剖面图。

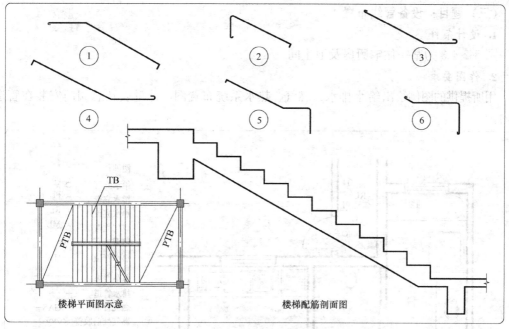

图 8-2-4-1　楼梯平面图及楼梯剖面示意图

（二）解析（图 8-2-4-2）

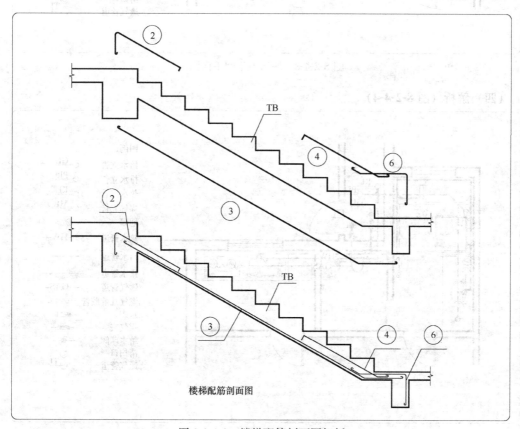

图 8-2-4-2　楼梯配筋剖面图解析

(三) 题目：设备管线布置

1. 设计条件

图 8-2-4-3 为某一住宅厨房及卫生间。

2. 作图要求

用所提供的图例绘出给水排水、燃气、热水系统布置图，计量表及总阀门安装在管道井内。

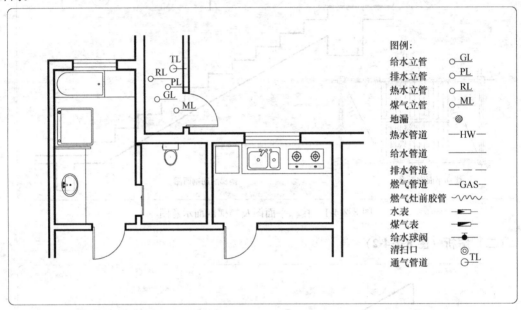

图 8-2-4-3　厨房卫生间平面图

(四) 解析 (图 8-2-4-4)

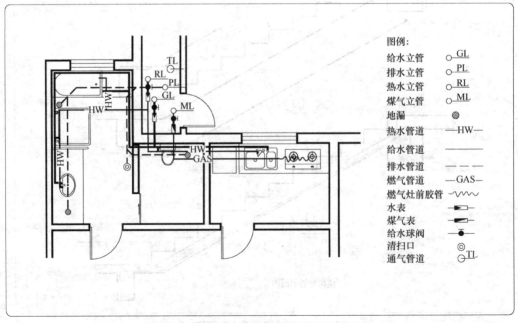

图 8-2-4-4　厨房卫生间平面图管线布置解析

296

五、电气设计（2009年）

（一）题目

1. 设计条件

某办公建筑十五层的局部平面图如图 8-2-5-1。

2. 作图要求

（1）布置照明白炽灯，要求：防烟楼梯间前室 2 盏，走廊每隔 6m 布置 1 盏，楼梯间布置 2 盏。

（2）布置安全出口标志和疏散方向指示标志。

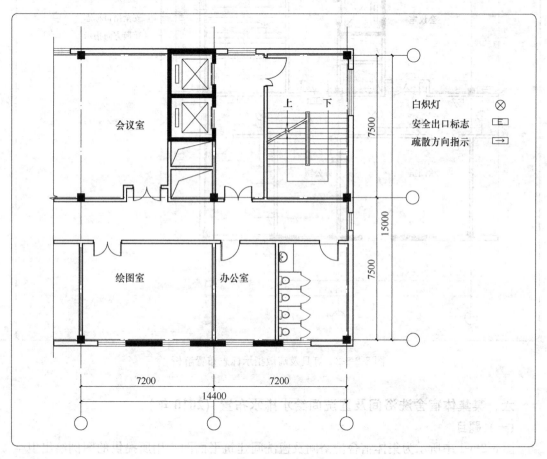

图 8-2-5-1 平面图

（二）解析（图 8-2-5-2）

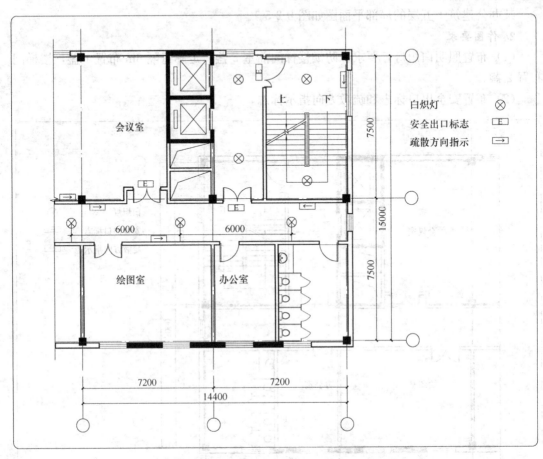

图 8-2-5-2　灯具及疏散指示标志布置解析

六、某集体宿舍洗浴间及盥洗间给水排水布置（2010 年）

（一）题目

图 8-2-6-1 中所示为集体宿舍洗浴间及盥洗间建筑平面图，用所提供的图例绘出卫生间内给排水立管、冷热水、排水管道平面布置图。要求如下：

（1）冷热水管上要求设进水阀门，盥洗间和洗浴间均设地漏。

（2）排水管道敷设于下层天棚内，冷热水管道敷设于本层。

（3）为节约用水，盥洗间只提供冷水。

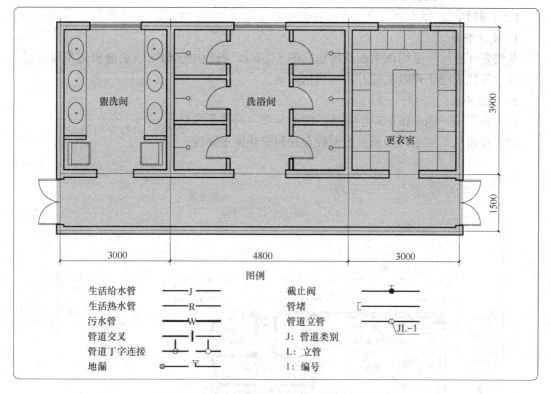

图例

生活给水管	——J——	截止阀	——●┬——
生活热水管	——R——	管堵	┗——
污水管	——W——	管道立管	○╲JL-1
管道交叉		J：管道类别	
管道丁字连接		L：立管	
地漏	◎┬	1：编号	

图 8-2-6-1　某集体宿舍洗浴间及盥洗间平面图

（二）解析（图 8-2-6-2）

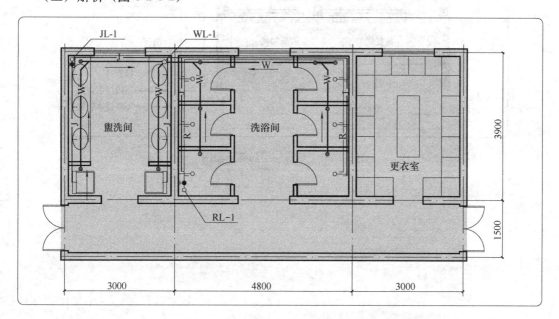

图 8-2-6-2　给排水平面布置要点解析

七、快餐厅厨房给水排水布置（2011 年）

(一) 题目

1. 设计条件

某快餐厅厨房一层局部平面及场地见图 8-2-7-1，场地中已给出隔油池和化粪池位置，室外排水管线应位于建筑北侧并连接到化粪池。

2. 作图要求

(1) 在已给平面中按图例绘制所需的地漏和室内排水管线。

(2) 在建筑北侧室外按图例绘制检查井和室外排水管线。

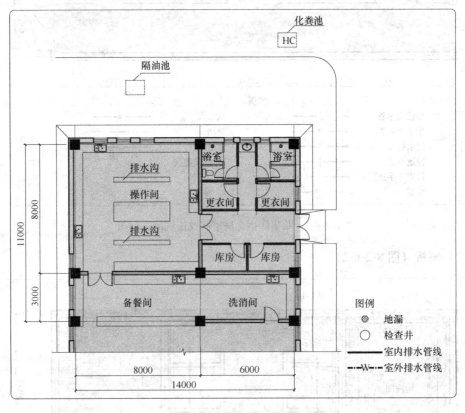

图 8-2-7-1　厨房一层局部平面图

(二) 解析（图 8-2-7-2）

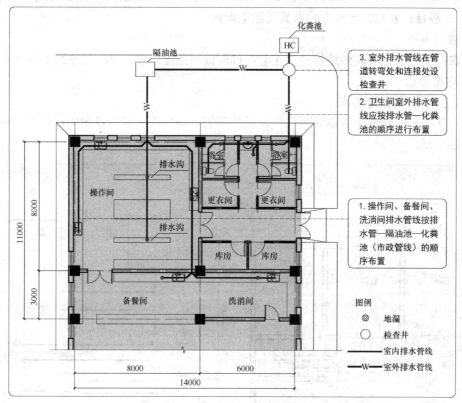

图 8-2-7-2　厨房排水要点解析

(三) 评分标准（表 8-2-7-1）

2011 年第二题第二分题评分标准　　　　　　　　　　表 8-2-7-1

考题	考核点	扣分点	扣分值	总值
第二分题给排水设计（60 分）	地漏和室内排水管线绘制	（1）室内排水管线未绘制	扣 25 分	
		（2）操作间排水沟内未绘制地漏，或在排水沟外绘制地漏	每处扣 2 分	
		（3）备餐间未设置地漏	扣 2 分	
		（4）洗消间未设置地漏	扣 2 分	
		（5）淋浴间和洗手间未设置地漏，共 3 处	每处扣 2 分	
		（6）地漏未邻近用水器具或布置不合理	扣 2~6 分	
		（7）室内排水管线、操作间、备餐间、洗消间排水未与卫生间排水分开	扣 15 分	
		（8）室内排水管未连接地漏或用水点（包括洗菜盆、洗手盆、洗消池、大便器）	每处扣 1 分	
		（9）室内排水管线设计不合理或无法判断	扣 5~10 分	
	检查井和室外排水管线绘制	（1）室外排水管线未绘制	扣 20 分	
		（2）操作间、备餐间、洗消间排水管线未按：排水管—隔油池—化粪池（市政管线）的顺序	扣 15 分	
		（3）卫生间室外排水管线未按：排水管-化粪池	扣 15 分	
		（4）室外排水管线在管道转弯处和连接处未设检查井或检查井位置不合理	扣 5~10 分	
图面绘制（5 分）		图面粗糙、不完整或未按图示表达	扣 2~5 分	
第二题小计分			第二题得分：	小计分×0.4=

八、农村住宅构造柱布置及圈梁配筋；农村住宅照明设计（2012年）

（一）题目：农村住宅构造柱布置及圈梁配筋

1. 设计条件

某农村住宅为二层砌体结构独立住宅，抗震设防烈度7度，其一层平面见图8-2-8-1。

2. 作图要求

（1）按图例布置构造柱。

（2）从①～⑮圈梁Ⅰ级钢筋中选择合适的钢筋，布置Ⓐ、Ⓑ节点图中，构造柱钢筋及箍筋不必绘制。

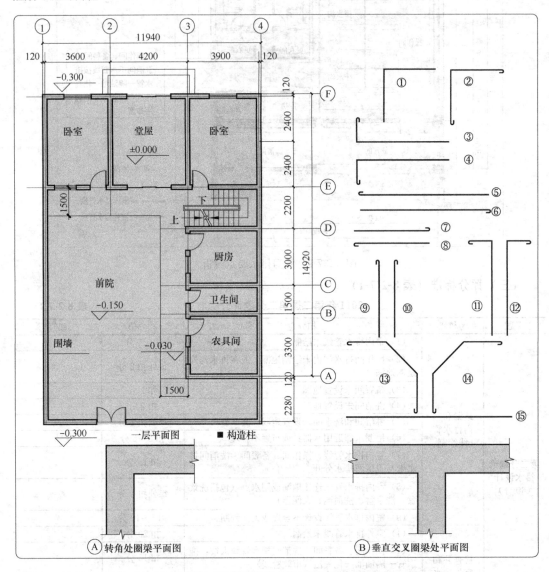

图 8-2-8-1　某农村住宅平面及圈梁示意图

（二）解析（图 8-2-8-2）

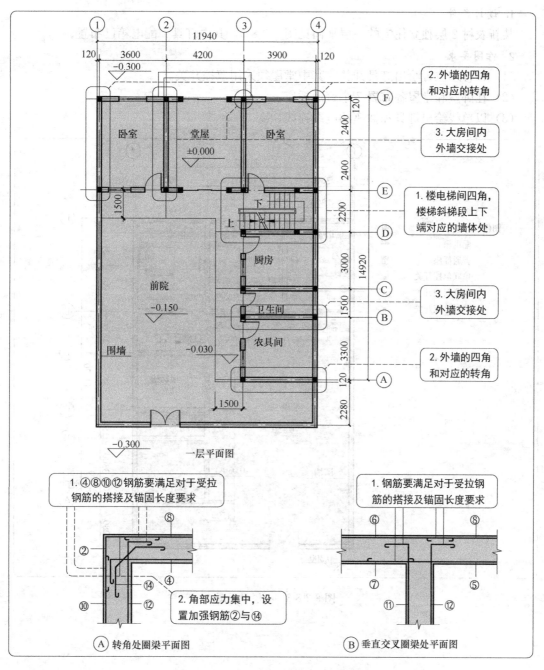

图 8-2-8-2　构造柱设置及圈梁配筋解析

（三）题目：农村住宅照明设计

1. 设计条件

某新农村 2 层独立住宅的一层平面见图 8-2-8-3，其中灯具、配电箱已布置。

2. 作图要求

(1) 在合理位置绘出灯具开关，其中堂屋须采用双控开关。

(2) 在卧室和堂屋各布置 2 个普通插座。

(3) 以单线绘出灯具和插座的电线连线。

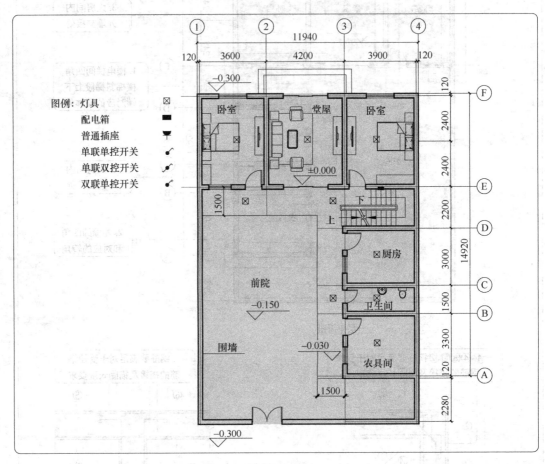

图 8-2-8-3　一层平面图

(四) 解析 (图 8-2-8-4)

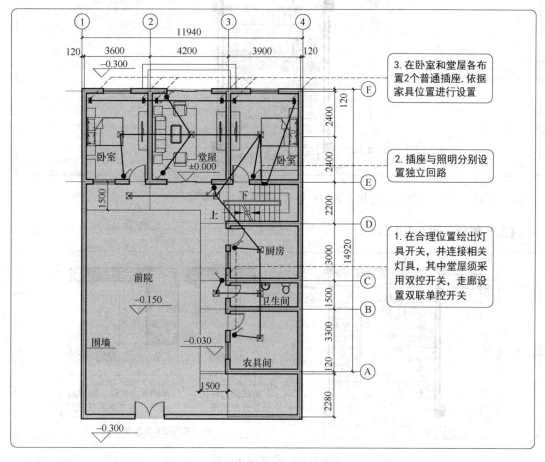

图 8-2-8-4 照明平面图解析

九、楼梯结构设计；教学综合楼消防设施布置 (2013 年)

(一) 题目：楼梯结构设计

1. 设计条件

某 4 层钢筋混凝土框架结构建筑，其标准层的梁式楼梯平面见图 8-2-9-1。

2. 作图要求

(1) 在标准层梁式楼梯平面中，按如下要求绘出平台梁、楼梯柱和梯段梁，并按提示标注符号。

① 只允许设两根楼梯柱、三根梯段梁。

② 外窗处、梯井周边不得设楼梯柱。

(2) 绘出满足上述要求的 A-A 断面结构配筋图，注明板厚、梁高、梁宽。配筋图中需绘出主、辅钢筋及箍筋，不需标注钢筋的规格。

3. 提示

(1) 楼梯柱尺寸为 300mm×250mm。

(2) 平台梁以 PL 表示，楼梯柱以 TZ 表示，梯段梁以 TL 表示。

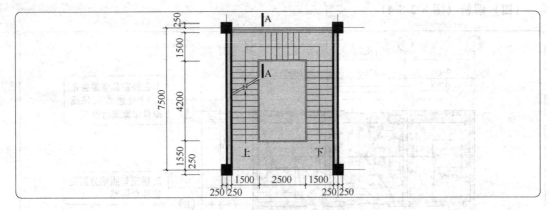

图 8-2-9-1 标准层梁式楼梯平面图

（二）解析（图 8-2-9-2）

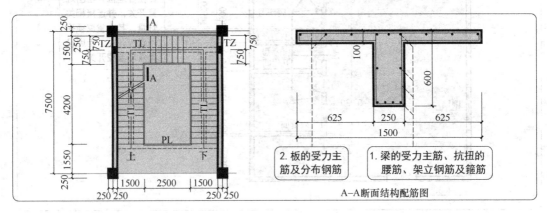

2. 板的受力主筋及分布钢筋

1. 梁的受力主筋、抗扭的腰筋、架立钢筋及箍筋

A-A断面结构配筋图

图 8-2-9-2 梁式楼梯解析

（三）题目：教学综合楼消防设施布置

1. 设计条件

某 6 层教学综合楼二层平面如图 8-2-9-3 所示。

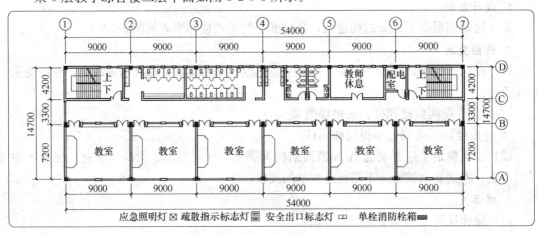

应急照明灯 ⊠ 疏散指示标志灯 ▣ 安全出口标志灯 ▭ 单栓消防栓箱 ▬

图 8-2-9-3 教学综合楼二层平面图

2. 作图要求

按照已提供的图例，根据相关规范，经济、合理地布置下列消防设施：

(1) 应急照明灯、疏散指示标志灯、安全出口标志灯。

(2) 暗装单栓消防栓箱。

3. 图例

详见图示

(四) 解析 (图 8-2-9-4)

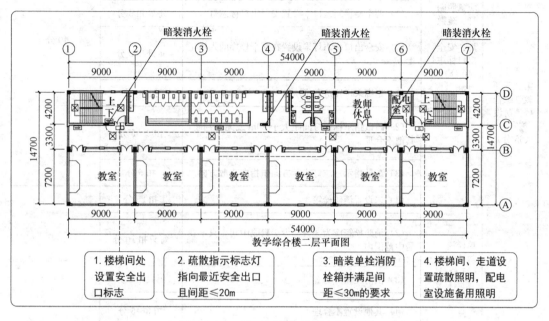

图 8-2-9-4 平面图消防设施布置解析

(五) 评分标准 (表 8-2-9-1)

2013 年综合作图评分标准   表 8-2-9-1

考题	考核点	扣分点	扣分值	总值
第一分题楼梯结构设计(30分)	标准层梁式楼梯平面图(20分)	(1) 3 个梯段，梯段未按梁式楼梯设计或无法判断	每个扣 5 分	20 分
		(2) 未设楼梯柱	扣 5 分	
		(3) 楼梯柱位于楼面标高或影响楼梯使用 (侵占梯段或外窗及楼井处设楼梯柱)	每项扣 3 分	
		(4) 多于两个楼梯柱	扣 3 分	
		(5) 多于 3 根楼梯梁或无法判断	扣 3 分	
		(6) 楼梯柱未设于楼梯休息平台中部墙身内	扣 3 分	
		(7) 未在两侧梯段板居中设楼梯梁	扣 3 分	
		(8) 楼层处未设平台梁或平台梁概念错误	扣 3 分	
	配筋图(10分)	(1) 未画配筋图	扣 10 分	10 分
		(2) A-A 断面与平面不符或不合理	扣 3~5 分	
		(3) 梯板的配筋不合理或无法判断	扣 5 分	
		(4) 梯段梁宽 200~300mm，梯梁高 500~750mm，未注或注错	各扣 2 分	
		(5) 楼梯板厚度 60~120mm，未注或注错	扣 2 分	

考题	考核点	扣分点	扣分值	总值
第二分题 教学综合楼消防设施布置 (65分)	应急照明灯、疏散指示标志灯、安全出口标志灯 (40分)	(1) 走廊、两个楼梯间、配电房未设置应急照明灯	每项扣5分	40分
		(2) 应急灯走廊内为3～5只，楼梯间为1～2只，配电房为1只，多或少（与上条不重复扣）	每只扣2分	
		(1) 两个楼梯间入口未设置安全出口标志灯	每处扣5分	
		(2) 安全出口标志灯未设置在两个楼梯间入口正上方	每处扣2分	
		(1) 走廊未设置疏散指示灯	扣15分	
		(2) 疏散指示标志灯间距大于20m或无法判断，其他不合理	扣3～5分	
		(3) 疏散指示标志灯指示方向未指向疏散方向	扣5分	
	单栓消防栓箱 (25分)	(1) 未设置消防栓箱	扣25分	25分
		(2) 消防栓箱应为3只，少1只或中间1只不在居中范围内	每只扣10分	
		(3) 消防栓箱应为3只，多1只	每只扣5分	
		(4) 其他设置不合理	扣3～5分	
	图面绘制 (5分)	图面粗糙、不完整或未按图示表达	扣2～5分	5分
第二题 小计分			第二题得分	小计分×0.4=

十、厂房变形缝及楼板开洞位置（2014年）

（一）题目

1. 设计条件

某厂区拟在原有两座厂房A、B处贴建一新厂房C，厂房均为钢筋混凝土框架结构。厂房C由两层车间和一层连廊组成，连廊屋顶采用悬挑结构，厂房A、B、C经连廊相互贯通。新旧厂房之间需设置变形缝，新旧厂房首层组合平面图及1-1剖面图如图8-2-10-1所示。

2. 作图要求

（1）在组合平面图和1-1剖面图中，用短粗实线标明新旧建筑墙体变形缝位置。

（2）在新建厂房C中的一层顶板开设一处长度为19m、宽度为13m的洞口，该洞口范围内要求无梁、板、柱，根据结构合理性，在平面中用粗虚线绘出该洞口位置，并标明需去除的柱子。

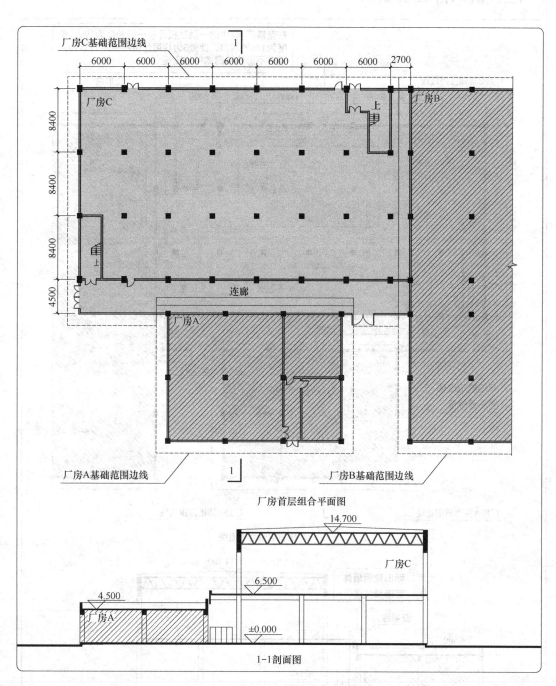

图 8-2-10-1　题目

（二）解析（图 8-2-10-2）

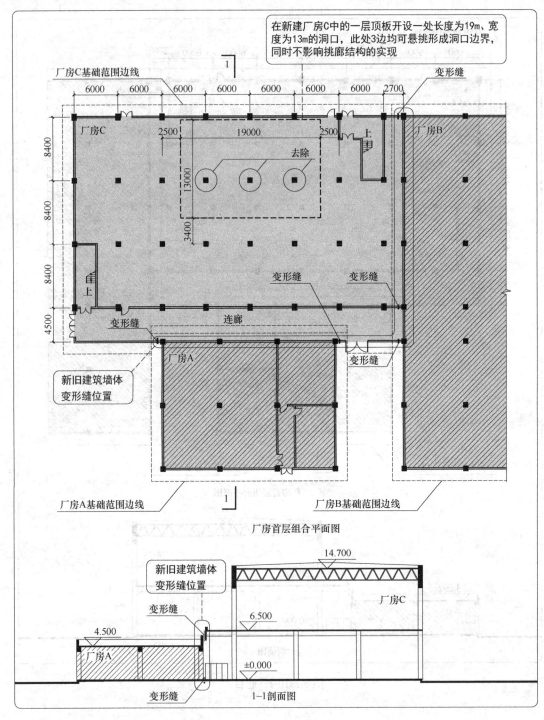

在新建厂房C中的一层顶板开设一处长度为19m、宽度为13m的洞口，此处3边均可悬挑形成洞口边界，同时不影响挑廊结构的实现

厂房首层组合平面图

1-1剖面图

图 8-2-10-2　解析

十一、某厂房改造结构布置；某住宅厨房电气设计（2017年）

（一）题目：某厂房改造结构布置

1. 设计条件

某已建单层厂房平面见图8-2-11-1。该厂房屋架下弦标高为9.00m，原有柱截面尺寸均为800mm×400mm。现通过内部加层将原厂房改造成2层的艺术展厅，加层层高为4.0m，并在主入口区域形成中庭，其中楼梯形式已确定。新增钢结构楼板与原厂房结构之间设100mm的变形缝，新增楼板边缘线已确定，如图所示。东、西山墙在楼层处开设疏散门通向拟建的室外楼梯。

2. 设计要求

在6～9m的范围内，选择合适的柱距布置柱网，以使加层所需的钢柱数量最少。其他要求如下：

（1）原有厂房外墙与外门窗需保留，新增钢结构柱不得遮挡原有厂房外墙门窗。

（2）为避开原有柱基础，新增柱外边缘与原有柱轴线不得小于2800mm。

（3）悬挑梁出挑最大长度为2100mm，楼板出挑最大长度为900mm。

（4）新增钢结构柱截面尺寸为400mm×400mm，新增钢结构框架梁、悬挑梁和边梁截面宽度为200mm。

3. 作图要求

在平面图中绘制加层结构平面。

（1）绘出钢结构柱，并注明新增钢结构柱柱距及定位尺寸。

（2）用双虚线绘出加层钢结构框架梁、悬挑梁和边梁。

图例：　　　钢结构框架柱　■　　　　　　　钢梁　＝＝＝

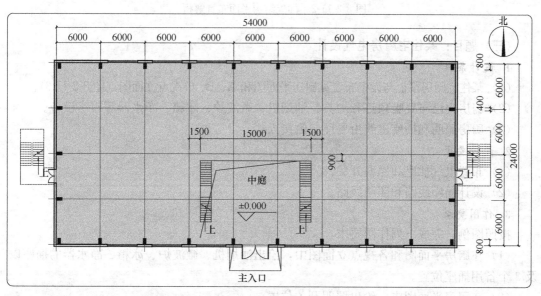

图 8-2-11-1　平面图

（二）解析（图 8-2-11-2）

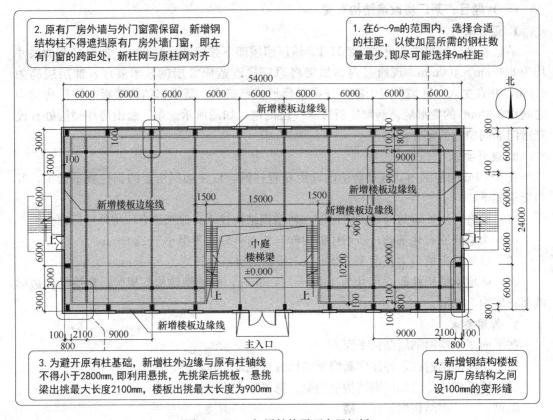

图 8-2-11-2 加层结构平面布置解析

（三）题目：某住宅厨房电气设计

1. 设计条件

（1）某住宅厨房橱柜与设备布置见厨房平面图和 A、B、C 视点立面图（图 8-2-11-3）。

（2）厨房内已布置吸顶灯和炉具、油烟机、微波炉、冰箱、净水器等厨房设备。

（3）厨房照明和插座进线由餐厅一侧接入。

2. 设计要求

（1）布置电气插座和照明开关。

（2）设计插座线路和照明线路。

3. 作图要求：

按照图例，完成下列作图要求：

（1）在厨房平面图和各视点立面图中，绘出油烟机、微波炉、冰箱、净水器的插座以及 3 个备用插座位置。

（2）在厨房平面图中，绘出照明开关位置。

（3）在厨房平面图中，绘出电气插座线路和照明线路。

图例详见图示。

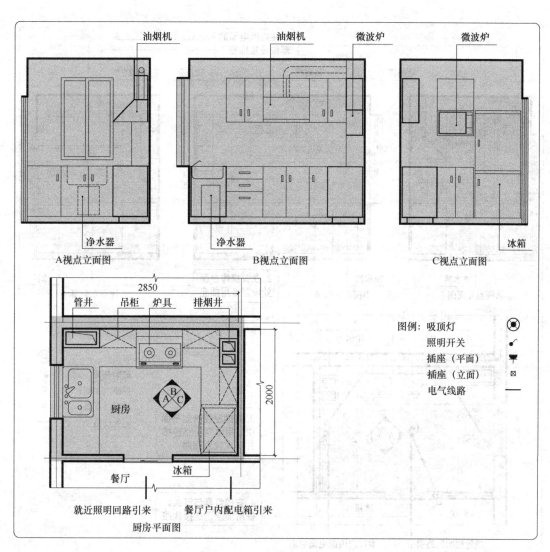

油烟机　　　油烟机　　微波炉　　　微波炉

A视点立面图　　　　B视点立面图　　　　C视点立面图

净水器　　　　净水器　　　　　　　　冰箱

图例：吸顶灯
　　　照明开关
　　　插座（平面）
　　　插座（立面）
　　　电气线路

2850

管井　吊柜　炉具　排烟井

厨房

2000

厨房

餐厅　　　　冰箱

就近照明回路引来　　餐厅户内配电箱引来

厨房平面图

图 8-2-11-3　厨房平、剖面图

（四）解析（图 8-2-11-4）

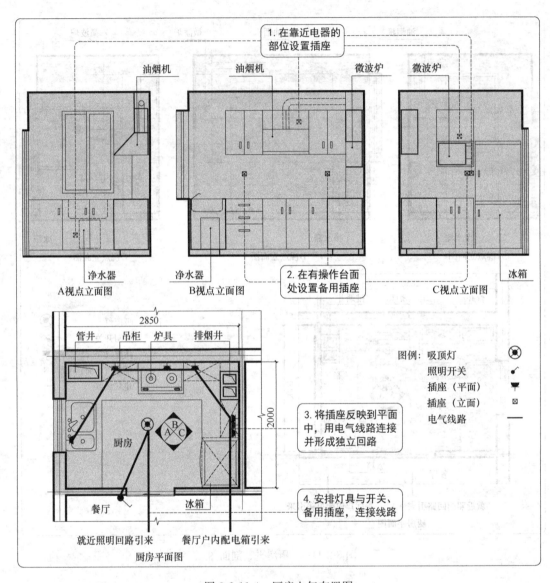

图 8-2-11-4　厨房电气布置图

（五）评分标准（表 8-2-11-1）

2017 年综合作图评分标准　　　　　　　　　　　　　　表 8-2-11-1

	考核点	扣分点	扣分值	总值
第一分题 某厂房改 造结构布置 （小计 55 分）		（1）该题未做或结构布置无法判断	本分题为 0 分	
		（2）新增钢结构与原厂房结构未脱开布置，或无法判断		
	柱	（1）新增钢结构柱遮挡原有厂房外墙门窗，不符合题意	8 分	35 分
		（2）柱距未在 6～9m 范围内或无法判断，不符合题意	12 分	
		（3）未避开原有柱基础，新增柱外边缘与原有柱轴线小于 2800mm 或无法判断	12 分	
		（4）未注明新增钢结构柱柱距及定位尺寸	4～6 分	
		（5）夹层所需的钢柱数量不是按题意合理布置的 22 根	16 分	
		（6）在中庭内设柱	8 分	
		（7）柱布置其他不合理	5～8 分	
	梁、板	（1）悬挑梁出挑最大长度超出 2100mm，不符合题意	4 分	20 分
		（2）楼板出挑最大长度超出 900mm，不符合题意	4 分	
		（3）未绘出加层框架梁或布置不合理	3～5 分	
		（4）未绘出加层悬挑梁或布置不合理	3～5 分	
		（5）未绘出加层边梁或布置不合理	3～5 分	
第二分题 某住宅厨 房电气设计 （小计 40 分）		（1）该题未做或无法判断	本分题为 0 分	
	绘制插座	（1）绘制油烟机、微波炉、冰箱、净水器的插座和 3 个备用插座（共计 7 处插座），未绘、漏绘或无法判断	每处各扣 3 分	20 分
		（2）所绘插座位置不合理，或平立面位置无法对应	每处各扣 1～2 分	
	绘制照明开关	（1）照明开关未绘制	5 分	5 分
		（2）照明开关未放在厨房外侧或无法判断	2 分	
	照明和插座线路	（1）照明线路未绘或无法判断	8 分	15 分
		（2）插座线路未绘或无法判断	8 分	
		（3）照明和插座线路未分或无法判断	15 分	
		（4）插座线路不合理	3～5 分	
		（5）照明线路不合理	3～5 分	
图面绘制（小计 5 分）		（1）图面粗糙、不完整或未按图示表达	2～5 分	5 分
第二题小计分			第二题得分	小计分×0.4＝

十二、布置拉结钢筋、布置消防设施（2018年）

（一）题目：布置拉结钢筋

1. 设计条件

某钢筋混凝土框架建筑，内外填充墙均采用200mm厚加气混凝土砌块，为保持墙体稳定性，需在框架柱中预留拉结钢筋。

2. 作图要求

（1）从下列图示（图8-2-12-1）中选择形式适用的拉结钢筋，分别在①～④节点（图8-2-12-2)中绘出其位置，并注明所选钢筋类型；

（2）注明柱截面外的拉结钢筋长度。

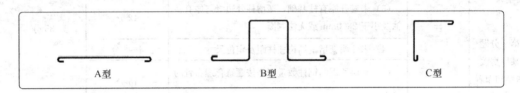

A型　　　　　　　　B型　　　　　　　　C型

图8-2-12-1　钢筋类型示意图

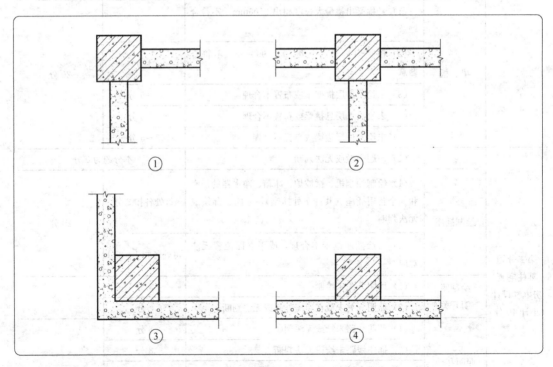

①　　　　　　　　　②

③　　　　　　　　　④

图8-2-12-2　框架柱与墙体位置关系图

（二）解析（图 8-2-12-3）

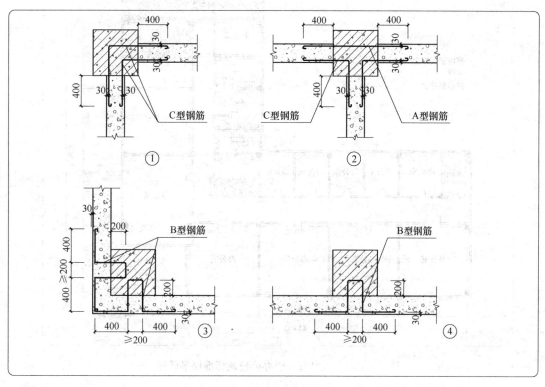

图 8-2-12-3　框架柱预留拉结钢筋详图解析

（三）题目：布置消防设施

1. 设计条件

某既有 6 层办公建筑标准层平面如图 8-2-12-4 所示，建筑高度 22.5m。

2. 设计要求

根据《防火规范》的规定，需增设排烟竖井、室内消火栓箱及立管。

3. 作图要求

在平面图中，按照规范要求和图例画法，完成下述内容并使其数量最少。

（1）绘制并注明排烟竖井；

（2）绘制并注明室内消火栓箱及立管。

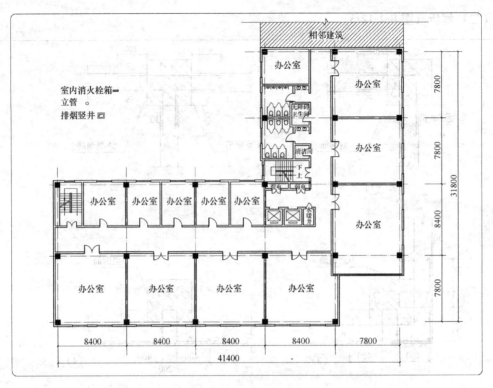

图 8-2-12-4　某既有 6 层办公建筑标准层平面图

（四）解析（图 8-2-12-5）

图 8-2-12-5　某既有 6 层办公建筑标准层平面图解析

（五）评分标准（表8-2-12-1）

2018年综合作用评分标准　　　　　　　　表8-2-12-1

考核点	扣分点		扣分值	总值
	（1）该题未做或无法判断		50分	
节点1	（1）选型：应选用C型钢筋2根，每少或错一根		扣5分	10分
	（2）型号正确钢筋的布置形式：与答案不符或无法判断		扣3～5分	
节点2	（1）选型，应选用A型钢筋1根、C型钢筋2根，每少或错一根		扣5分	15分
	（2）型号正确钢筋的布置形式：与答案不符或无法判断		扣4～7分	
节点3	（1）选型：应选用B型钢筋2根，每少或错一根		扣5分	10分
	（2）型号正确钢筋的布置形式：与答案不符或无法判断		扣3～5分	
节点4	（1）选型：应选用B型钢筋1根，每少或错一根		扣5分	5分
	（2）型号正确钢筋的布置形式：与答案不符或无法判断		扣2～3分	
拉结钢筋长度	无法判断（1）未注明柱截面外拉结钢筋长度（共11处），每处		扣1分	10分
	（2）柱截面外拉结钢筋长度小于400mm 每处		扣1分	
	（1）该题未做或无法判断		45分	
绘制排烟竖井	（1）排烟竖井为一处，但绘制的排烟竖井排烟口未在合理范围内		15分	15分
	（2）排烟竖井超过一处，但走廊排烟最不利点距排烟竖井排烟口距离大于30m		15分	
	（3）排烟竖井超过一处，每多1处		扣8分	
	（4）其他不合理		扣2～5分	
绘制消火栓箱及立管	（1）消火栓箱少于4处或消火栓箱距房间最远点无法满足两股充实水柱同时到达		30分	30分
	（2）消火栓箱多于4处，每多1处		扣10分	
	（3）其他不合理		扣2～5分	
图面绘制（5分）	（1）图面粗糙、不完整或未按图示表达		2～5分	5分
第二题小计分：			第二题得分	小计分×0.4＝

十三、布置梁配筋；平屋面雨水排放设计（2019年）

（一）题目

1. 设计条件

单跨混凝土框架结构，梁柱剖面如图8-2-13-1所示，柱距7.5m，梁两端挑2.0m，梁主要承受向下的均布荷载。

2. 设计要求

在给出的编号①～⑩中，选出6根做梁的配筋，也可重复使用，长度应不变，柱的配筋不绘制。

3. 作图要求

在梁柱剖面图中，绘出已选的钢筋并标注编号。

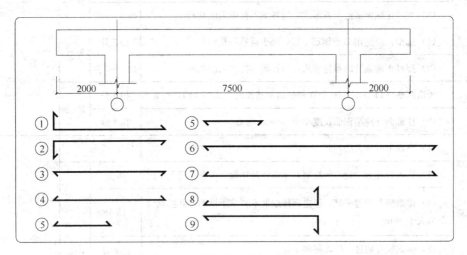

图 8-2-13-1　梁柱剖面及可选钢筋示意图

（二）解析（图 8-2-13-2）

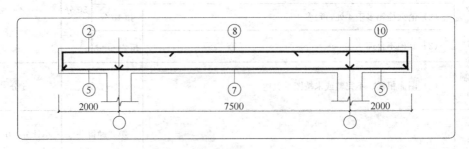

图 8-2-13-2　梁柱配筋示意图

320

十四、楼梯间梁、柱布置；平屋面雨水排放设计（2020年）

（一）题目：楼梯间梁、柱布置

1. 作图要求

图 8-2-14-1 是已布置结构板的楼梯间结构布置图以及楼梯间梁、柱断面图。

（1）在楼梯间结构布置图中，根据给定梁、柱断面图，按图例布置楼梯间内结构梁、柱，并标注其梁、柱编号。

（2）在楼梯间梁、柱断面图中的括号内标注标高。

2. 提示

（1）根据尺寸、配筋以及荷载情况，布置楼梯间内的梁、柱。

（2）梁、柱构件可重复使用。

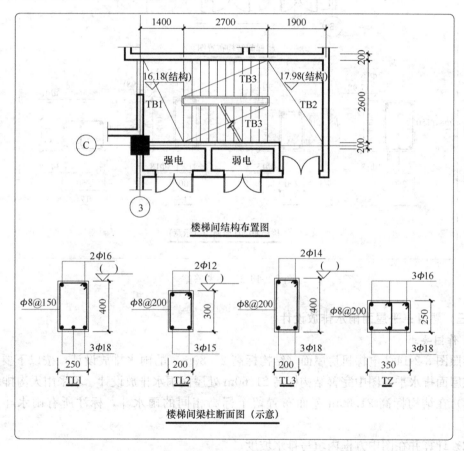

图 8-2-14-1 楼梯间结构布置图、楼梯间梁柱断面示意图

(二）解析（图 8-2-14-2）

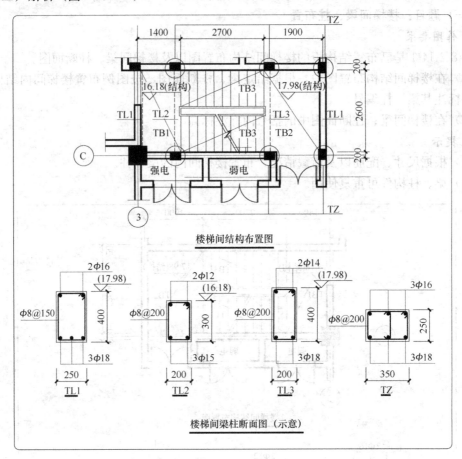

图 8-2-14-2　参考答案

（三）题目：平屋面雨水排放设计

1. 作图要求

参照图 8-2-14-3 电梯机房屋面（结构标高 25.80m）的雨水排放设计，按以下要求及图例在屋面排水平面图中完善结构标高 21.60m 处屋面雨水排放设计，不采用天沟排水。

（1）在结构标高 21.60m 屋面布置留个标高相同的雨水斗，标注所有雨水斗定位尺寸。

（2）计算并在图中方框内填写排水坡度。

（3）以给定的分水线为基础，给出其余分水线和汇水线，标注其定位尺寸和坡向符号。

（4）按图例标注所有分水线处找坡层厚度、找坡层厚度按 30mm 计算。

2. 提示

（1）单个雨水斗汇水面积不超过 200m²。

（2）次要汇水面坡度均按 1.0% 计算。

（3）以女儿墙内边线、雨水斗中心线作为定位标注的基准线。

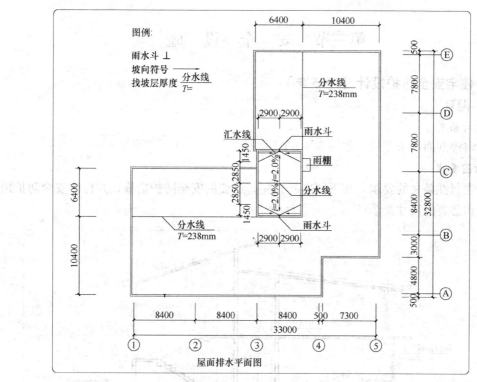

图 8-2-14-3　屋面排水平面图

（四）解析（图 8-2-14-4）

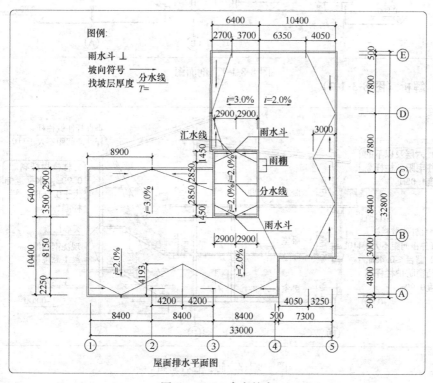

图 8-2-14-4　参考答案

第三节 安 全 设 施

一、住宅安全防护设计（2005 年）

（一）题目

1. 设计条件

某住宅楼剖面（未完成）如图 8-3-1-1。

2. 作图要求

根据强制性条文的要求，在下图中补充完善必要的安全防护措施；并标注安全防护措施的做法和必要的尺寸。

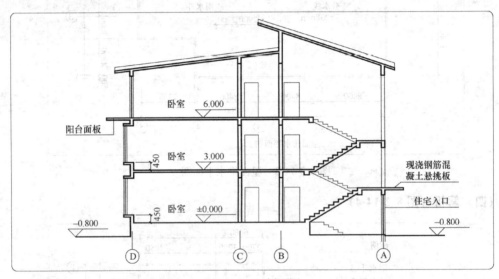

图 8-3-1-1　剖面图

（二）解析（图 8-3-1-2）

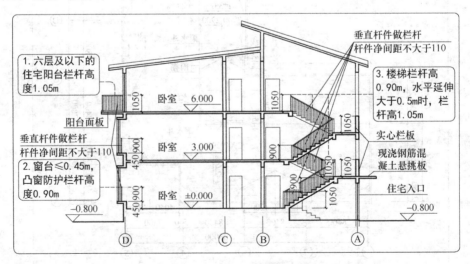

图 8-3-1-2　防护栏杆解析

二、某多层办公楼防火设计 (2006 年)

(一) 题目

1. 设计条件

某多层办公建筑耐火等级二级，首层局部平面见图 8-3-2-1。

2. 作图要求

(1) 根据《建筑设计防火规范》规定，在图中门的方框内注明所需的防火门最低等级，不需设防火门者，用"0"表示。

(2) 根据《建筑设计防火规范》规定，确定图中虚线隔墙最低耐火等级，在表 8-3-2-1 中选择相应的隔墙，以代号在规定位置进行标注。

隔墙耐火等级 表 8-3-2-1

代号	隔墙种类	耐火极限
A	普通纸面石膏板	0.5h
B	耐火纸面石膏板	1.0h
C	轻钢龙骨耐火板	1.5h
D	空心轻质条板	2.0h
E	加气混凝土砌块	2.5h
F	钢筋加气混凝土砌块	3.0h

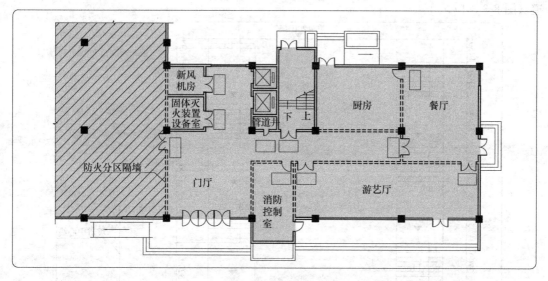

图 8-3-2-1 首层局部平面图

（二）解析（图8-3-2-2）

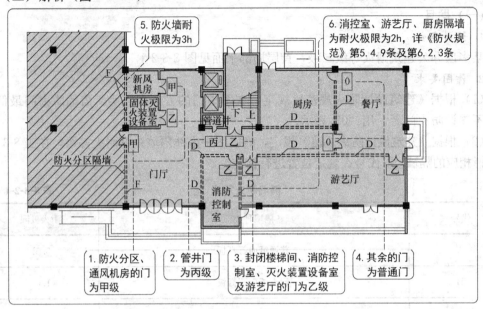

图 8-3-2-2　平面防火设计解析

三、观光台阶无障碍坡道设计（2007 年）

（一）题目

1. 设计任务

某坡地新建观光台阶 300mm×150mm，在中间空地利用原有休息平台新建残疾人坡道（图 8-3-3-1）。

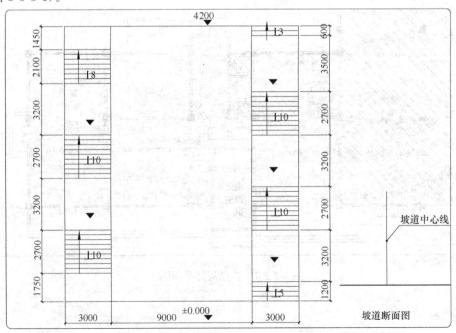

图 8-3-3-1　观光台阶平面图

2. 作图要求

（1）标出休息平台标高，绘出坡道并给出相关尺寸。

（2）完成坡道横断面构造说明。

（二）解析（图 8-3-3-2）

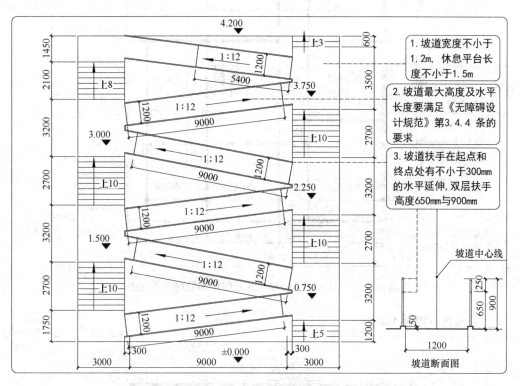

图 8-3-3-2 无障碍坡道要点解析

四、楼梯间及机房设计（2008 年）

（一）题目

1. 设计条件

某 4 层办公建筑的三层楼梯处局部如图 8-3-4-1，该楼梯不具备自然采光，通风条件。

2. 作图要求

在不改动已有墙体、门和楼梯位置的情况下，在虚线范围内补充必要的墙体和门，并完成如下设计：

（1）补充完成该楼梯间设计并注明相关尺寸；绘制疏散门并注明最低防火门等级。

（2）布置不小于 10m²（按轴线尺寸计）的新风机房（含井道），绘制疏散门并注明最低防火门等级。

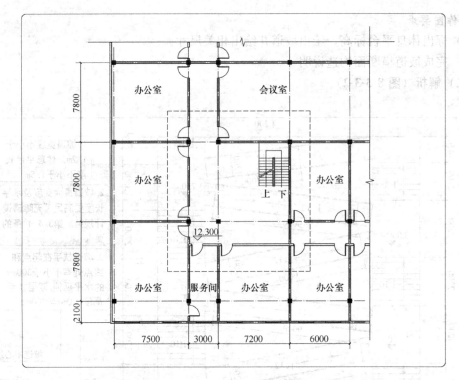

图 8-3-4-1 某 4 层办公建筑的三层楼梯处局部平面图

（二）解析（图 8-3-4-2）

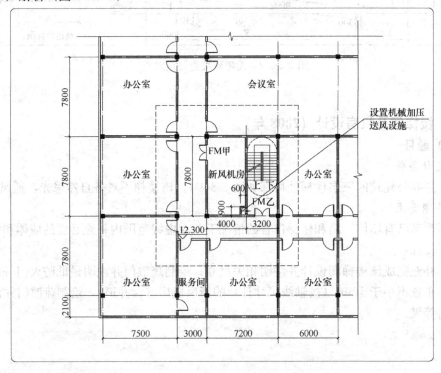

图 8-3-4-2 楼梯间及机房设计解析

五、无障碍卫生间、坡道设计 (2009 年)

(一) 题目

1. 设计条件

如图 8-3-5-1,为某建筑首层平面局部。

2. 作图要求

(1) 在平面内布置符合无障碍要求的台阶、坡道、扶手、无障碍卫生间。

(2) 标明主要设计尺寸和主要标高。

(3) 台阶净宽 1200mm,踏步宽 300mm 高 150mm。坡道宽 1200 按坡度 1:12 设计,最高连续升高 750mm,转弯处平台进深不小于 1500mm。

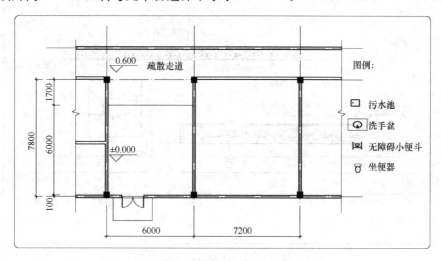

图 8-3-5-1 某建筑首层平面局部

(二) 解析 (图 8-3-5-2)

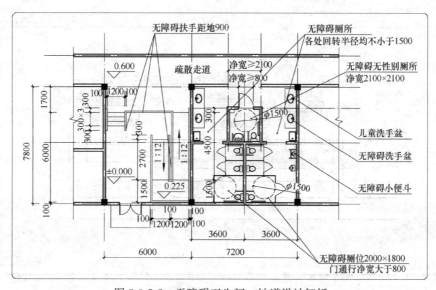

图 8-3-5-2 无障碍卫生间、坡道设计解析

六、消防车道及地下车库出入口设计（2010 年）

（一）题目：消防车道设计

1. 设计条件

某场地总平面见图 8-3-6-1。

2. 作图要求

（1）按现行规范要求，布置消防车道、人行通道、场地内消防车道。

（2）注明消防车道和人行通道名称、消防车道宽度和转弯半径及相关尺寸。

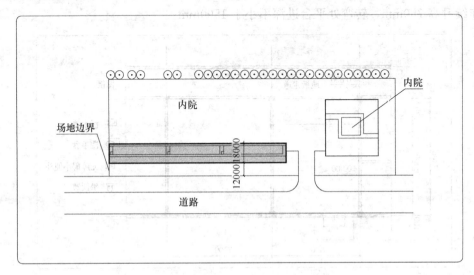

图 8-3-6-1　场地总平面图

（二）解析（图 8-3-6-2）

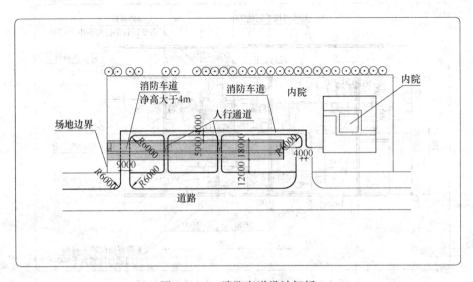

图 8-3-6-2　消防车道设计解析

（三）题目：地下车库出入口设计

1. 设计条件

某基地内地下车库位置与周边环境如图 8-3-6-3。

2. 作图要求

（1）按最小安全距离要求，在图中绘制 A、B 两处地下车库出入口。

（2）A 出入口连接 A 车道，绘制垂直于道路的 A 出入口与城市次干道间的缓冲车道，并标出不应有遮挡视线障碍物的最小范围，注明相关尺寸。

（3）B 出入口连接 B 车道，绘制平行于道路的 B 出入口与城市次干道间的缓冲车道，注明相关尺寸。

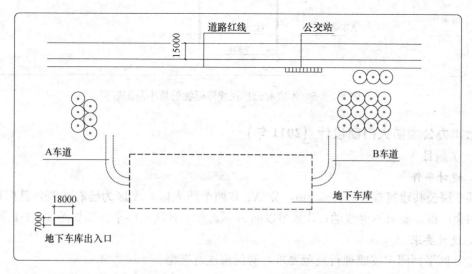

图 8-3-6-3　基地内地下车库位置与周边环境

（四）解析（图 8-3-6-4、图 8-3-6-5）

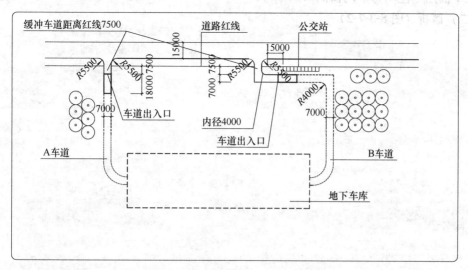

图 8-3-6-4　地下车库出入口设计解析

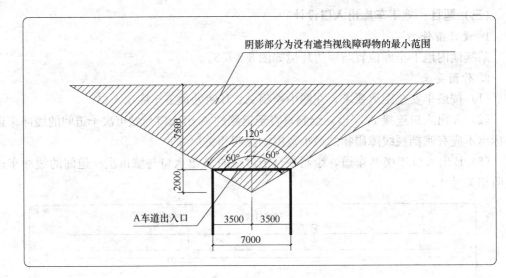

图 8-3-6-5　不应有遮挡视线障碍物的最小范围解析

七、办公楼防火门窗设计（2011 年）

（一）题目

1. 设计条件

某 6 层公共建筑首层层高 4.5m，分 A、B 两个防火区，A 区为已有建筑，其门窗为普通铝金门窗，要求不得改动；B 区可以向 A 区疏散，B 区一层平面图如图 8-3-7-1 所示。

2. 设计要求

在 B 区平面图中按照现行规范要求，对门窗进行选型。

提示：电工值班室要与消防控制室连通；平面图中的墙体可根据需要新增或拆除。

3. 作图要求

在平面图中注明每个门窗洞口的编号。

（二）解析（图 8-3-7-2）

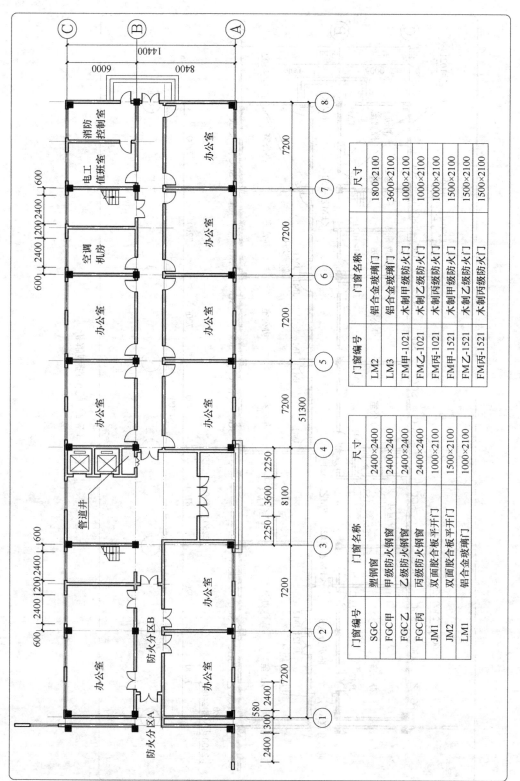

图 8-3-7-1　首层平面图

门窗编号	门窗名称	尺寸
LM2	铝合金玻璃门	1800×2100
LM3	铝合金玻璃门	3600×2100
FM甲-1021	木制甲级防火门	1000×2100
FM乙-1021	木制乙级防火门	1000×2100
FM丙-1021	木制丙级防火门	1000×2100
FM甲-1521	木制甲级防火门	1500×2100
FM乙-1521	木制乙级防火门	1500×2100
FM丙-1521	木制丙级防火门	1500×2100

门窗编号	门窗名称	尺寸
SGC	塑钢窗	2400×2400
FGC甲	甲级防火钢窗	2400×2400
FGC乙	乙级防火钢窗	2400×2400
FGC丙	丙级防火钢窗	2400×2400
JM1	双面胶合板平开门	1000×2100
JM2	双面胶合板平开门	1500×2100
LM1	铝合金玻璃门	1000×2100

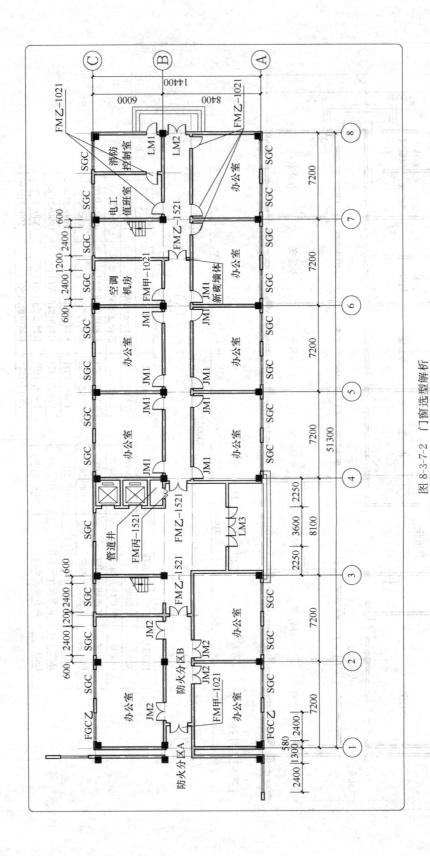

图 8-3-7-2 门窗选型解析

八、办公楼疏散楼梯改造设计（2012年）

（一）题目

1. 设计条件

（1）某办公楼地上6层，地下1层，地下室为车库。

（2）图8-3-8-1中1号楼梯间为地下室与地上层共用疏散楼梯间，2号楼梯为室外疏散楼梯。

（3）在承重结构及楼梯梯段不改动的前提下，为1、2号楼梯平面图纠正其防火设计错误。

2. 作图要求

根据《防火规范》，判断两个平面图中存在的错误或不完善之处，将正确做法绘制在相应位置，采用防火设施需注明其名称和等级。

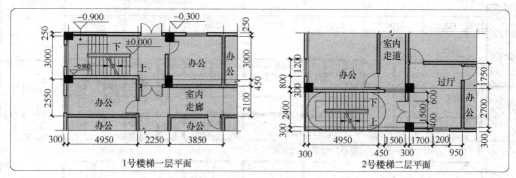

图 8-3-8-1 楼梯平面图

（二）解析（图8-3-8-2）

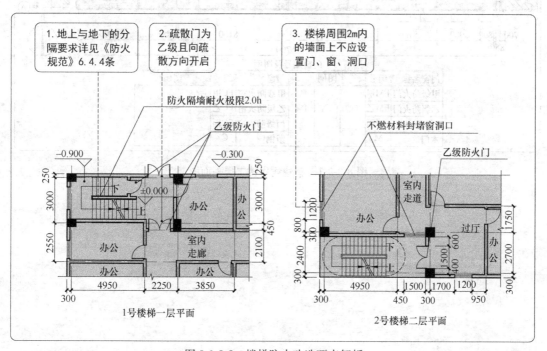

图 8-3-8-2 楼梯防火改造要点解析

九、某病房楼防火构造设计（2013 年）

（一）题目

1. 设计条件

某医院原有 5 层病房楼，东侧接建 4 层病房楼。新、旧病房楼层高一致，防火分区各自独立。新病房楼二层平面如图 8-3-9-1。

2. 作图要求

（1）在绘有虚线方框的门洞处，依图例绘制门。

（2）依据相关规范对门窗最低耐火等级的有关要求，在下表中选择合适的门窗编号标注在虚线方框内。

门窗编号及图例见图示。

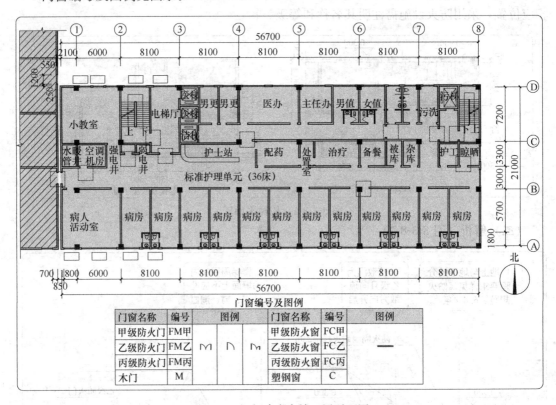

门窗编号及图例

门窗名称	编号	图例			门窗名称	编号	图例
甲级防火门	FM甲				甲级防火窗	FC甲	
乙级防火门	FM乙	⊓	⊓	⋈	乙级防火窗	FC乙	——
丙级防火门	FM丙				丙级防火窗	FC丙	
木门	M				塑钢窗	C	

图 8-3-9-1　新建病房楼二层平面图

（二）解析（图 8-3-9-2）

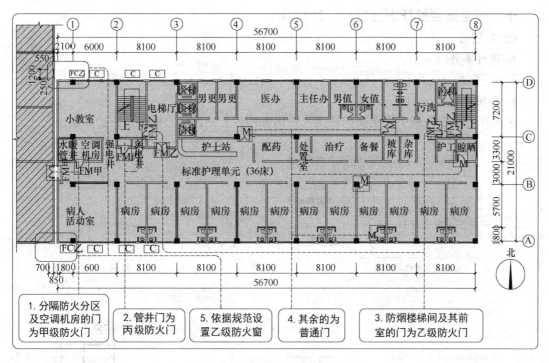

图 8-3-9-2　平面防火门窗设置解析

（三）评分标准（表 8-3-9-1）

2013 年第三题评分标准　　　　　　　　　　　　　　　　　表 8-3-9-1

考核点	扣分点	扣分值	总值
窗（20分）	（1）临近原有病房楼的两个窗不是防火窗 FC 乙或无编号	每个扣 5 分	
	（2）其他窗为普通窗，未注编号或注错	每个扣 3 分	
门（75分）	（1）与原有病房楼相连的门应为 FM 甲，无编号或注错	扣 10 分	
	（2）与原有病房楼相连的门未设于原有病房楼处或跨缝设置或无法判断	扣 5 分	
	（3）空调机房为 FM 甲，楼梯间、电梯厅的门应为 FM 乙（共 4 处），无编号或注错	每处扣 5 分	
	（4）强电井的门应为 FM 丙，无编号或注错	扣 5 分	
	（5）防火门未开向疏散方向或无法判断（FM 乙、FM 丙共 6 处）	每处扣 5 分	
	（6）病房卫生间的门应为普通门、外开，未画、无编号或未外开	扣 5 分	
	（7）其他门应为普通门（共 4 处），无编号或注错	每处扣 3 分	
	（8）楼梯间门的开启影响疏散	扣 3 分	
图面绘制（5分）	图面粗糙、不完整或图注不全	扣 2～5 分	
第三题小计分		第三题得分	小计分×0.2＝

十、住宅阳台栏杆安全设计（2014 年）

（一）题目

1. 设计条件

某住宅四种类型的阳台栏杆下部挡台详图、阳台栏杆立面形式及用料示意均见图 8-3-10-1。

2. 作图要求

按照规范要求的最小安全防护高度，绘出各挡台上的栏杆，标注其防护高度。

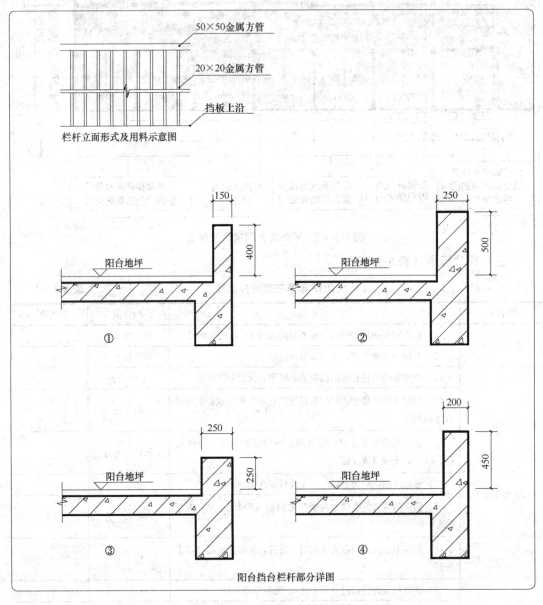

图 8-3-10-1　住宅阳台栏杆设计

（二）解析（图 8-3-10-2）

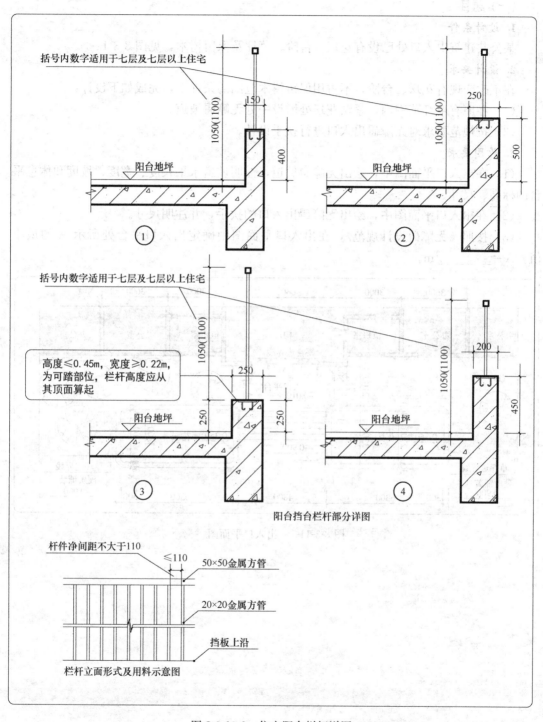

图 8-3-10-2　住宅阳台栏杆详图

十一、出入口无障碍改造设计（2017 年）

(一) 题目

1. 设计条件

某公共建筑出入口处已设有花坛、台阶、草坪及保留树木，见图 8-3-11-1。

2. 设计要求

在不改变现有花坛、台阶，不占用保留树木范围的条件下，完成如下设计：

(1) 在原有草坪范围内，紧贴花坛处增设一处无障碍坡道。

(2) 按规范要求对无障碍出入口进行扶手设计。

3. 作图要求

(1) 在出入口平面图中，绘出无障碍坡道，注明坡道水平长度、宽度、坡度和休息平台的标高、尺寸。

(2) 在出入口平面图中，绘出无障碍出入口的扶手，并注明尺寸。

(3) 按照《无障碍设计规范》，在出入口平面图中确定出入口平台处所示 A 的最小值，A＝_____ m。

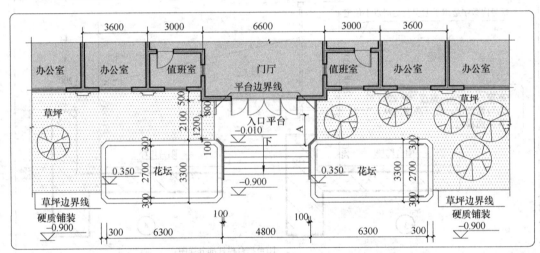

图 8-3-11-1　出入口平面图

（二）解析（图 8-3-11-2）

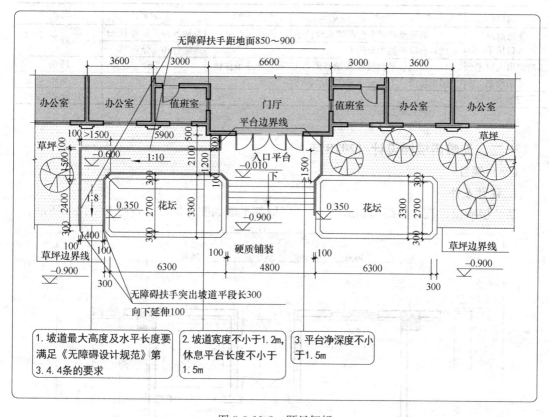

图 8-3-11-2　题目解析

填空题答案：按照《无障碍设计规范》，在出入口平面图中确定出入口平台处所示 A 的最小值，A＝1.5m。

（三）评分标准（表 8-3-11-1）

2017 年安全设施评分标准　　　　　　　　　　　　　　　表 8-3-11-1

考核点	扣分点	扣分值	总值
	（1）该题未做、无法使用、超出绘图范围或通往未知区域	本题为 0 分	
	（2）改变现有花坛、台阶，将坡道绘在台阶或右侧草坪区域		
无障碍出入口坡道	（1）未紧贴花坛处绘制坡道	48 分	48 分
	（2）未在原有左侧草坪范围内绘制坡道		
	（3）占用保留树木范围		
	（4）两段坡道高度与坡度不满足规范要求或未按比例进行标注，标注与实际尺寸不符	每段各扣 12 分，共 24 分	
	（5）轮椅坡道净宽度小于 1.20m 或无法判断	12 分	
	（6）坡道中间未设休息平台，或其宽度不足 1.5m，或无法判断	12 分	

考核点	扣分点	扣分值	总值
无障碍出 入口扶手	(1) 坡道及坡道平台两侧未设扶手	每侧各扣8分共16分	32分
	(2) 台阶两侧未设扶手	每侧各扣8分共16分	
无障碍出入口平台	(1) 出入口平台尺寸A填空值为1.5m，未注或注错	15分	15分
图面绘制	图面粗糙、不完整或未按图示表达	2～5分	5分
第三题小计分		第三题得分	小计分×0.2＝

十二、无障碍楼梯设计（2018年）

（一）题目

1. 设计条件

某2层旅馆建筑，层高4.5m，一、二层局部平面如图8-3-12-1及图8-3-12-2所示。

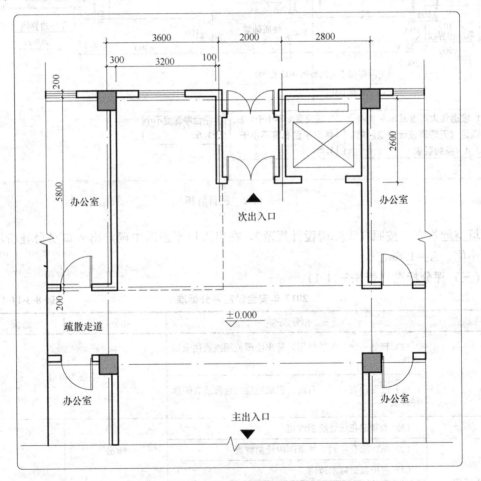

图 8-3-12-1　某2层旅馆建筑一层局部平面图

2. 设计要求

在局部平面图的虚线范围内，按下列要求完成一、二层楼梯平面设计。

（1）楼梯按无障碍楼梯设计。

（2）梯段宽度不小于 1500mm。

（3）一层按扩大楼梯间设计。

（4）二层电梯厅应满足自然采光通风要求。

（5）设置安全坎台。

3. 作图要求

（1）在局部平面图中，给出楼梯平台、梯段、踏步、栏杆、扶手、墙体以及门的位置，标注相关尺寸并注明所需防火门最低等级。

（2）在二层楼梯平台栏杆详图（图 8-3-12-3）中，补充绘制完成所需的栏杆构造设计，注明材料、做法及尺寸。

（3）根据完成的设计，填写下列数据：

① 楼梯踏步总数_____步，踏步宽_____mm，踏步高_____mm。

② 二层楼梯平台水平扶手最小防护高度_____mm。

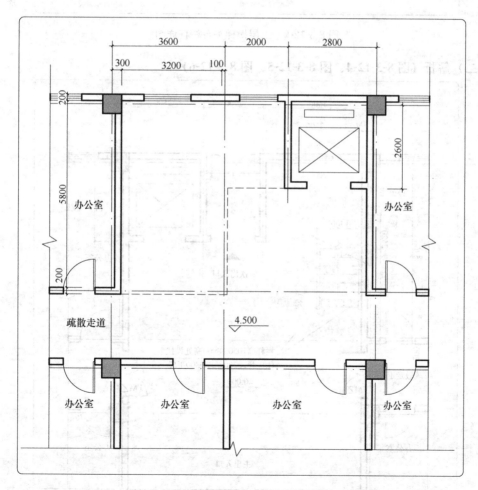

图 8-3-12-2 某 2 层旅馆建筑二层局部平面图

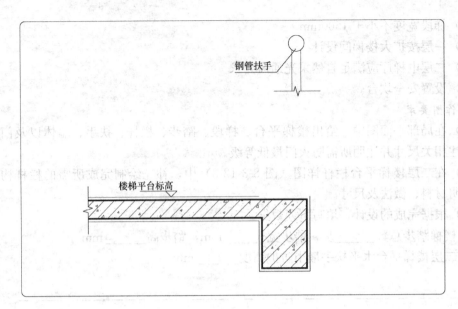

图 8-3-12-3　二层楼梯平台栏杆详图

（二）解析（图 8-3-12-4、图 8-3-12-5、图 8-3-12-6）

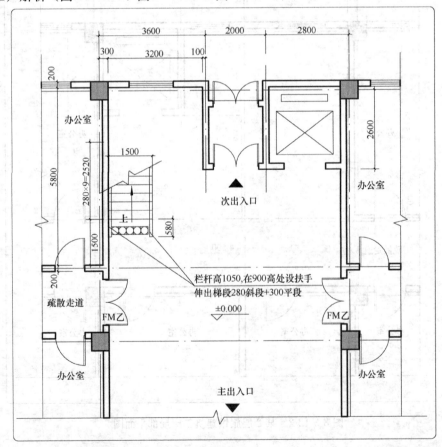

图 8-3-12-4　某 2 层旅馆建筑一层局部平面图解析

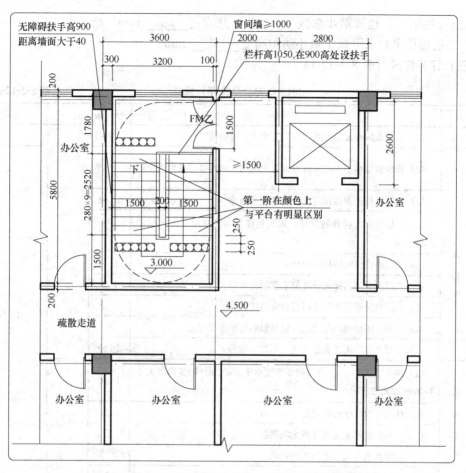

图 8-3-12-5　某 2 层旅馆建筑二层局部平面图解析

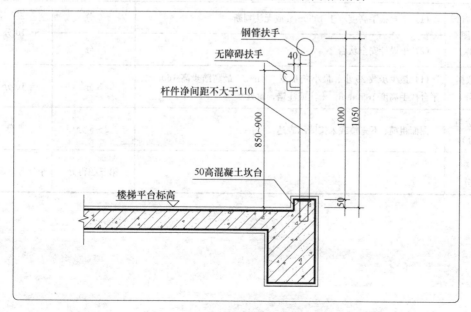

图 8-3-12-6　楼梯平台栏杆详图解析

填空题答案：① 楼梯踏步总数 <u> 30 </u> 步，踏步宽 <u> 280 </u> mm，踏步高 <u> 150 </u> mm。
② 二层楼梯平台水平扶手最小防护高度 <u> 1050 </u> mm。

（三）评分标准（表8-3-12-1）

2018年安全设施评分标准　　　　　　　　　　　　　　　　　　　　　　　　表8-3-12-1

考核点			扣分点	扣分值	总值
			(1) 该题未做或无法判断（含只完成填空题的情况）	100分	
楼梯设计（75分）			(1) 梯段宽度小于1500mm或设计为两跑、四跑楼梯或无法使用	75分	75分
	楼梯间		(1) 一层未按扩大楼梯间设计，不符合题意	15分	
			(2) 一层按扩大楼梯间设计，未满足建筑防火规范对防火门的要求	5分	
			(3) 二层未按封闭楼梯间设计	25分	45分
			(4) 二层按封闭楼梯间设计但未注明乙级防火门	5分	
			(5) 二层封闭楼梯间防火门开启方向错误	5分	
			(6) 二层封闭楼梯间防火门开启后影响楼梯疏散宽度	5分	
			(7) 二层电梯厅无法自然采光，不符合题意	10分	
	楼梯设计		(1) 踏步数量少于29步、踏步宽度小于280mm、踏步高度大于160mm或无法判断	15分	30分
			(2) 休息平台小于梯段宽度1500mm	5分	
			(3) 未标注楼梯相关尺寸或无法判断	2~5分	
			(4) 梯段两侧未设扶手或无法判断	3分	
			(5) 其他设计不合理	2~5分	
楼梯平台栏杆详图（10分）			(1) 平台扶手高度小于1050mm或无法判断	5分	10分
			(2) 未设计安全坎台	5分	
填写数据（10分）			(1) 最少步数29步、最小踏步宽280mm、最高踏步高160mm、平台扶手高度1050mm，未注或注错，每处	3分	10分
图面绘制（5分）			图面粗糙、不完整或未按图示表达	2~5分	5分
第三题小计分：				第三题得分	小计分×0.2＝

十三、某多层住宅建筑一层门窗设置（2019 年）

（一）题目

1. 设计条件

某多层住宅建筑一层设有商业服务网点，具体功能详见图 8-3-13-1，原设计中采用的门、窗均为普通门、窗。

2. 设计要求

按照现行规范，对原设计中不符合要求的门、窗进行纠正。

3. 作图要求

在一层平面图中，按以下要求纠正错误：

（1）在开启方向错误的门上绘制正确的开启图。

（2）在不应设置的门窗上画×，表示封堵。

（3）在缺少疏散门的房间，选择恰当位置绘出疏散门。

（4）图中有两处门应为防火门，按照规范要求的最低耐火等级，在其位置按示例注明防火门编号。

4. 防火门编号示例

（1）甲级防火门：FM 甲

（2）乙级防火门：FM 乙

（3）丙级防火门：FM 丙

5. 提示

不需要考虑疏散宽度。

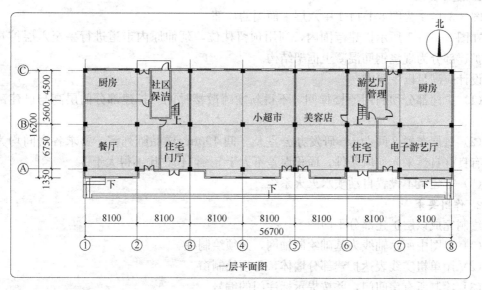

图 8-3-13-1　某多层住宅一层平面图

（二）解析（图 8-3-13-2）

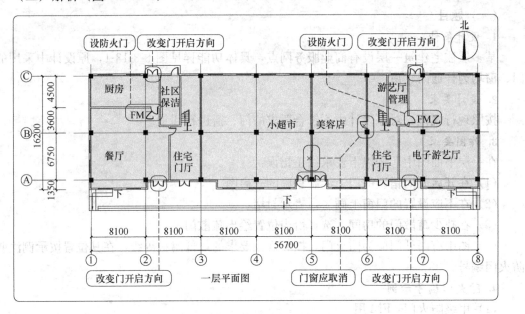

图 8-3-13-2　真题解析

十四、扩建设计（2020 年）

（一）题目

1. 设计要求

图 8-3-14-1 为图 8-1-14-1 中六层平面图的局部。

在图 8-3-14-1 所示扩建范围内，利用预留柱位，延伸原内走道进行一至六层扩建设计，扩建部分为现浇钢筋混凝土框架结构。

设计应满足以下要求：

（1）扩建都分须利用原楼梯间，不得新增疏散楼梯间。扩建部分的层高与已建部分相同。

（2）每层布置 8 间 50m² 研发办公室及一间 190m² 样品陈列室，要求各房间均为矩形，有良好自然采光通风条件，面积误差不大于 5%，长宽比不得大于 2。

（3）本建筑不设置自动喷水灭火系统。

2. 作图要求

绘制完成该层扩建部分平面图。

（1）以图中所示轴线为基础绘制轴网，无须绘制柱。

（2）用单粗实线表达扩建部分墙体，无须绘制窗。

（3）绘制所有房间门，并按提示标注门的编号。

（4）标注墙中心线尺寸、总尺寸及各房间面积。

（5）标注样品陈列室室内最远疏散距离。

（6）标注疏散走道最远疏散距离。

3. 提示

（1）房间面积按墙中心线，疏散距离按门洞口边线计算；

（2）门编号标注格式：门洞口宽度 900m，高度 2700m，普通门表示为 M0927；防火门表示为 FM0927。

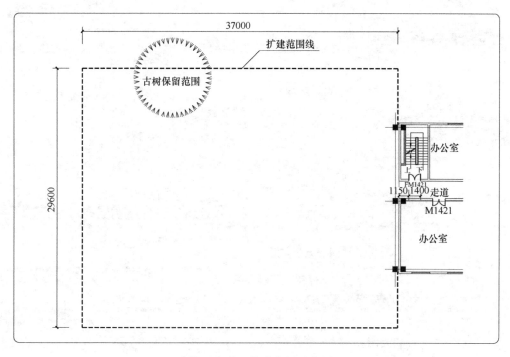

图 8-3-14-1 扩建范围示意图

（二）解析（图 8-3-14-2）

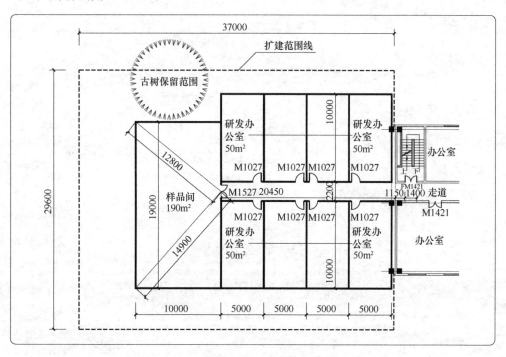

图 8-3-14-2 参考答案

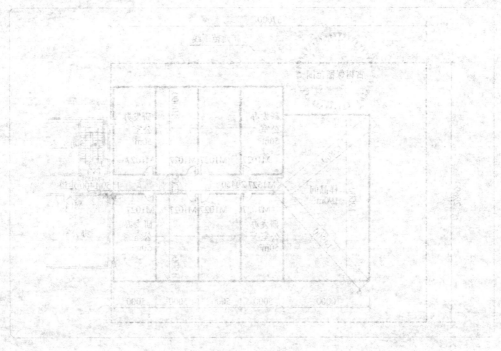